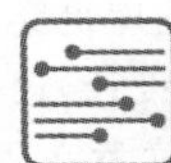

21世纪高等学校计算机
专业实用规划教材

SQL Server 数据库实用案例教程

王雪梅　李海晨◎主　编
韩小祥　陈莉莉　王　添◎副主编

清华大学出版社
北京

内 容 简 介

本书按照实际操作的思路，带领读者从数据库创建开始，一步步递进，完成表的创建和管理、数据的增删改查，之后进行数据库端编程，编写存储过程、函数和触发器，最后介绍数据库安全管理、事务和数据库设计的相关知识。整个过程以 stuDB 和 bookDB 两个项目数据库贯穿，给读者一个连贯的认识。作者将自己在 IT 企业中工作积累的实践经验融入教材中，无论是案例设计，还是操作说明，都花费了很多心思，尽量用通俗易懂的语言进行描述，给读者以必要的指导，帮助读者在走入工作岗位后能够尽快胜任 SQL Server 数据库设计与开发的相关工作。

本书还以银行储蓄系统软件为例，给出该项目数据库设计开发的详细过程和代码。最后，本书给出数据库课程设计的相关要求和参考选题。

本书面向应用型本科和高职高专学生，也可以作为数据库管理和开发人员的参考手册。

图书在版编目(CIP)数据

SQL Server 数据库实用案例教程/王雪梅，李海晨主编. —北京：清华大学出版社，2017(2020.9 重印)
(21 世纪高等学校计算机专业实用规划教材)
ISBN 978-7-302-45680-3

Ⅰ. ①S… Ⅱ. ①王… ②李… Ⅲ. ①关系数据库系统—教材 Ⅳ. ①TP311.138

中国版本图书馆 CIP 数据核字(2016)第 288628 号

责任编辑：黄 芝 薛 阳
封面设计：刘 键
责任校对：时翠兰
责任印制：沈 露

出版发行：清华大学出版社
网　　址：http://www.tup.com.cn，http://www.wqbook.com
地　　址：北京清华大学学研大厦 A 座　　**邮　　编**：100084
社 总 机：010-62770175　　**邮　　购**：010-62786544
投稿与读者服务：010-62776969，c-service@tup.tsinghua.edu.cn
质量反馈：010-62772015，zhiliang@tup.tsinghua.edu.cn
课件下载：http://www.tup.com.cn，010-83470236
印 装 者：北京嘉实印刷有限公司
经　　销：全国新华书店
开　　本：185mm×260mm　　**印　张**：17.5　　**字　　数**：429 千字
版　　次：2017 年 2 月第 1 版　　**印　　次**：2020 年 9 月第 7 次印刷
印　　数：8001～9500
定　　价：39.00 元

产品编号：069348-01

出版说明

随着我国改革开放的进一步深化，高等教育也得到了快速发展，各地高校紧密结合地方经济建设发展需要，科学运用市场调节机制，加大了使用信息科学等现代科学技术提升、改造传统学科专业的投入力度，通过教育改革合理调整和配置了教育资源，优化了传统学科专业，积极为地方经济建设输送人才，为我国经济社会的快速、健康和可持续发展以及高等教育自身的改革发展做出了巨大贡献。但是，高等教育质量还需要进一步提高以适应经济社会发展的需要，不少高校的专业设置和结构不尽合理，教师队伍整体素质亟待提高，人才培养模式、教学内容和方法需要进一步转变，学生的实践能力和创新精神亟待加强。

教育部一直十分重视高等教育质量工作。2007 年 1 月，教育部下发了《关于实施高等学校本科教学质量与教学改革工程的意见》，计划实施“高等学校本科教学质量与教学改革工程（简称‘质量工程’）”，通过专业结构调整、课程教材建设、实践教学改革、教学团队建设等多项内容，进一步深化高等学校教学改革，提高人才培养的能力和水平，更好地满足经济社会发展对高素质人才的需要。在贯彻和落实教育部“质量工程”的过程中，各地高校发挥师资力量强、办学经验丰富、教学资源充裕等优势，对其特色专业及特色课程（群）加以规划、整理和总结，更新教学内容、改革课程体系，建设了一大批内容新、体系新、方法新、手段新的特色课程。在此基础上，经教育部相关教学指导委员会专家的指导和建议，清华大学出版社在多个领域精选各高校的特色课程，分别规划出版系列教材，以配合“质量工程”的实施，满足各高校教学质量和教学改革的需要。

本系列教材立足于计算机专业课程领域，以专业基础课为主、专业课为辅，横向满足高校多层次教学的需要。在规划过程中体现了如下一些基本原则和特点。

(1) 反映计算机学科的最新发展，总结近年来计算机专业教学的最新成果。内容先进，充分吸收国外先进成果和理念。

(2) 反映教学需要，促进教学发展。教材要适应多样化的教学需要，正确把握教学内容和课程体系的改革方向，融合先进的教学思想、方法和手段，体现科学性、先进性和系统性，强调对学生实践能力的培养，为学生知识、能力、素质协调发展创造条件。

(3) 实施精品战略，突出重点，保证质量。规划教材把重点放在公共基础课和专业基础课的教材建设上；特别注意选择并安排一部分原来基础比较好的优秀教材或讲义修订再版，逐步形成精品教材；提倡并鼓励编写体现教学质量和教学改革成果的教材。

(4) 主张一纲多本，合理配套。专业基础课和专业课教材配套，同一门课程有针对不同层次、面向不同应用的多本具有各自内容特点的教材。处理好教材统一性与多样化，基本教材与辅助教材、教学参考书，文字教材与软件教材的关系，实现教材系列资源配套。

(5) 依靠专家，择优选用。在制定教材规划时要依靠各课程专家在调查研究本课程教材建设现状的基础上提出规划选题。在落实主编人选时，要引入竞争机制，通过申报、评审确定主题。书稿完成后要认真实行审稿程序，确保出书质量。

繁荣教材出版事业，提高教材质量的关键是教师。建立一支高水平教材编写梯队才能保证教材的编写质量和建设力度，希望有志于教材建设的教师能够加入到我们的编写队伍中来。

21 世纪高等学校计算机专业实用规划教材
联系人：魏江江 weijj@tup.tsinghua.edu.cn

前　言

有关 SQL Server 数据库理论知识的教材很多，但指导学生操作的实验教材很少。本书着重实际操作，在操作说明中介绍相关的知识和注意事项，在任务小结和习题中又引出相关理论知识，供读者复习巩固。本书作者具有多年软件企业开发经验，参与过多个大型数据库应用系统的开发和维护工作，将实践经验融入教材中，无论是对案例的设计，还是对操作说明，都花费了很多心思，添加了许多其他书本没有的内容，并且尽量用通俗易懂的语言进行描述。

1. 本书主要特点

(1) 突出实际操作。本书将常用操作划分为一个个任务，在清晰、准确地介绍实现任务的操作过程中引出相关理论知识。

(2) 习题丰富。每个任务都配有大量例题和课后习题，例题尽量枚举所有可能情况，便于读者学习理解，也可作为项目实施过程中的参考。课后习题，首先是操作题，让读者动手操作，举一反三，增加感性认识，然后是理论题，让读者在操作体验的基础上加深对理论知识的理解。

(3) 图文并茂。实际操作界面截图配以文字讲解。

(4) 图片清晰。图片多数经过了处理，去掉大量留白，突出重点。

(5) 附录齐全。整理了 6 个附录，将很重要但很烦琐的函数、数据类型等内容作为附录，配以应用示例，方便读者随时查看参考。

(6) 融入实践经验。作者充分利用在 IT 企业积累的丰富实践经验，对很多任务不仅介绍了怎么做，还介绍了为什么这样做，以及实际工作中一般情况是怎么做的。

(7) 适用面广。本书既可作为本科生数据库相关课程的实验教材，也可以作为高职高专学生的实训教材；可以与其他相关理论教材配套使用，也可以作为主要教材单独使用；留在身边，作为工作过程的参考书也是不错的选择。

2. 本书内容安排

全书分为三大部分，第一部分 SQL Server 知识是本书的重点，分为 12 个任务介绍 SQL Server 的基础操作技能，包括创建和管理数据库、创建和管理表、操作数据、视图的使用、T_SQL 程序设计、存储过程、函数、触发器、游标、事务、数据库安全和数据库设计等，详细介绍了 SSMS 平台操作和 SQL 语句操作的方法，关键操作还录制了视频，便于学习理解。

第二部分项目案例，以银行储蓄系统软件为例，给出该项目从简要需求分析、概念结构设计、逻辑结构设计、物理结构设计、实施到数据库端编程的详细过程和全部代码。

第三部分数据库课程设计，介绍了数据库课程设计的目标、要求、具体任务和考评点等，并给出二十多个参考选题。

本书由安徽信息工程学院的王雪梅、黑龙江大学的李海晨任主编，南通理工学院的韩小祥、南通科技职业学院陈莉莉、南通理工学院王添任副主编，南通大学的程显毅、华进、程晨老师提供了部分案例，最后由王雪梅统稿。

本书是第一次出版，书中难免会有疏漏或不足之处，恳请广大读者批评指正，可以向出版社反馈，也可以发送邮件到作者邮箱 728447232@qq.com，希望在大家的帮助下不断修改完善。

编　者

2016 年 8 月

目　录

第一部分　SQL Server 知识

第二部分 项目案例

第三部分 数据库课程设计

第一部分 SQL Server知识

任务 1　创建和管理数据库

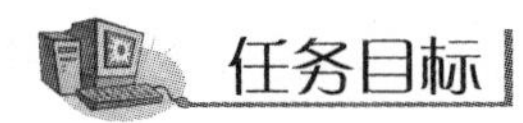

任务目标

了解数据库的基本概念；

能够使用 SSMS 和 SQL 语句创建、修改和删除数据库；

能够使用 SSMS 分离和附加数据库；

了解备份、恢复、收缩数据库、导入导出数据、查看数据库信息的方法。

1. 在 SSMS 中创建和管理数据库

1）创建数据库

（1）启动 Microsoft SQL Server 2008→SQL Server Management Studio，连接到数据库服务器，在【对象资源管理器】窗口中右击【数据库】选项，在弹出的快捷菜单中选择【新建数据库】选项（如图 1-1 所示），打开【新建数据库】窗口。

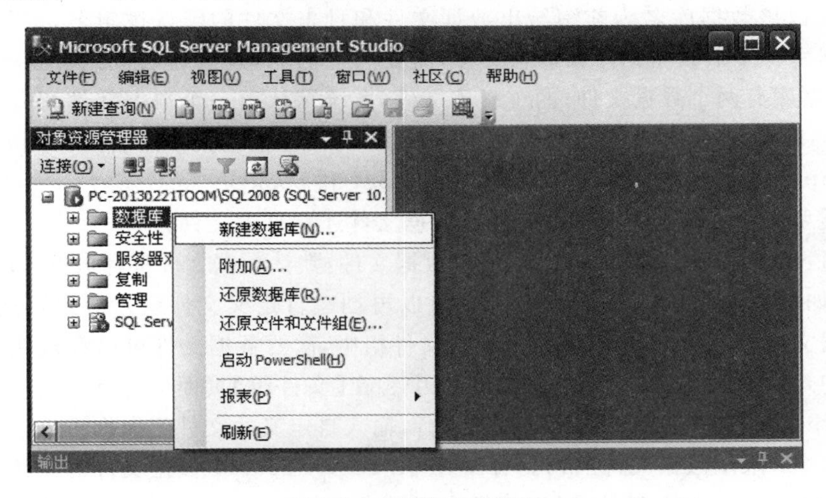

图 1-1　对象资源管理器

（2）打开【新建数据库】窗口后默认进入【常规】页面中，在【数据库名称】文本框中输入自定义的数据库名称，在【数据库文件】区域设置数据文件和日志文件的逻辑名称、初始大小、自动增长属性、存放路径、物理文件名等信息（如图 1-2 所示）。

数据库相关参数说明如下。

数据库名称：要创建的数据库名称，自行定义，建议定义的数据库名和项目内容相关，

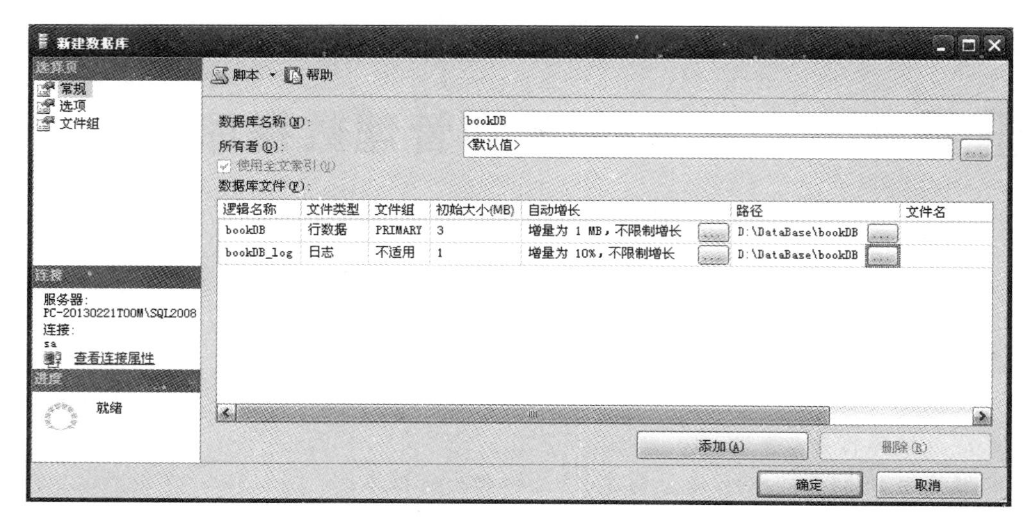

图 1-2 【新建数据库】窗口

例如开发的项目是图书管理系统，数据库可以命名为 book 或者 bookDB。

所有者：数据库的所有者可以是任何具有创建数据库权限的登录账户，可以手工输入账户名，也可以单击【…】按钮进行选择，默认是当前登录到 SQL Server 的账户，一般情况下不做修改，使用默认值。

使用全文索引：启用数据库的全文搜索，则数据库中复杂数据类型列也可以建立索引。

逻辑名称：数据库文件逻辑名，当在【数据库名称】文本框中输入要创建的数据库名后，系统会自动以该数据库名为前缀给出数据文件和日志文件的默认逻辑名，也可自行修改。如果该数据库有多个数据文件和日志文件，需要另外命名，建议命名规则保持一致。例如，bookDB 数据库有两个数据文件，两个日志文件，系统默认第一个数据文件和日志文件的逻辑名为 bookDB 和 bookDB_log，可以修改默认名，将两个数据文件命名为 bookDB_data1 和 bookDB_data2，两个日志文件命名为 bookDB_log1 和 bookDB_log2。

文件类型：表示设置的数据库文件是数据文件还是日志文件。

文件组：SQL Server 用文件组来管理数据文件，默认数据文件都存放在 PRIMARY 主文件组中，如果该数据库有多个数据文件，可以再创建自定义文件组来分组存放数据文件。但主要数据文件一定存放在 PRIMARY 主文件组中，次要数据文件可以存放在 PRIMARY 主文件组中，也可以存放在自定义的文件组中。在【文件组】页面创建新文件组如图 1-3 所示。单击【添加】按钮，在文件组页面增加一行，输入自定义的文件组名即可。

初始大小：限定数据文件的初始容量，SQL Server 2008 中数据文件的默认初始大小为数据文件 3MB，日志文件 1MB，可以根据实际需求进行修改。如果希望以后新创建的数据库初始大小都统一为另外的规格，可以修改 model 系统数据库的初始大小。

自动增长：当数据库文件容量不足时，可以根据所设置的增长方式自动扩展容量。一般情况下，即使磁盘空间足够，也会对日志文件限制文件最大值，而数据文件可以设置为不限制文件大小。自动增长设置页面如图 1-4 所示。

路径：指定数据库文件的存放目录，如果数据库文件需要存放在一个新的文件夹中，需要事先创建文件夹。例如，bookDB 数据库文件需要存放在 D 盘二级文件夹 D:\DataBase\

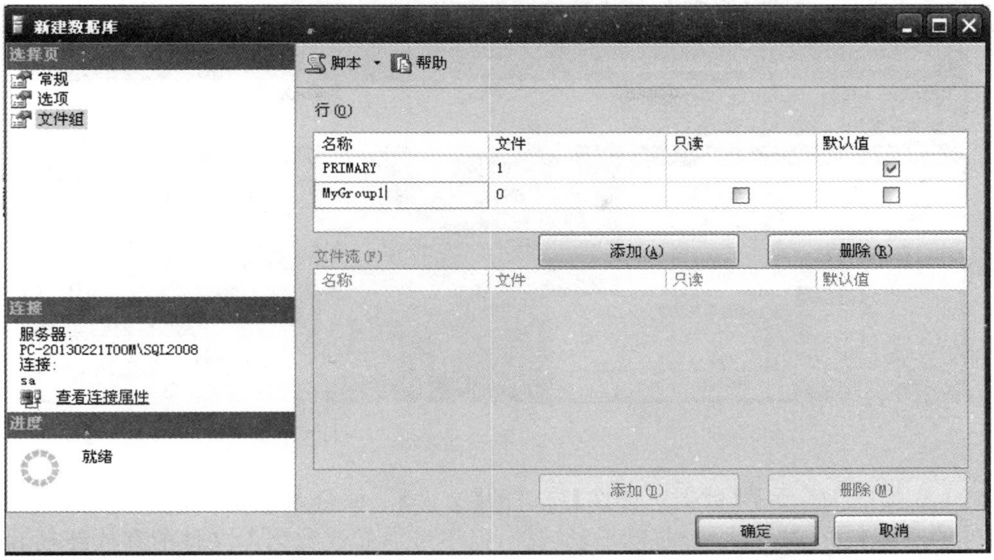

图 1-3　新建文件组

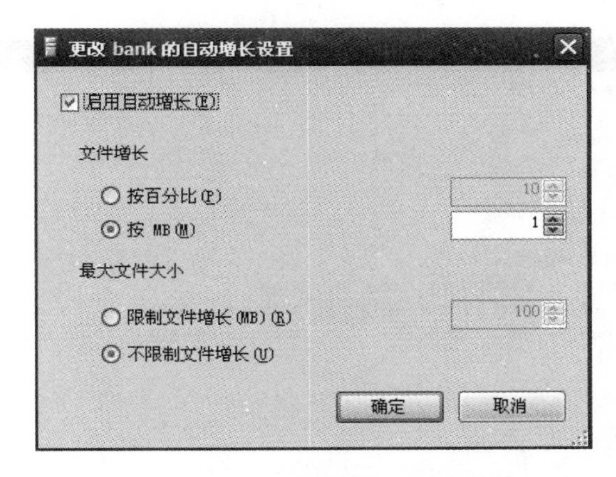

图 1-4　数据库文件自动增长属性设置

bookDB 下，需先创建 D:\DataBase\bookDB 文件夹，然后才可以选择该文件夹为存放路径。

文件名：数据库文件的物理文件名，也就是在磁盘上看到的文件名。如果未输入物理文件名，系统自动将数据库文件物理文件名和逻辑文件名保持一致，例如，bookDB 数据库有两个数据文件，两个日志文件，两个数据文件的逻辑名为 bookDB_data1 和 bookDB_data2，两个日志文件逻辑名为 bookDB_log1 和 bookDB_log2，则对应的两个数据文件物理文件名为 bookDB_data1. mdf 和 bookDB_data2. ndf，两个日志文件物理文件名为 bookDB_log1. ldf 和 bookDB_log2. ldf。其中，扩展名为. mdf 的文件是主要数据文件，扩展名为. ndf 的文件是次要数据文件，扩展名为. ldf 的文件是日志文件。主要数据文件有且只有一个，次要数据文件可以没有，也可以有多个。日志文件至少一个，也可以多个。

2）修改数据库

（1）在【对象资源管理器】窗口中右击需要修改的数据库，在弹出菜单中选择【属性】选项(如图 1-5 所示),打开【数据库属性】窗口。

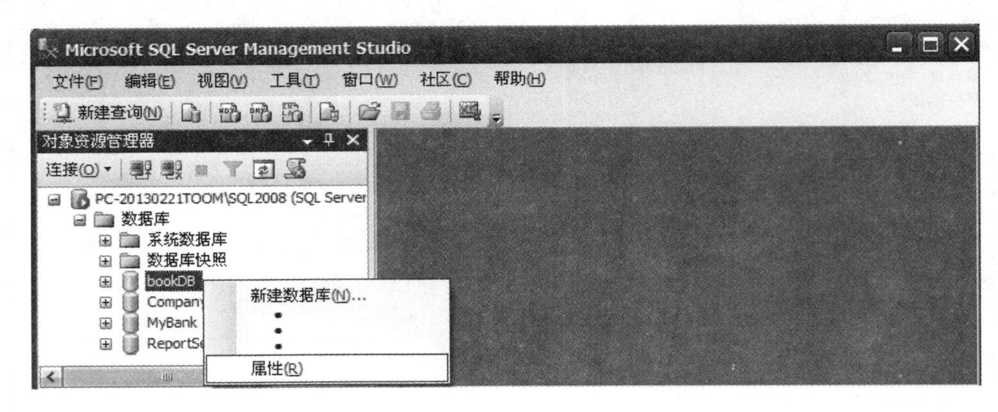

图 1-5 修改数据库

(2) 在如图 1-6 所示【数据库属性】窗口的【文件】页面修改数据库信息,可以修改数据库文件的逻辑名称、初始大小、自动增长属性,但不可以修改数据库文件的存放路径和物理文件名。如果需要修改数据库文件的物理名称,可以在 Windows 资源管理器中操作。在此窗口中也可以增加、删除数据文件和日志文件。

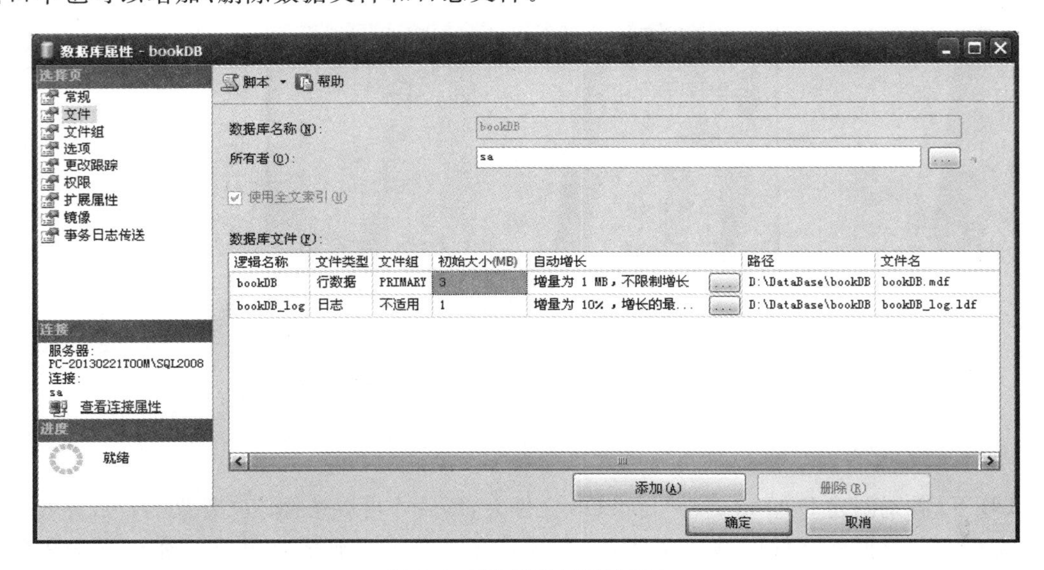

图 1-6 【数据库属性】窗口

说明:实际工作中,对数据库修改比较多的是增加数据文件和日志文件,或者修改数据库文件的自动增长属性。

3) 删除数据库

(1) 如图 1-7 所示,在【对象资源管理器】窗口中右击需要删除的数据库,在弹出菜单中选择【删除】选项,打开【删除对象】窗口。

(2) 如图 1-8 所示,在【删除对象】窗口中确认要删除的数据库,将【关闭现有连接】复选框选中,避免有用户在使用此数据库影响删除,单击【确定】按钮。

说明:数据库删除后将不可恢复,数据库中的表和数据等将全部丢失,请慎重执行此操作。

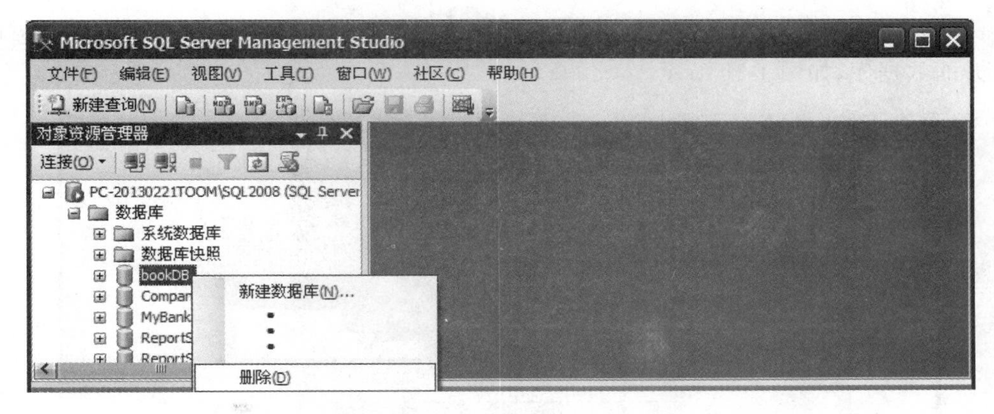

图 1-7　删除数据库

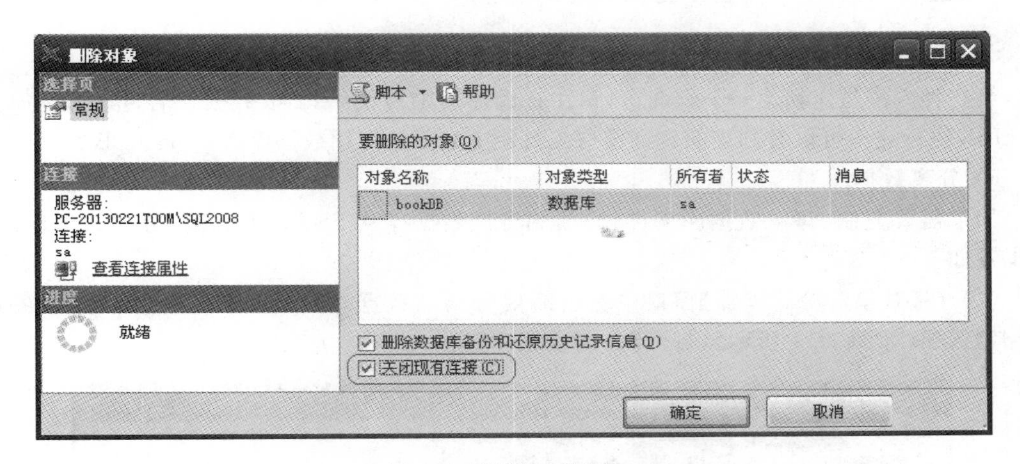

图 1-8　【删除对象】窗口

4）打开数据库

常用三种方法打开数据库，第一种方法是在【对象资源管理器】中选中需要使用的数据库，如 bookDB 数据库，然后单击菜单上的【新建查询】，此时可以看到当前查询窗口工具栏上显示的可用数据库就是 bookDB 数据库，如图 1-9 所示。

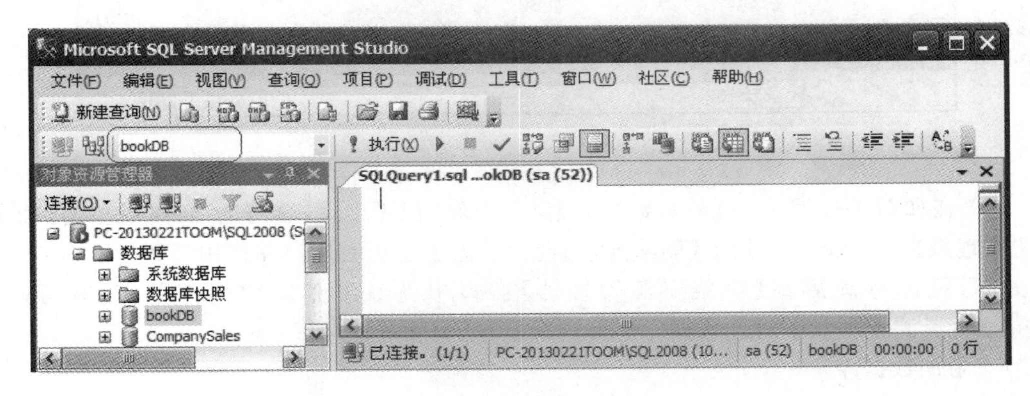

图 1-9　打开数据库

第二种方法是先新建一个查询窗口，然后直接在工具栏【可用数据库】下拉框中选择需要打开的数据库，如图 1-10 所示。

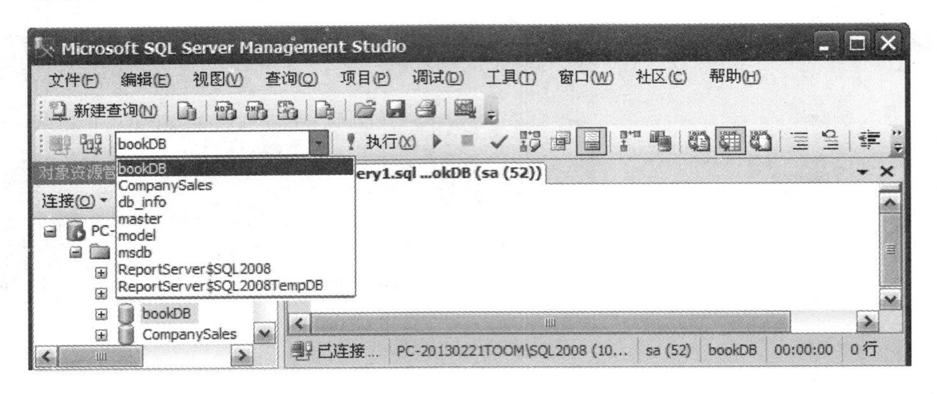

图 1-10　下拉选择打开数据库

第三种方法是先新建一个查询窗口，在查询窗口中写代码：use 数据库名，执行，例如 use bookDB，执行完毕可以看到当前查询窗口工具栏上显示的可用数据库就是 bookDB 数据库。

5）分离数据库

如果需要复制、移动数据库文件，必须先将该数据库从 SSMS 上分离，分离数据库的操作步骤如下。

（1）在【对象资源管理器】窗口中右击需要分离的数据库，在弹出菜单中选择【任务】→【分离】选项（如图 1-11 所示），打开【分离数据库】窗口。

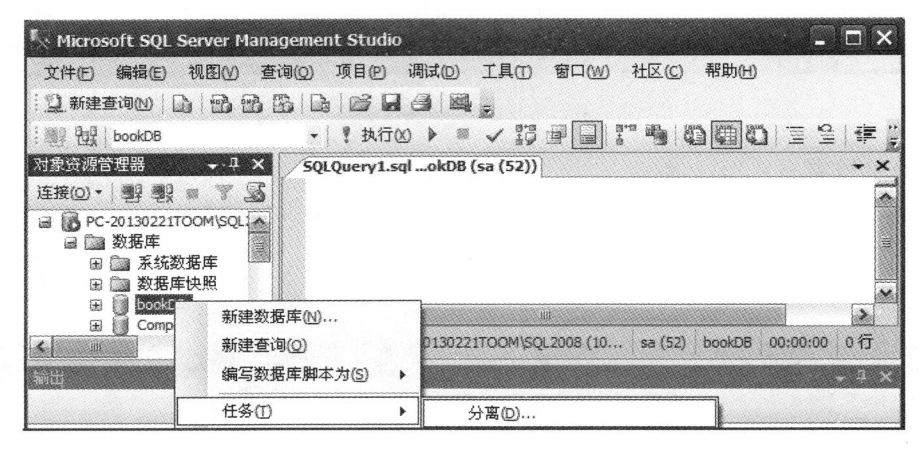

图 1-11　分离数据库

（2）在如图 1-12 所示的【分离数据库】窗口中勾选上【删除连接】选项，然后单击【确定】按钮实现数据库分离。勾选上【删除连接】选项是为了避免有用户在使用该数据库造成分离失败。数据库分离后在【对象资源管理器】窗口中就看不到该数据库了，此时可以在 Windows 资源管理器中对该数据库文件进行复制、删除等操作。

6）附加数据库

分离的数据库文件可以在需要时再附加到 SSMS 中，也可以复制到另外的机器上附加使用。附加数据库的步骤如下。

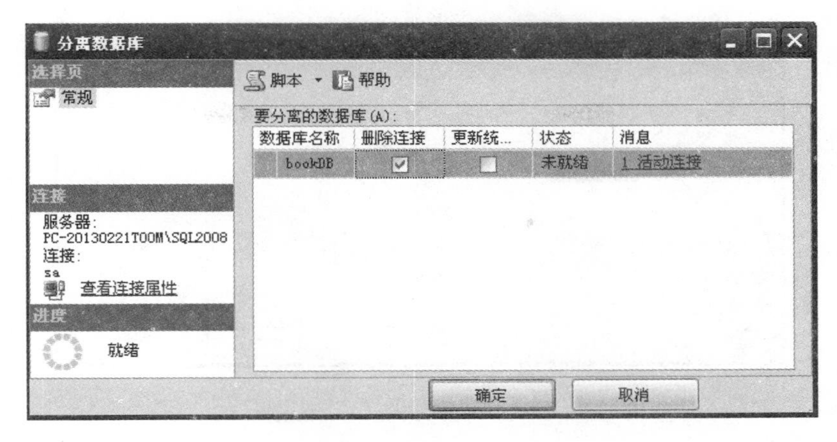

图 1-12 【分离数据库】窗口

(1) 在【对象资源管理器】窗口中右击【数据库】选项，在弹出菜单中选择【附加】选项（如图 1-13 所示），打开【附加数据库】窗口。

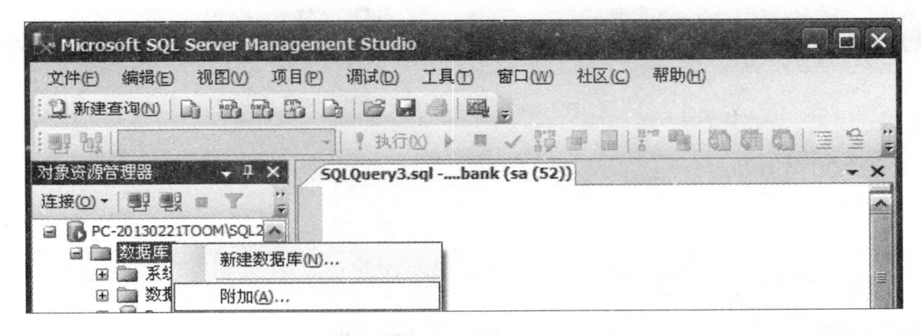

图 1-13 附加数据库

(2) 在如图 1-14 所示【附加数据库】窗口中单击【添加】按钮，在弹出的【定位数据库文件】窗口中选择主要数据文件（如图 1-15 所示），单击【确定】按钮。

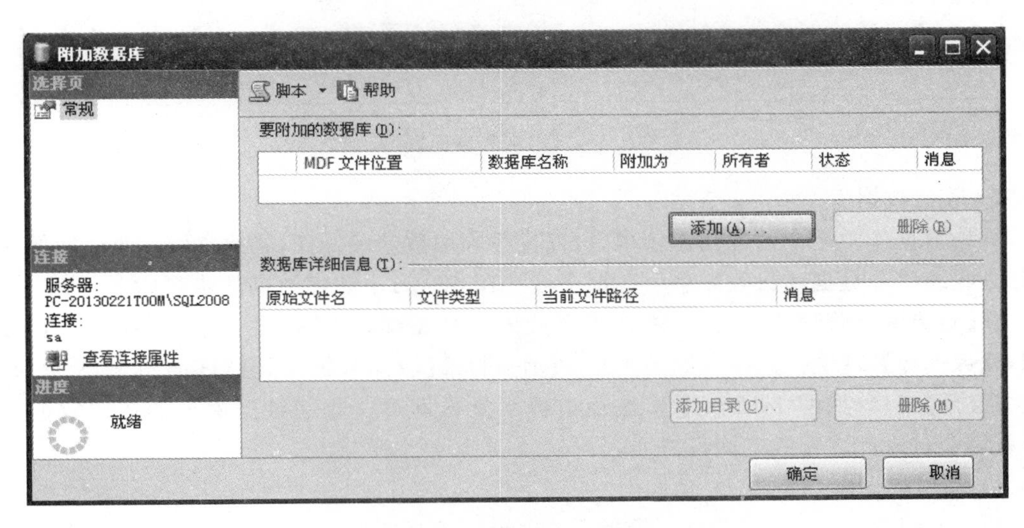

图 1-14 【附加数据库】窗口

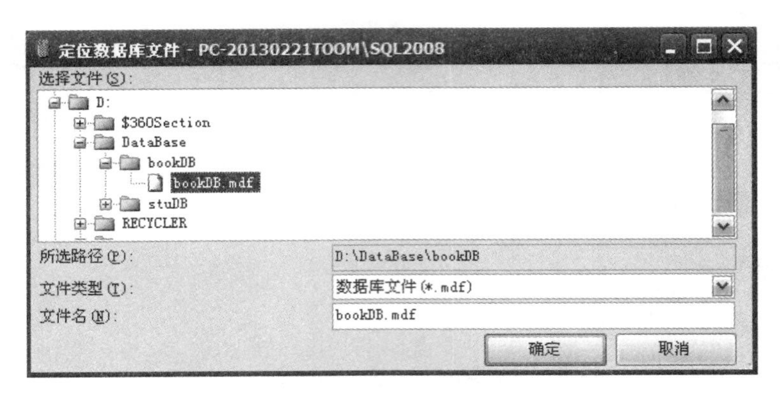

图 1-15 【定位数据库文件】窗口

(3) 回到【附加数据库】窗口(如图 1-16 所示),窗口中显示该数据库所有数据文件和日志文件的信息,单击【确定】按钮完成数据库的附加操作,附加完成后在【对象资源管理器】窗口中就可以看到该数据库了。

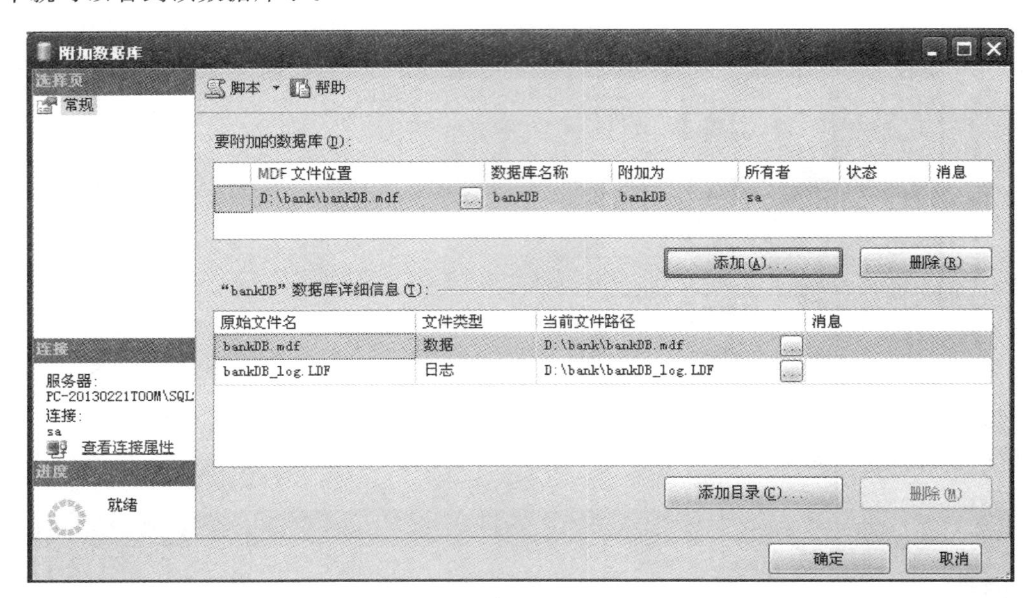

图 1-16 【附加数据库】窗口

7) 收缩数据库

如果数据库中空余的空间比较多,可以进行收缩数据库操作,释放空间。收缩数据库可以分为收缩整个数据和只收缩单个数据文件。在 SSMS 上收缩数据的步骤如下。

在【对象资源管理器】窗口中右击需要收缩的数据库,在弹出菜单中选择【任务】→【收缩】→【数据库】或【文件】选项(如图 1-17 所示),打开【收缩数据库】窗口(如图 1-18 所示)或【收缩文件】窗口(如图 1-19 所示),按窗口提示操作即可。收缩数据库不会造成数据的丢失,系统会自动计算哪些空间可以回收。

8) 备份数据库

数据库的备份与恢复是数据库管理中一项十分重要的工作,任何系统都不可避免地会出

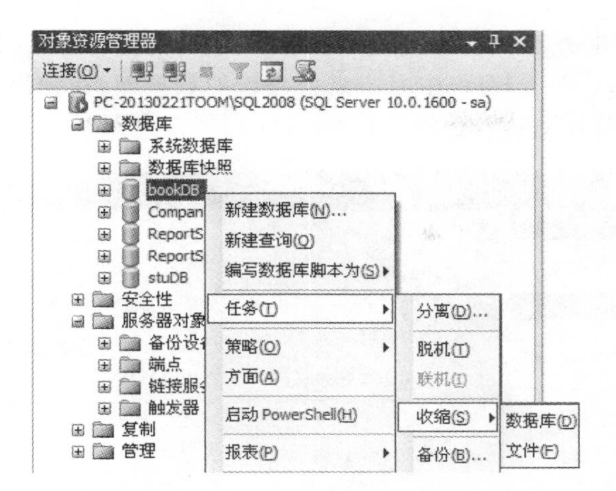

图 1-17　收缩数据库

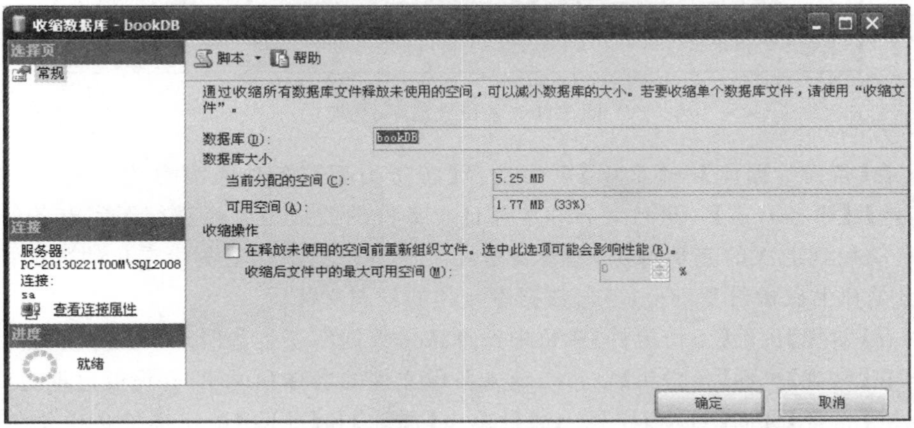

收缩数据库 - bookDB
选择页
常规
脚本　帮助
通过收缩所有数据库文件释放未使用的空间，可以减小数据库的大小。若要收缩单个数据库文件，请使用“收缩文件”。
数据库(D)：bookDB
数据库大小
当前分配的空间(C)：5.25 MB
可用空间(A)：1.77 MB (33%)
收缩操作
在释放未使用的空间前重新组织文件。选中此选项可能会影响性能(R)。
收缩后文件中的最大可用空间(M)：0 %
连接
服务器：
PC-20130221TOOM\SQL2008
连接：
sa
查看连接属性
进度
就绪
确定　取消

图 1-18　收缩整个数据库窗口

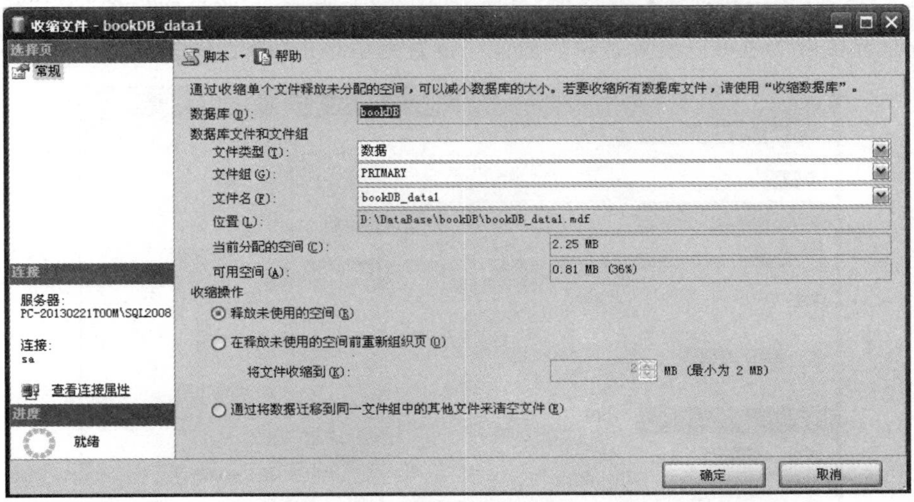

收缩文件 - bookDB_data1
选择页
常规
脚本　帮助
通过收缩单个文件释放未分配的空间，可以减小数据库的大小。若要收缩所有数据库文件，请使用“收缩数据库”。
数据库(D)：bookDB
数据库文件和文件组
文件类型(T)：数据
文件组(G)：PRIMARY
文件名(F)：bookDB_data1
位置(L)：D:\DataBase\bookDB\bookDB_data1.mdf
当前分配的空间(C)：2.25 MB
可用空间(A)：0.81 MB (36%)
收缩操作
释放未使用的空间(R)
在释放未使用的空间前重新组织页(O)
将文件收缩到(K)：2 MB (最小为 2 MB)
通过将数据迁移到同一文件组中的其他文件来清空文件(E)
连接
服务器：
PC-20130221TOOM\SQL2008
连接：
sa
查看连接属性
进度
就绪
确定　取消

图 1-19　收缩单个数据文件窗口

现各种故障,做好灾备准备才能保障系统稳定运行。在 SSMS 上备份数据库的步骤如下。

(1) 在【对象资源管理器】窗口中右击需要备份的数据库,在弹出菜单中选择【任务】→【备份】,打开【备份数据库】窗口(如图 1-20 所示)。

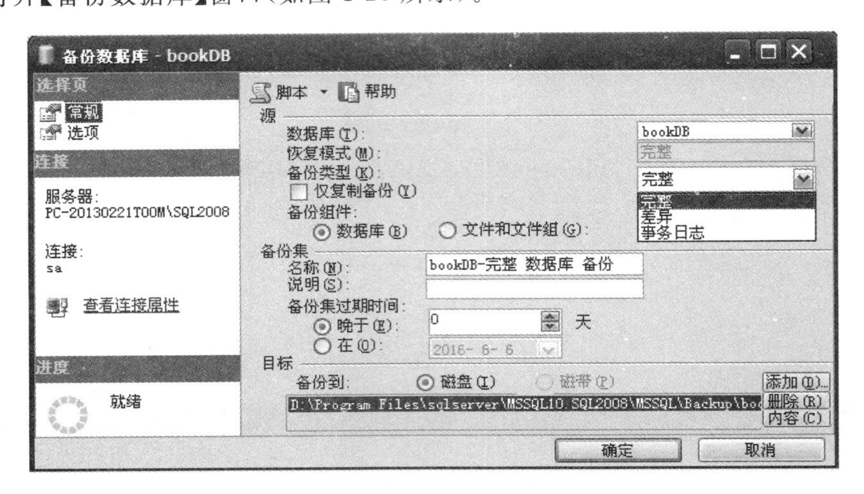

图 1-20　备份数据库(常规)

(2) 在【备份数据库】→【常规】页面选择【备份类型】,备份类型分为三种,分别是【完整】、【差异】、【事务日志】。进行差异和事务日志备份的前提是已经进行了完整备份。备份时系统自动找到上次的完整备份,差异备份在上次备份的基础上备份变化的数据;事务日志备份也是在上次备份基础上,备份数据库变化的日志文件。

(3) 在【常规】页面【备份组件】栏目中选择备份数据库还是备份某个文件或文件组。

(4) 在【常规】页面【备份集】栏目中输入备份文件的名称和说明,并设置过期时间。

(5) 在【常规】页面【目标】栏目中通过单击【添加】和【删除】按钮维护备份文件的保存路径。

(6) 切换到【备份数据库】→【选项】页面,如图 1-21 所示,在此页面设置“追加备份”,或者“覆盖原有备份”,还可以设置备份后验证。设置完毕单击【确定】按钮开始备份。

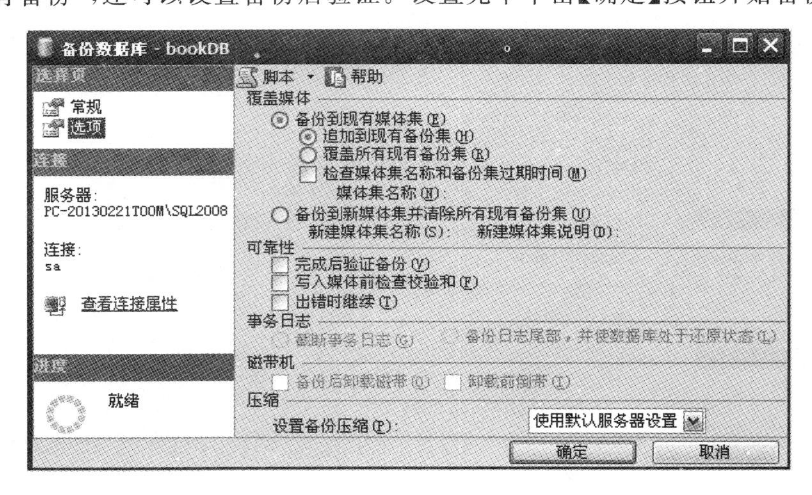

图 1-21　备份数据库(选项)

9）恢复数据库

数据库系统崩溃之后，可以通过恢复数据库的操作来修复数据库，从而保证系统正常运行，在 SSMS 上进行数据库恢复的步骤如下。

（1）在【对象资源管理器】窗口中右击需要恢复的数据库，在弹出菜单中选择【任务】→【还原】→【数据库】，打开【还原数据库】窗口（如图 1-22 所示）。系统自动查找到已经有的备份显示在窗口中供选择。

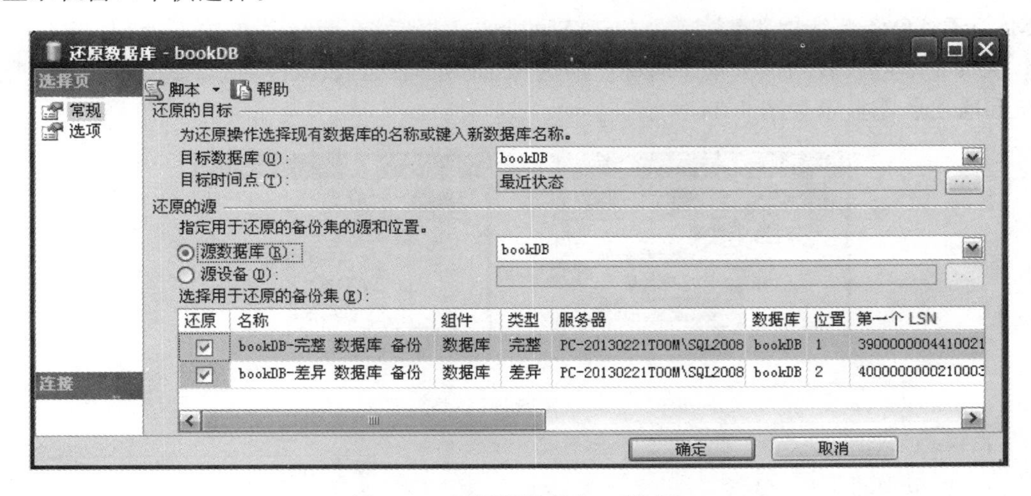

图 1-22 还原数据库窗口（常规）

（2）切换到【还原数据库】→【选项】页面（如图 1-23 所示），进行还原设置，一般会选择【覆盖现有数据库】选项。差异备份和事务日志备份必须与完整备份同时使用才能进行还原。只有完整备份可以单独使用。

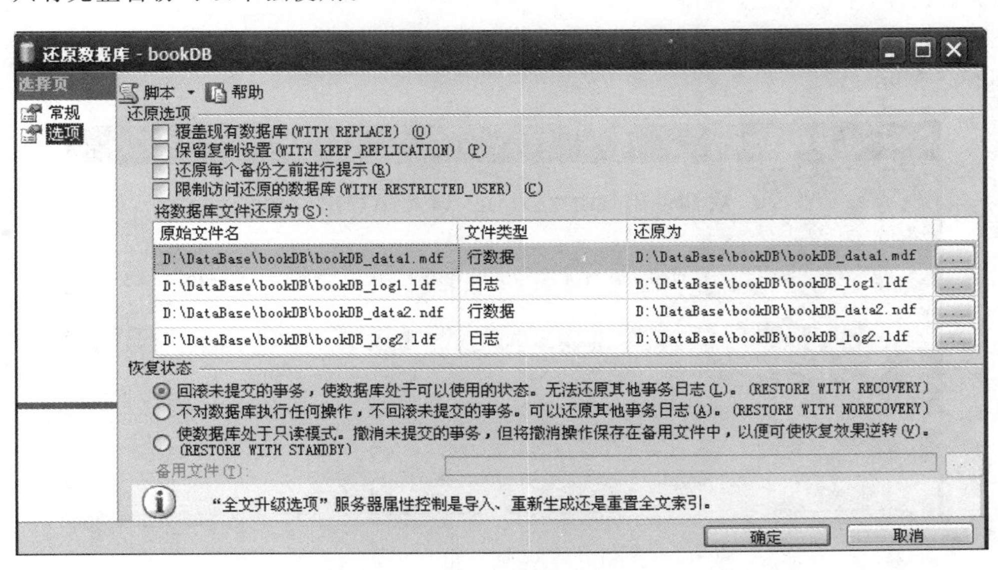

图 1-23 还原数据库窗口（选项）

（3）设置完成，单击【确定】按钮完成还原操作。

10）数据库联机和脱机

对数据库可以设置联机和脱机状态，联机状态下数据库可使用，脱机状态下数据库不可使用。设置数据库脱机的方法：在 SSMS 上【对象资源管理器】窗口中右击需要脱机的数据库，在弹出菜单中选择【任务】→【脱机】，执行完毕可以在【对象资源管理器】窗口中看到该数据库名称后面出现（脱机）字样，则该数据库只能看到，不能使用。对于需要保护，暂时不允许使用的数据库可以临时设置为脱机，需要使用时再设置为联机。设置联机的方法：在 SSMS 上【对象资源管理器】窗口右击已经脱机的数据库，在弹出菜单中选择【任务】→【联机】，执行完毕可以看到该数据库名称后面去掉（脱机）字样，数据库可以正常使用。数据库脱机和联机状态显示如图 1-24 所示。

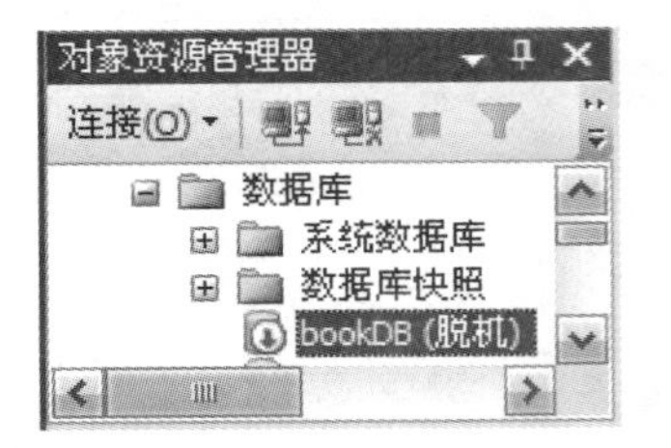

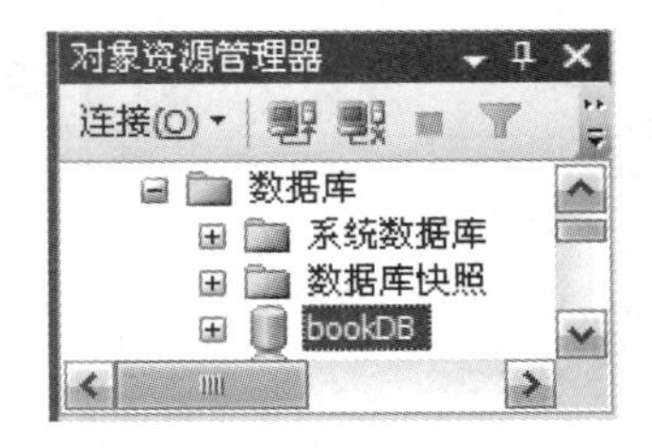

图 1-24　数据库脱机、联机显示

11）导入导出数据

（1）导出 Excel 数据。

将 stuDB 数据库中的课程表 COURSE 和成绩视图 v_grade 中数据导出到 Excel，操作过程如下。

① 如图 1-25 所示，在【对象资源管理器】选择需要导出的数据库，单击右键，在弹出菜单中选择【任务】→【导出数据】，打开【SQL Server 导入和导出向导】窗口，如图 1-26 所示。

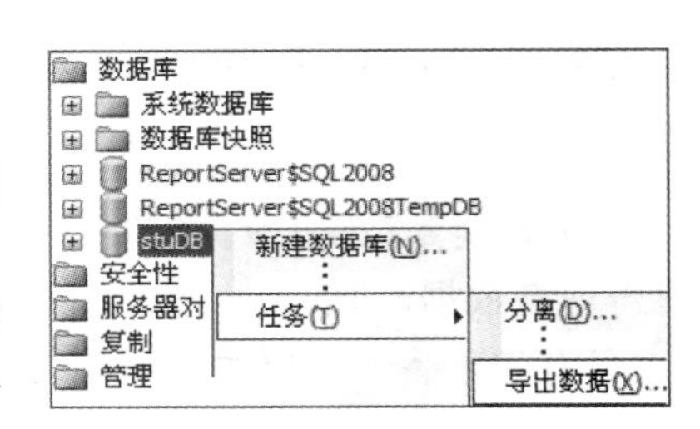

图 1-25　导出数据

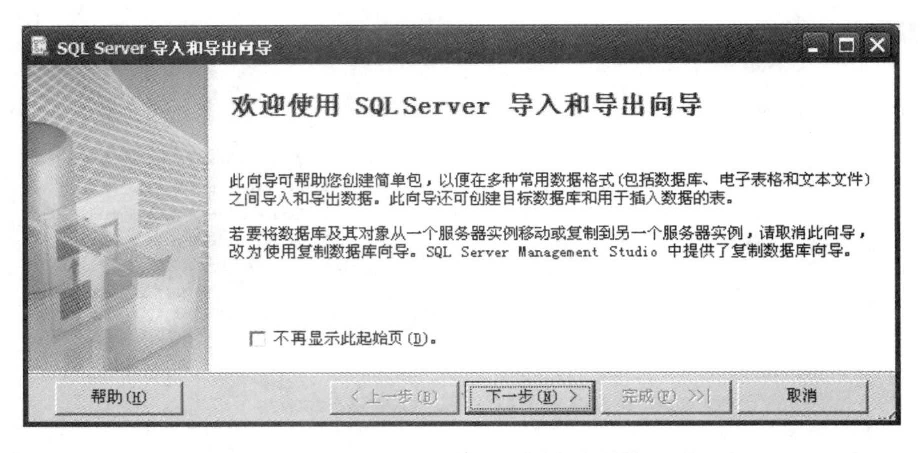

图 1-26　SQL Server 导入和导出向导第一页

② 在窗口中单击【下一步】按钮，进入【选择数据源】页面，如图 1-27 所示。

③ 在【选择数据源】窗口中会自动显示捕捉到的信息，一般不需要更改。【数据源】为

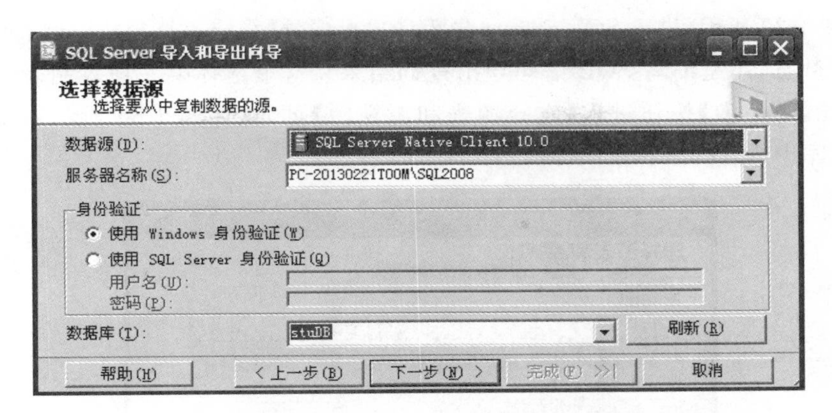

图 1-27　SQL Server 导入和导出向导——选择数据源

SQL Server Native Client 10.0,表示要导出 SQL Server 数据;【服务器名称】位置自动显示数据库服务器的机器名;【数据库】位置显示选择的数据库名,如果事先选择有误,在此可以进行修改。确认无误后单击【下一步】按钮进行目标选择,如图 1-28 所示。

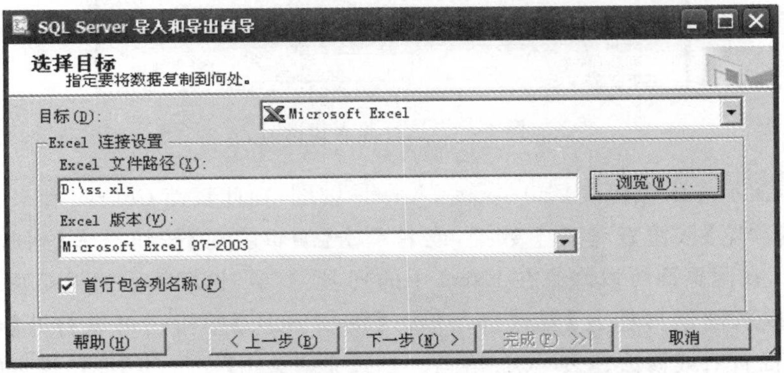

SQL Server 导入和导出向导
选择目标
指定要将数据复制到何处。
目标(D):　Microsoft Excel
Excel 连接设置
Excel 文件路径(X):
D:\ss.xls　浏览(W)...
Excel 版本(V):
Microsoft Excel 97-2003
首行包含列名称(F)
帮助(H)　< 上一步(B)　下一步(N) >　完成(F) >>|　取消

图 1-28　SQL Server 导入和导出向导——选择目标

④ 在如图 1-28 所示的【选择目标】窗口中,选择目标为 Microsoft Excel,表示将数据导出为 Excel 格式;在【Excel 版本】位置可以选择所使用的 Excel 版本;单击【浏览】按钮选择 Excel 文件存储路径,输入要保存的文件名。确认无误后继续单击【下一步】按钮,如图 1-29 所示。

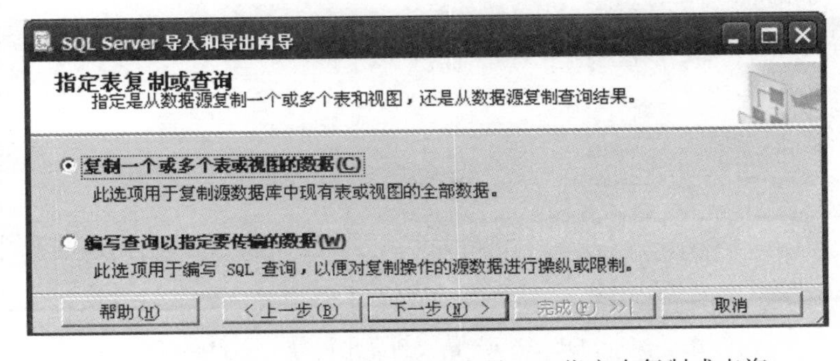

图 1-29　SQL Server 导入和导出向导——指定表复制或查询

⑤ 如图 1-29 所示，进入 SQL Server 导入和导出向导【指定表复制或查询】页面，指定从数据源复制数据，还是编写 SQL 语句导出查询结果。这里选择第一项复制表或视图中数据，继续单击【下一步】按钮进入【选择源表和源视图】页面(如图 1-30 所示)，系统自动将 stuDB 数据库中所有的表和视图都显示出来供选择。

图 1-30　选择源表和视图

本次操作演示导出课程表 Course 和 v_grade 视图，在此页面 Course 和 v_grade 前面单击，可以单击【预览】按钮查看表中数据，或者单击【编辑映射】按钮进入【列映射】页面(如图 1-31 所示)，在此页面可以修改在 Excel 中的列名、类型、长度等。如果是重复导出，可以选择【删除并重新创建目标表】复选框。单击【编辑 SQL】按钮还可以打开【Create Table SQL 语句】页面查看或修改建表 SQL 语句。设置完毕单击【下一步】按钮进入【查看数据类型映射】页面，如图 1-32 所示。

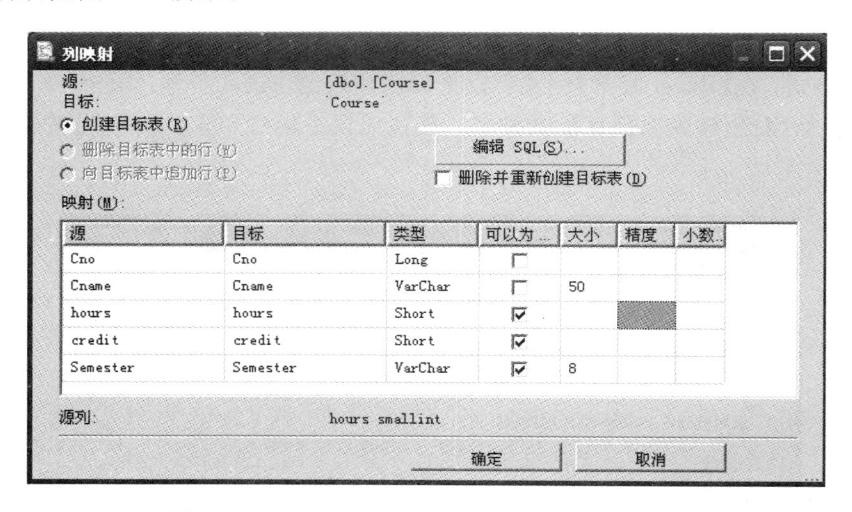

图 1-31　SQL Server 导入和导出向导——列映射

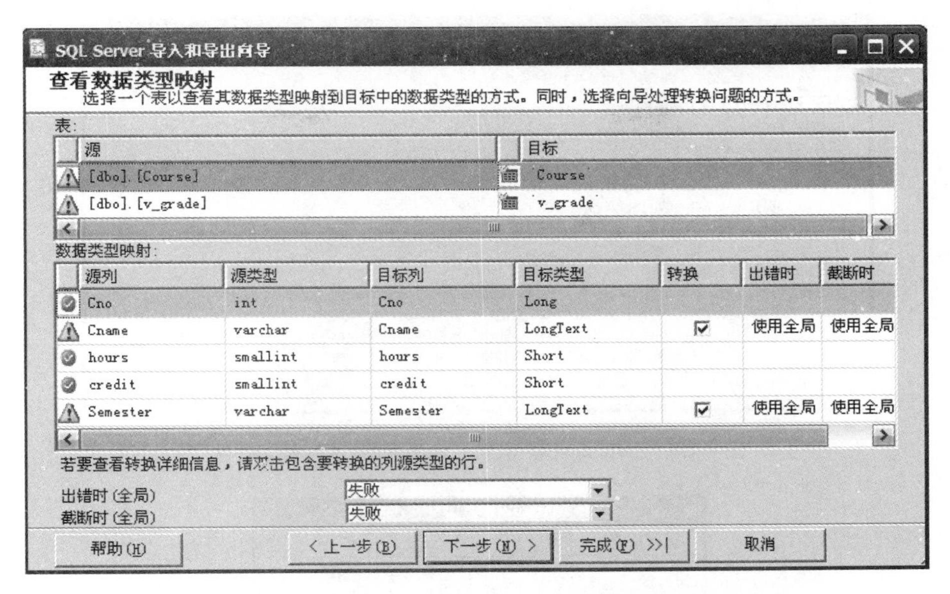

图 1-32　SQL Server 导入和导出向导——查看数据类型映射

⑥ 如图 1-32 所示，在【查看数据类型映射】窗口中会显示每个表源列和目标列的对应情况，其中对字符型字段有提示，可以忽略，单击【下一步】按钮继续，或者单击【完成】按钮跳过一些环节。

⑦ 如果单击【下一步】按钮，如图 1-33 所示，进入【保存并运行包】页面，可以选择保存 SSIS 包，默认是立即执行，单击【下一步】按钮或【完成】按钮继续。

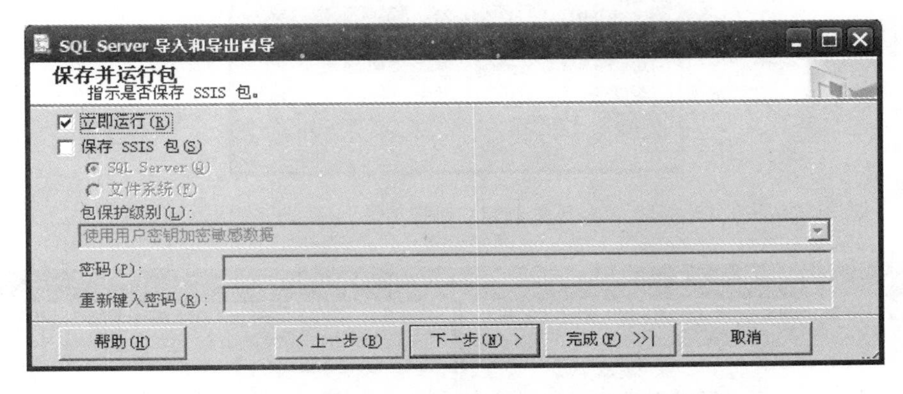

图 1-33　SQL Server 导入和导出向导—保存并运行包

如果单击【完成】按钮，进入【完成该向导】页面(如图 1-34 所示)，查看无误后单击【完成】按钮。系统最后显示执行结果页面，如图 1-35 所示。

⑧ 打开 Windows 资源管理器在 D 盘找到导出的 Excel 文件 E_COUSER，打开文件可以看到文件中有两个页，每页存一个表的数据，分别为 Course 表和 v_grade 视图的数据，如图 1-36 所示。

(2) 导出 TXT 数据。

导出 TXT 数据与导出 Excel 数据过程基本相同，不同的是在【选择目标】窗口中，选择

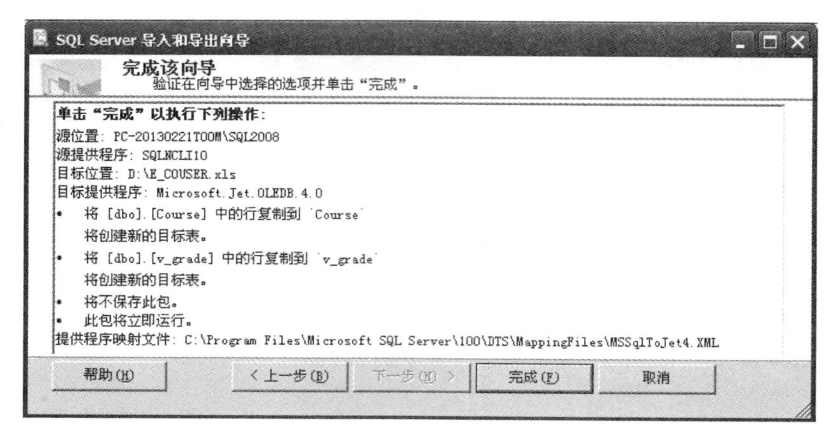

图 1-34　SQL Server 导入和导出向导—完成该向导

图 1-35　执行结果

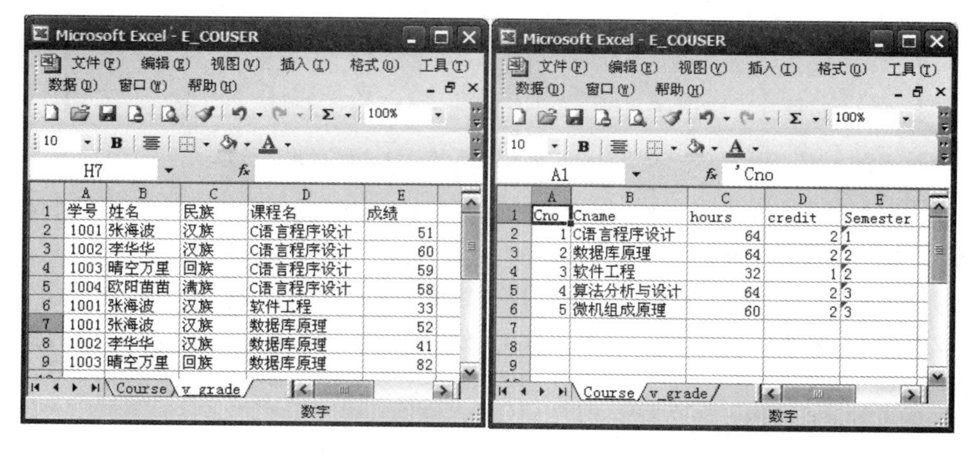

图 1-36　导出到 Excel 中的数据

目标文件类型为【平面文件目标】，并给出扩展名为.TXT 的文件名(如图 1-37 所示)。

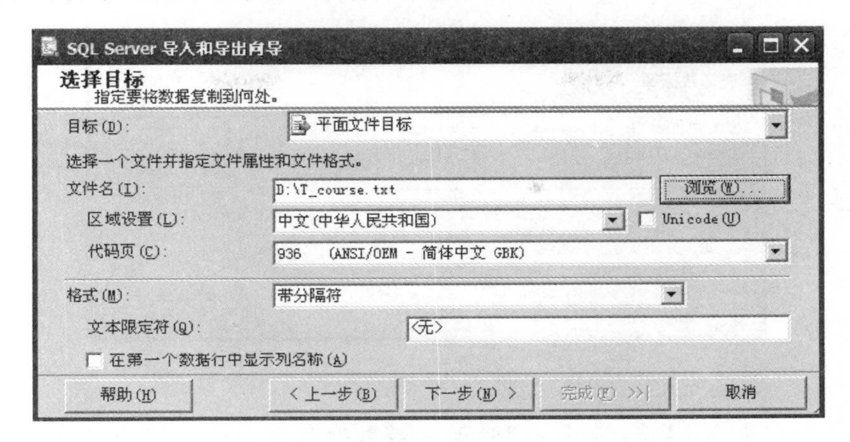

图 1-37　导出 TXT 数据

如图 1-38 所示，在【配置平面文件目标】页面，通过下拉框选择要导出的表或视图，一次只能导出一个目标。

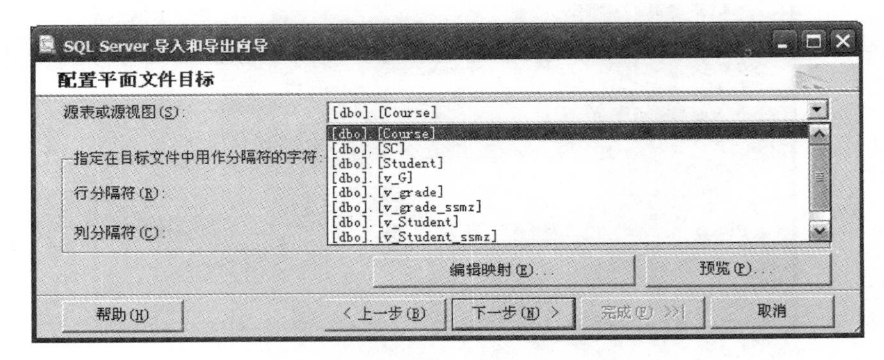

图 1-38　配置平面文件目标

执行成功后打开 Windows 资源管理器在 D 盘找到导出的文本 T_course，文件中的内容如图 1-39 所示。

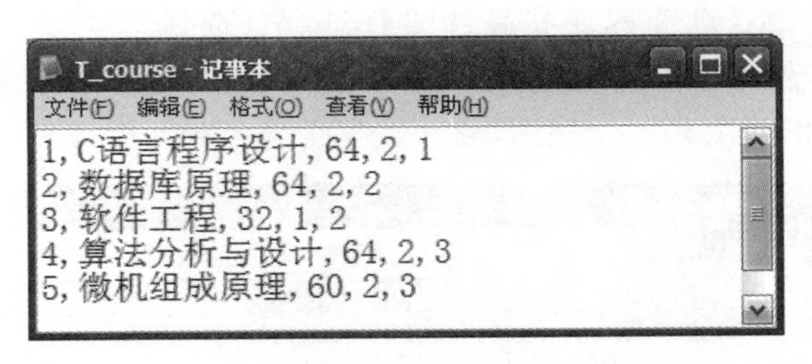

图 1-39　导出 TXT 文件内容

(3) 导入 Excel 数据

将 Excel 文件 E_COUSER 中的数据再导回 stuDB 数据库中，操作过程如下。

① 在【对象资源管理器】中选择 stuDB 数据库，单击右键，在弹出菜单中选择【任务】→【导入数据】，打开【SQL Server 导入和导出向导】窗口，在窗口中单击【下一步】按钮，进入

【选择数据源】页面,如图 1-40 所示。

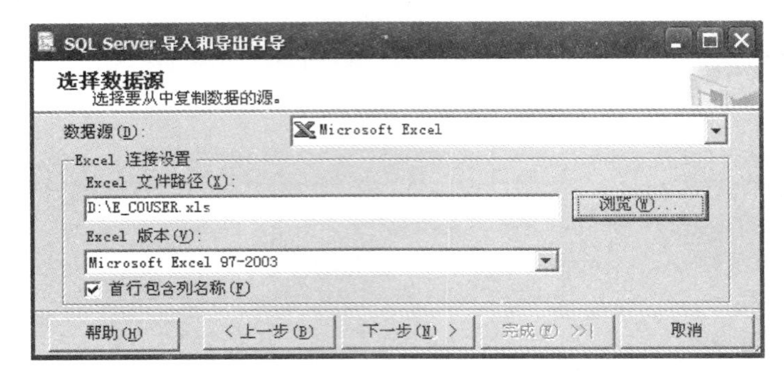

图 1-40　SQL Server 导入和导出向导——选择数据源

② 在如图 1-40 所示【选择数据源】页面,选择数据源 Microsoft Excel,单击【浏览】按钮找到源文件 E_COUSER.xls,单击【下一步】按钮,进入【选择目标】页面,如图 1-41 所示。

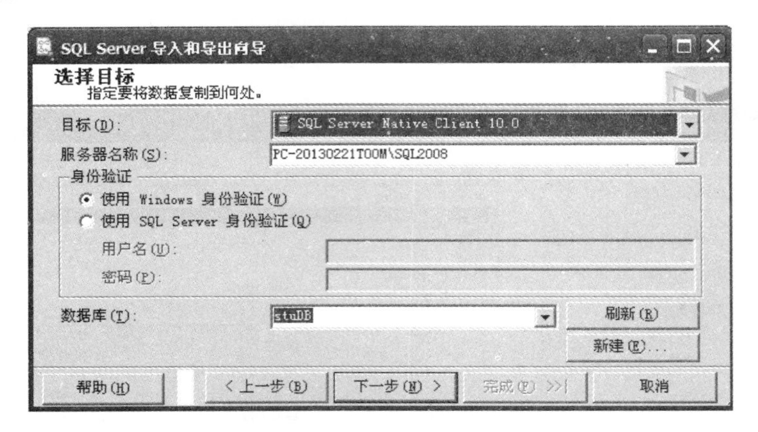

图 1-41　SQL Server 导入和导出向导——选择目标

③ 在如图 1-41 所示【选择目标】窗口中确定目标是 SQL Server,数据库是 stuDB,继续单击【下一步】按钮。

④ 在如图 1-42 所示【选择源表和源视图】窗口中,选择希望导入的数据,因为课程表 course 中课程号 Cno 列是标识列,不适合导入数据,所以这里只选择导入 v_grade。数据库中有个名为 v_grade 的对象是一个视图,导入数据是导入到一个表里,系统会自动创建名为

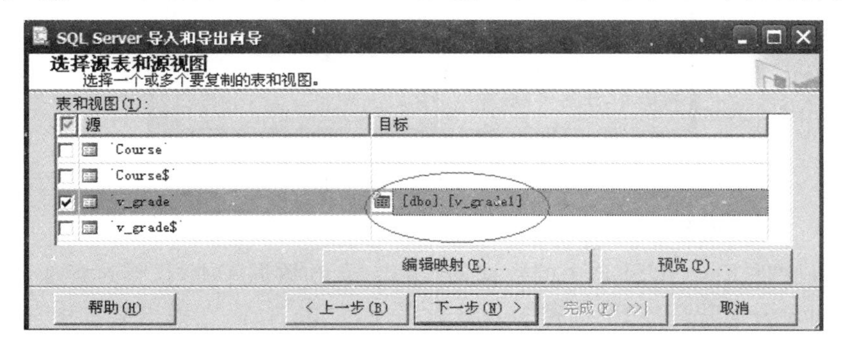

图 1-42　SQL Server 导入和导出向导——选择源表和源视图

v_grade的表，而表名和视图名是不可以重复的，所以在这里将目标的名字改为v_grade1。可以单击【预览】按钮查看Excel中的数据，单击【编辑映射】按钮进入【列映射】页面（如图1-43所示），在此可以修改目标表的类型。修改完毕可以单击【编辑SQL】按钮查看SQL语句（如图1-44所示）。

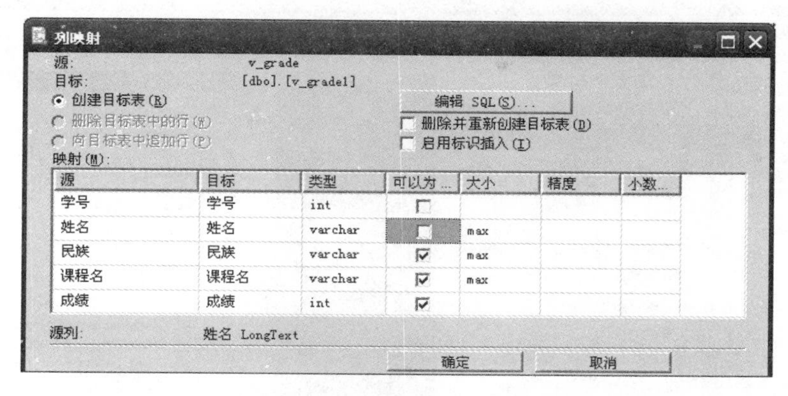

图1-43　SQL Server导入和导出向导——列映射

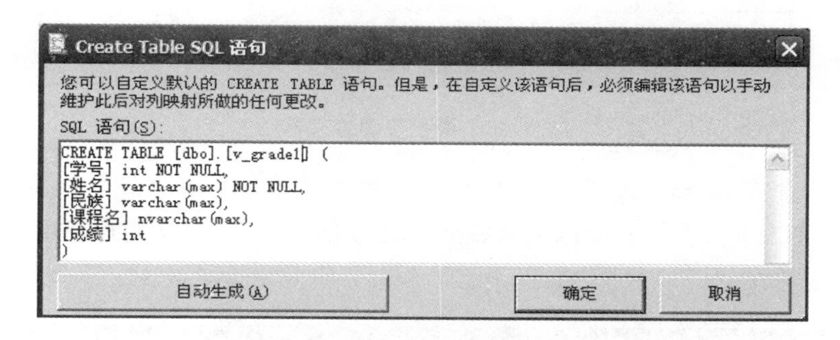

图1-44　编辑SQL语句

⑤ 执行成功后在【对象资源管理器】中刷新，可以看到增加一个表v_grade1，可以单击右键选择【选择前1000行】查看表中的数据（如图1-45所示）。

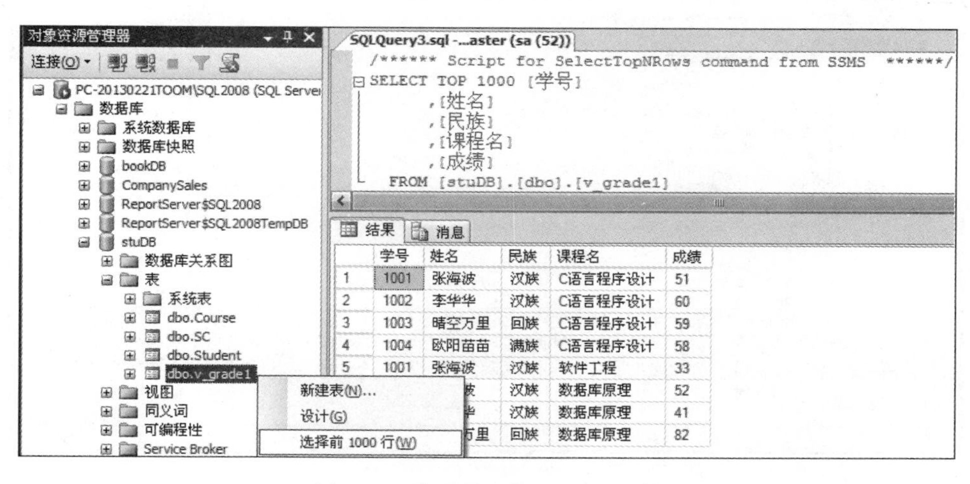

图1-45　查看导入的v_grade1表

2. 使用模板创建数据库

(1) 在菜单栏中选择【视图】→【模板资源管理器】菜单，打开模板资源管理器，选择【SQL Server 模板】，展开 Database 节点，选择 Create Database 选项，如图 1-46 所示。

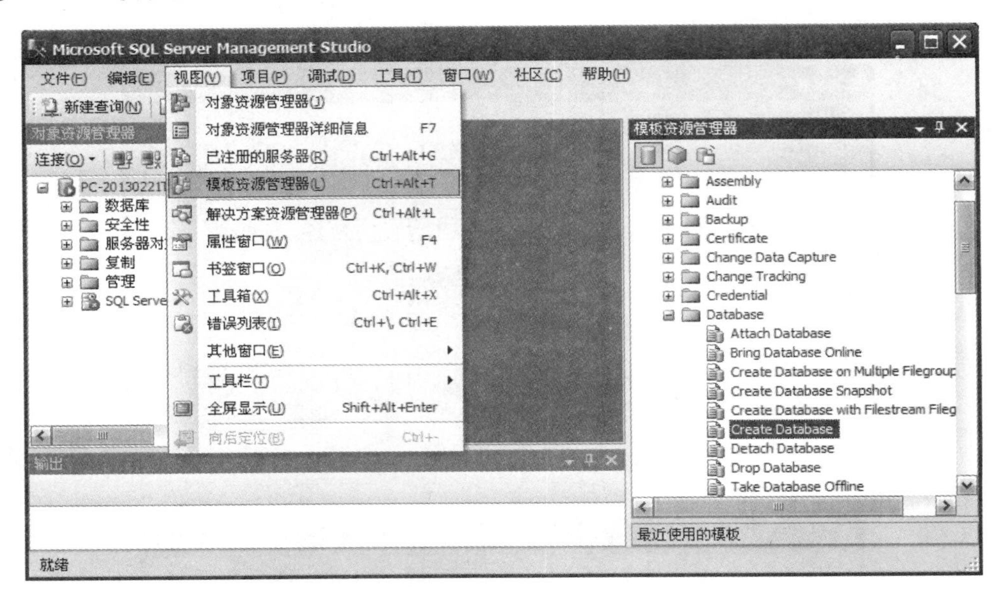

图 1-46 模板资源管理器

(2) 新建一个查询窗口，将 Create Database 模板从模板资源管理器中拖放到查询窗口中，从而添加模板代码，代码中包括判断数据库是否存在，存在则先删除，然后创建数据库的语句，如图 1-47 所示。

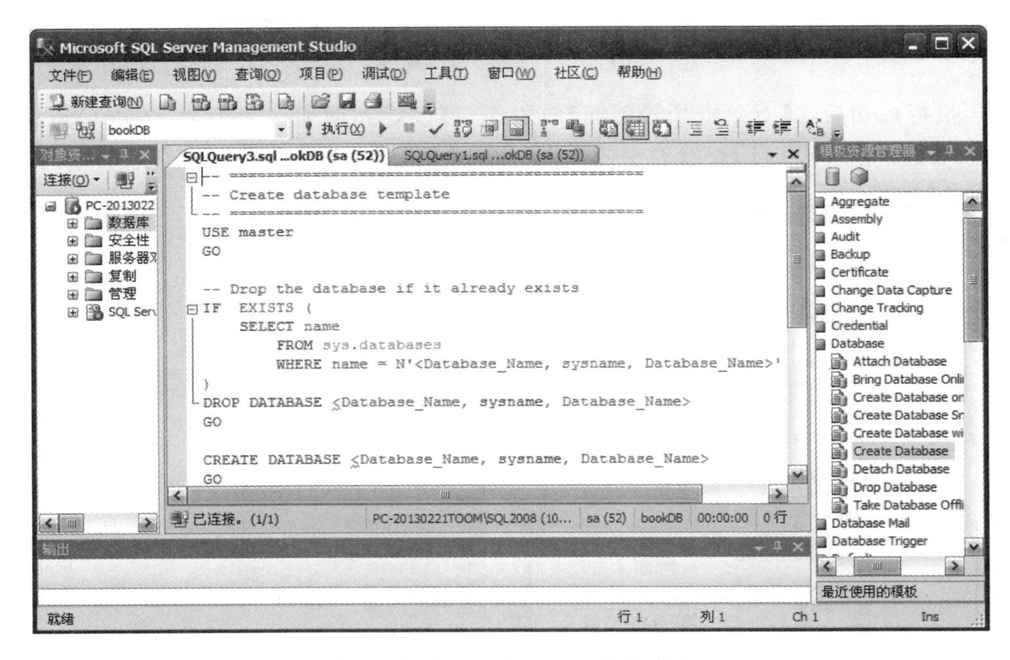

图 1-47 Create Database 模板代码

(3) 替换模板参数。选择【查询】→【指定模板参数的值】菜单,或单击 按钮,打开【指定模板参数的值】对话框,如图 1-48 所示,在【值】列中输入数据库名称 stuDB。

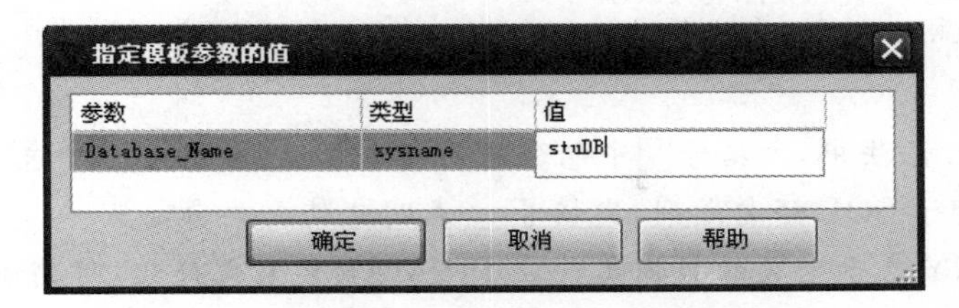

图 1-48 【指定模板参数的值】对话框

(4) 单击【确定】按钮,关闭【指定模板参数的值】对话框,系统将自动修改查询窗口中的脚本,结果如图 1-49 所示。

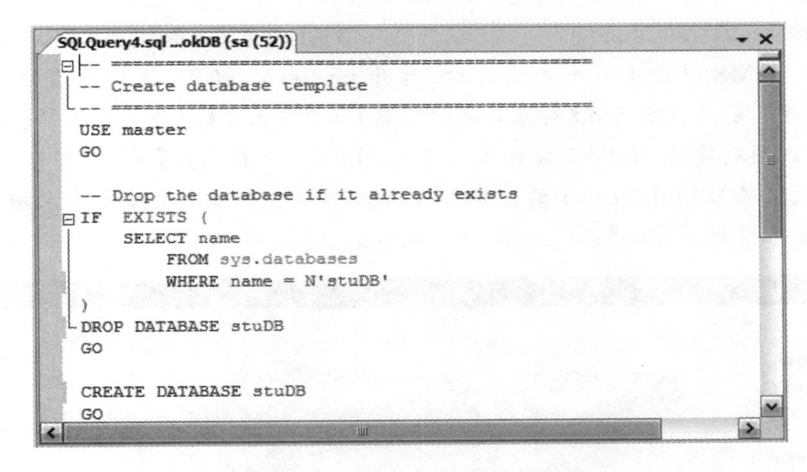

图 1-49 创建 stuDB 数据库脚本

(5) 执行语句,在【结果】窗口中显示相关信息,告知数据库是否创建成功。使用此模板中默认的语句创建的数据库采用默认设置,数据库文件存储在 SQL Server 安装目录中。

3. 用 T-SQL 语句创建和管理数据库

1) 创建数据库

(1) 创建数据库语法。

```
CREATE DATABASE <数据库名>
[[ON  [PRIMARY]]
    (
     [NAME = <数据文件逻辑文件名>]
      [,FILENAME =<'数据文件物理文件名'>]
      [,SIZE =<数据文件初始大小>],
      [,MAXSIZE = <数据文件最大大小>]
      [,FILEGROWTH <数据文件增长比例>]  [,…n]
    )]
[LOG ON
    (
     [NAME = <日志文件逻辑文件名>]
```

```
    [,FILENAME=<'日志文件物理文件名'>]
    [,SIZE=<日志文件初始大小>],
    [,MAXSIZE = <日志文件最大大小>]
    [,FILEGROWTH<日志文件增长比例>][,…n]
  )]
```

说明：在 SQL 语法中，方括号[]中包含的是可选参数，大括号{}中包含的是参数值，小括号()中包含的是子 SQL 语句或列，尖括号<>表明此处需要自定义。

ON PRIMARY 表示定义的数据文件在 PRIMARY 主文件组，可省略，SQL Server 中可以设置默认文件组；LOG ON 表示开始定义日志文件。

（2）创建数据库例题。

【例题 1】 最简单语句创建数据库

题目：以最简单的 SQL 语句创建 MyDB1 数据库

语句：
```
CREATE DATABASE MyDB1                    -- 只给出数据库名称，其他用默认设置
```

说明：在 SSMS 中新建一个查询窗口，打开 master 数据库，执行上述语句即可创建 MyDB1 数据库。创建完成后在【对象资源管理器】窗口中右击【数据库】，选择【刷新】选项进行刷新，可看到刚创建的 MyDB1 数据库。进入 MyDB1 数据库的【属性】窗口，可以看到数据库文件存放路径为 SQL Server 的安装目录，数据库文件的初始大小和自动增长属性等设置与 model 系统数据库完全相同，如图 1-50 所示。

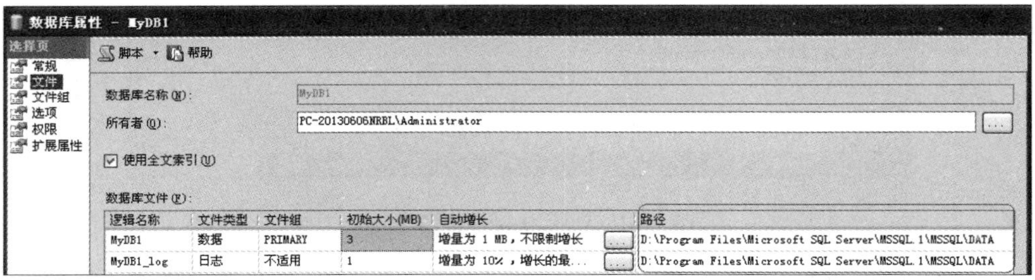

图 1-50　查看 MyDB1 数据库属性

【例题 2】 指定文件名和文件存储位置创建数据库(不指定大小\增长方式等)。

题目：创建数据库 MyDB2，数据文件的逻辑名称为 MyDB2_dat，文件名为 MyDB2.mdf，存储在 D:\DataBase 目录。

语句：
```
CREATE DATABASE MyDB2
ON
( NAME=MyDB2_dat,                        -- NAME 指定数据文件逻辑名称
FILENAME='D:\DataBase\MyDB2.mdf')        -- FILENAME 指定数据文件物理文件名
                                         -- 需先建 D:\DataBase 文件夹
```

说明：在 SSMS 中新建一个查询窗口，打开 master 数据库，执行上述语句即可创建 MyDB2 数据库。创建完成后在【对象资源管理器】窗口中右击【数据库】，选择【刷新】选项进行刷新，可看到 MyDB2 数据库。进入 MyDB2 数据库的【属性】窗口，可以看到数据库文件存放路径为语句中指定的 D:\DataBase(需事先创建文件夹)，而不是 SQL Server 的安装目录，数据文件的逻辑名和物理名是语句中定义的名字，而日志文件的逻辑名和物理名是系统默认的，文件初始大小和自动增长属性等设置也是系统默认，与 model 系统数据库一致，如

图 1-51 所示。

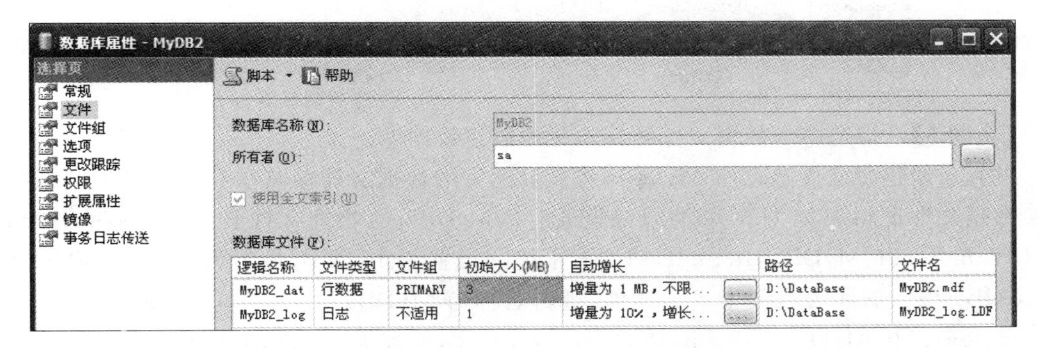

图 1-51　查看 MyDB2 数据库属性

【例题 3】　指定数据文件的属性创建数据库。

题目：创建数据库 MyDB3，将该数据库的数据文件存储在 D:\DataBase 目录下，数据文件的逻辑名称为 MyDB3_dat，文件名为 MyDB3. mdf，初始大小为 4MB，最大尺寸为 10MB，增长速度为 1MB。

语句：
```
CREATE DATABASE MyDB3
ON
( NAME = MyDB3_dat,                       -- 指定数据文件逻辑名称
  FILENAME = 'D:\DataBase\MyDB3.mdf',     -- 指定数据文件路径和文件名
  SIZE = 4,                               -- 指定数据文件初始大小 4MB
  MAXSIZE = 10,                           -- 指定数据文件最大值 10MB
  FILEGROWTH = 1 )                        -- 指定数据文件增长速度为 1MB
```

说明：在 SSMS 中新建一个查询窗口，打开 master 数据库，执行上述语句即可创建 MyDB3 数据库。创建完成后在【对象资源管理器】窗口中右击【数据库】，选择【刷新】选项进行刷新，可看到 MyDB3 数据库。进入 MyDB3 数据库的【属性】窗口，可以看到数据库文件存放路径为语句中指定的 D:\DataBase(需事先创建文件夹)，数据文件的逻辑名、初始大小、自动增长属性、物理名都是按照语句中定义的，而日志文件属性是系统默认，与 model 系统数据库一致。

【例题 4】　指定数据文件和日志文件属性创建数据库。

题目：创建销售管理数据库 MyDB4，将该数据库的数据文件存储在 D:\DataBase 目录下，数据文件的逻辑名称为 MyDB4_data，文件名为 MyDB4_data. mdf，初始大小为 10MB，最大尺寸为无限大，增长速度为 10%；该数据库的日志文件，逻辑名称为 MyDB4_log，文件名为 MyDB4_log. ldf，初始大小为 3MB，最大尺寸为 5MB，增长速度为 1MB。

语句：
```
CREATE DATABASE MyDB4
ON
( NAME  =  MyDB4_data,                      -- 半角逗号分隔
  FILENAME = 'D:\DataBase\ MyDB4_data.mdf',  -- 半角引号
  SIZE = 10MB,
  MAXSIZE  =  UNLIMITED,
  FILEGROWTH  =  10 % )                      -- 注意后面没有逗号
LOG ON
```

```
( NAME =  MyDB4_log,                              -- 半角逗号分隔
  FILENAME = 'D:\DataBase\ MyDB4_log.ldf',        -- 半角引号
  SIZE = 3MB,
  MAXSIZE  =  5MB,
FILEGROWTH  =  1MB )                              -- 注意后面没有逗号
```

【例题 5】 指定多个数据文件和日志文件创建数据库。

题目：创建多文件数据库 MyDB5，将该数据库的数据文件存储在 D:\DataBase 目录下，三个数据文件逻辑名称为 MyDB5_1、MyDB5_2、MyDB5_3，物理文件名为 MyDB5dat1.mdf、MyDB5dat2.ndf、MyDB5dat3.ndf，初始大小统一设置为 100MB，最大为 200MB，增长速度为 20MB；该数据库含有两个日志文件，逻辑名称为 MyDB5_log1、MyDB5_log2，文件名为 MyDB5log1.ldf、MyDB5log2.ldf，初始大小为 10MB，最大为 20MB，增长速度为 2MB。

语句：
```
CREATE DATABASE MyDB5
ON PRIMARY                                      -- Primary 为默认的文件组，可省略
  ( NAME = MyDB5_1,                             -- 第一个数据文件
  FILENAME = 'D:\DataBase\MyDB5dat1.mdf',
  SIZE = 100MB,
  MAXSIZE = 200,
  FILEGROWTH = 20 ),
  ( NAME = MyDB5_2,                             -- 第二个数据文件
  FILENAME = 'D:\DataBase\MyDB5dat2.ndf',
  SIZE = 100MB,
  MAXSIZE = 200,
  FILEGROWTH = 20 ),
  ( NAME = MyDB5_3,                             -- 第三个数据文件
  FILENAME = 'D:\DataBase\MyDB5dat3.ndf',
  SIZE = 100MB,
  MAXSIZE = 200,
  FILEGROWTH = 20 )
LOG ON
  ( NAME = MyDB5_log1,                          -- 第一个日志文件
  FILENAME = 'D:\DataBase\MyDB5log1.ldf',
  SIZE = 10MB,
  MAXSIZE = 20,
  FILEGROWTH = 2 ),
  ( NAME = MyDB5_log2,                          -- 第二个日志文件
  FILENAME = 'D:\DataBase\MyDB5log2.ldf',
  SIZE = 10MB,
  MAXSIZE = 20,
  FILEGROWTH = 2 )
```

【例题 6】 使用自定义文件组创建数据库。

题目：创建多文件数据库 MyDB6，分为三个文件组进行管理，每个文件组包含两个数据文件，存放在不同磁盘。其中，Primary 文件组和 MyDB6_Group1 文件组，存放在 D 盘 DataBase 目录下，MyDB6_Group2 文件组，存放在 E 盘 DataBase 目录下，日志文件存储在 D:\DataBase 目录。

语句：
```
CREATE DATABASE MyDB6
ON   PRIMARY                                    -- 默认 Primary 文件组，可省略
( NAME = MyDB6_11_dat,
```

```
  FILENAME = 'D:\DataBase\MyDB6_11.mdf',
  SIZE = 10,
  MAXSIZE = 50,
  FILEGROWTH = 15 % ),
( NAME = MyDB6_12_dat,
  FILENAME = 'D:\DataBase\MyDB6_12.ndf',
  SIZE = 10,
  MAXSIZE = 50,
  FILEGROWTH = 15 % ),
FILEGROUP MyDB6_Group1                       -- MyDB6_Group1 文件组,存放在 D 盘
( NAME = MyDB6_21_dat,
  FILENAME = 'D:\DataBase\MyDB6_21.ndf',
  SIZE = 10,
  MAXSIZE = 50,
  FILEGROWTH = 5 ),
( NAME = MyDB6_22_dat,
  FILENAME = 'D:\DataBase\MyDB6_22.ndf',
  SIZE = 10,
  MAXSIZE = 50,
  FILEGROWTH = 5 ),
FILEGROUP MyDB6_Group2                       -- MyDB6_Group2 文件组,存放在 E 盘
( NAME = MyDB6_31_dat,
  FILENAME = 'E:\DataBase\MyDB6_31.ndf',
  SIZE = 10,
  MAXSIZE = 50,
  FILEGROWTH = 5 ),
( NAME = MyDB6_32_dat,
  FILENAME = 'E:\DataBase\MyDB6_32.ndf',
  SIZE = 10,
  MAXSIZE = 50,
  FILEGROWTH = 5 )
LOG ON                                       -- 日志文件,存放在 D 盘
(NAME = 'MyDB6_log',
  FILENAME = 'D:\DataBase\MyDB6log.ldf',
  SIZE = 5MB,
  MAXSIZE = 25MB,
  FILEGROWTH = 5MB )
```

【例题 7】 先判断数据库是否存在再创建。

题目：创建数据库 MyDB7 之前,先判断该数据库是否已经存在,如果已经存在则先删除再创建,否则直接创建。

语句：

```
USE master                    -- 打开系统数据库 master,以便访问 sysdatabases 系统表
GO                            -- 多条语句以 go 分隔,可以进行批处理
IF EXISTS (SELECT * FROM sysdatabases WHERE name = 'MyDB7')
   DROP DATABASE MyDB7
GO
CREATE DATABASE MyDB7
ON
   ( NAME = MyDB7_data,                          -- 主数据文件的逻辑名
   FILENAME = 'D:\DataBase\MyDB7_data.mdf' ,     -- 主数据文件的物理名
```

```
    SIZE = 10 MB,                              -- 主数据文件初始大小
    FILEGROWTH = 20 % )                        -- 主数据文件的增长率
LOG ON
    ( NAME = 'MyDB7_log',
    FILENAME = 'D:\DataBase\MyDB7_log.ldf' ,
    SIZE = 3MB,
    MAXSIZE = 20MB,
    FILEGROWTH = 1MB )
GO
```

【例题 8】 使用 SQL 语句创建 bookDB 数据库,要求创建两个数据文件,两个日志文件,文件都保存在 D:\DataBase\bookDB 文件夹中。

语句:

```
use master
go
IF EXISTS (SELECT * FROM sysdatabases WHERE name = 'bookDB')
   DROP DATABASE bookDB
GO
CREATE DATABASE bookDB
ON
( NAME = 'bookDB_data1',                                      -- 主要数据文件逻辑名
  FILENAME = 'D:\DataBase\bookDB\bookDB_data1.mdf'),          -- 主要数据文件物理名
( NAME = 'bookDB_data2',                                      -- 次要数据文件逻辑名
  FILENAME = 'D:\DataBase\bookDB\bookDB_data2.ndf')           -- 次要数据文件物理名
LOG ON
( NAME = 'bookDB_log1',
  FILENAME = 'D:\DataBase\bookDB\bookDB_log1.ldf'),
( NAME = 'bookDB_log2',
  FILENAME = 'D:\DataBase\bookDB\bookDB_log2.ldf')
GO
```

2) 修改数据库

(1) 修改数据库语法。

```
ALTER DATABASE <数据库名>
{ ADD  FILE  <数据文件参数>  [ ,...n ]              /* 增加数据文件 */
| ADD  LOG  FILE  <日志文件参数> [ ,...n ]           /* 增加事务日志文件 */
| REMOVE  FILE  数据文件逻辑名称                     /* 删除数据文件,文件必须为空 */
| ADD  FILEGROUP  文件组名                           /* 增加文件组 */
| REMOVE  FILEGROUP  文件组名                        /* 删除文件组,文件组必须为空 */
| MODIFY  FILE  <数据文件参数>                       /* 修改文件属性,一次只能改一个属性 */
| MODIFY NAME = 新数据库名                           /* 数据库更名 */
| SET < 参数>                                        /* 数据库参数设置 */
}
```

(2) 修改数据库例题。

【例题 1】 增加数据文件。

题目:bookDB 数据库经过一段时间的使用后,数据量不断增大,致使数据文件过大。现需增加一个数据文件,存储在 D:\DataBase\bookDB 文件夹,数据文件的逻辑名称为 bookDB_data3,物理文件名为 bookDB_data3.ndf,初始大小为 10MB,最大为 2GB,增长速

度为10%。

语句：
```
ALTER DATABASE bookDB
ADD FILE
( NAME = bookDB_data3,
  FILENAME = 'D:\DataBase\bookDB\bookDB_data3.ndf',
  SIZE = 10MB,
  MAXSIZE = 2GB,
  FILEGROWTH = 10 % )
```

【例题2】 增加日志文件。

题目：bookDB数据库原有两个日志文件，现为其再增加一个5MB日志文件。

语句：
```
ALTER DATABASE bookDB
ADD LOG FILE
(NAME = bookDB_log3,
 FILENAME = 'D:\DataBase\bookDB\bookDB_log3.ldf ',
 SIZE = 5MB  )
```

【例题3】 删除数据文件。

题目：从bookDB数据库中删除一个名为bookDB_data3的数据文件。

语句：
```
ALTER DATABASE bookDB
REMOVE FILE bookDB_data3                    /* 删除数据文件，文件必须为空 */
```

说明： 数据文件中没有表才可以删除，否则无法删除。系统自动控制，不会因为错误地删除了数据文件而造成数据丢失。

【例题4】 删除日志文件。

题目：从bookDB数据库中删除一个名为bookDB_log3的日志文件。

语句：
```
ALTER DATABASE bookDB
REMOVE FILE bookDB_log3
```

【例题5】 增加文件组。

题目：为bookDB数据库增加一个文件组bookDB_Group1，增加两个数据文件放在该文件组中，并将该文件组设置为默认文件组。

语句：
```
-- 添加文件组
ALTER DATABASE bookDB
ADD FILEGROUP bookDB_Group1
GO
-- 添加数据文件到文件组
ALTER DATABASE bookDB
ADD FILE
  (NAME = bookDB_data4,
  FILENAME = 'D:\DataBase\bookDB\bookDB_data4.ndf',
  SIZE = 5MB,
  MAXSIZE = 100MB,
  FILEGROWTH = 5MB
  ),
  ( NAME = bookDB_data5,
  FILENAME = 'D:\DataBase\bookDB\bookDB_data5.ndf',
  SIZE = 5MB,
  MAXSIZE = 100MB,
  FILEGROWTH = 5MB
```

```
    )
TO FILEGROUP bookDB_Group1
GO
--指定默认文件组
ALTER DATABASE bookDB
MODIFY FILEGROUP bookDB_Group1 DEFAULT
GO
```

【例题 6】 删除文件组。

题目：将 bookDB 数据库中的文件组 bookDB_Group1 删除。

语句：
```
ALTER DATABASE bookDB
remove FILEGROUP bookDB_Group1            --文件组为空，且不是默认文件组才可删除
GO
```

说明：删除文件组之前必须先删除该文件组中的数据文件，文件组为空，并且不是默认文件组才可删除。而改变默认文件组的操作要在删除文件组中全部数据文件之前完成。

改变默认文件组的语句：

```
ALTER DATABASE bookDB MODIFY FILEGROUP [PRIMARY]  DEFAULT
```

删除该文件组中数据文件的语句：

```
ALTER DATABASE bookDB REMOVE FILE bookDB_data4
ALTER DATABASE bookDB REMOVE FILE bookDB_data5
```

【例题 7】 修改数据文件。

① 修改数据库文件的初始大小。

题目：将 bookDB 数据库中的 bookDB_data2 数据文件初始大小改为 20MB。

语句：
```
ALTER DATABASE bookDB
MODIFY FILE
   (NAME =  bookDB_data2,                  --指定要修改的数据文件名
  SIZE = 20MB)                             --只能增大不可缩小，改小使用收缩功能
GO
```

② 修改数据库数据文件的增长方式。

题目：将 bookDB 数据库的数据文件 bookDB_data2 的文件增长设置为每次增长 15%。

语句：
```
ALTER DATABASE bookDB
MODIFY FILE
    (NAME =  bookDB_data2,
    FILEGROWTH  =  15  %  )
```

③ 修改数据库的默认文件组。

题目：将 bookDB 数据库的 PRIMARY 文件组设置为默认文件组。

语句：
```
ALTER DATABASE bookDB
MODIFY FILEGROUP [PRIMARY] DEFAULT
```

说明：设置 PRIMARY 文件组为默认文件组时，需要用中括号把 PRIMARY 括上；设置自定义文件组为默认文件组时则可省略中括号。自定义文件组设置为默认文件组时必须已经包含数据文件。

④ 修改数据库参数。

题目：将 bookDB 数据库设为只有一个用户可访问。

语句：alter database bookDB
set single_user

题目：将 bookDB 数据库设为多用户可访问。

语句：alter database bookDB
set multi_user

题目：设置 bookDB 数据库可自动收缩。

语句：alter database bookDB
set auto_shrink on

【例题 8】 更改数据库名称。

题目：使用 SQL 语句将 bookDB 数据库改名为 NewDB。

语句：
```
ALTER DATABASE bookDB
MODIFY NAME = NewDB
GO
```

题目：使用系统存储过程将 NewDB 数据库再改名为 bookDB。

语句：
```
sp_renamedb NewDB, bookDB
GO
```

3）删除数据库

（1）删除数据库语法。

```
DROP   DATABASE <数据库名>
```

（2）删除数据库例题。

【例题 1】 删除单个数据库。

语句：DROP DATABASE MyDB1

【例题 2】 删除多个数据库。

语句：DROP DATABASE MyDB2,MyDB3

【例题 3】 先判断数据库存在再删除。

语句：
```
USE master                     -- 设置当前数据库为 master,以便访问 sysdatabases 系统表
GO
IF  EXISTS (SELECT * FROM  sysdatabases WHERE  name = 'MyDB4')
    DROP DATABASE MyDB4
```

说明：不能删除正在使用的数据库，删除数据库之前需要关闭所有使用该数据库的连接。

4）打开数据库

（1）打开数据库语法。

```
USE  <数据库名>
```

（2）打开数据库例题。

例题：打开 bookDB 数据库。

语句：use bookDB

5）附加数据库

在 SSMS 管理平台上可以手动分离数据库，也可以附加数据库，除此方法之外，还可以在使用 CREATE DATABASE 语句创建数据库时使用 FOR ATTACH 子句将已经存在的

数据库附加上。

【例题】 bookDB 数据库文件存放在 D:\DataBase\bookDB 目录中，使用 SQL 语句进行附加。

语句：
```
CREATE DATABASE bookDB
ON PRIMARY
(FILENAME = 'D:\DataBase\bookDB\bookDB_data1.mdf')
FOR ATTACH
```

说明： 可以事先将 bookDB 数据库分离，然后再使用此 SQL 语句附加。注意：这里只需要写主要数据文件的物理文件名。

6）收缩数据库

为了节省空间，必要时可以对数据库进行收缩，减少数据库的占用空间。收缩数据库分为手工收缩和自动收缩两种方式。修改数据库参数，可以将数据库设置为自动收缩，也可以在需要的时候手动收缩。手动收缩时可以收缩整个数据库，也可以只收缩某个数据文件。

【例题 1】 设置 MyDB5 数据库可自动收缩。

语句：
```
alter database MyDB5
set auto_shrink on
```

【例题 2】 手工收缩整个数据库，收缩 MyDB5 数据库到 15MB。

语句：
```
DBCC SHRINKDATABASE(MyDB5,15)
```

【例题 3】 手工收缩一个数据文件，将 MyDB5 数据库中的 MyDB5_2 数据文件收缩为 2MB。

语句：
```
DBCC SHRINKFILE(MyDB5_2,2)
```

说明： SQL Server 2008 中收缩数据文件可以最小到 2MB。

7）查看数据库

可以使用系统存储过程 sp_helpdb 查看数据库信息。不加参数使用是查看当前服务器上所有数据库的信息，后面加数据库名称则是查看该数据库的信息。

【例题 1】 查看当前服务器上所有数据库的信息。

语句：
```
sp_helpdb
```

执行结果如图 1-52 所示。

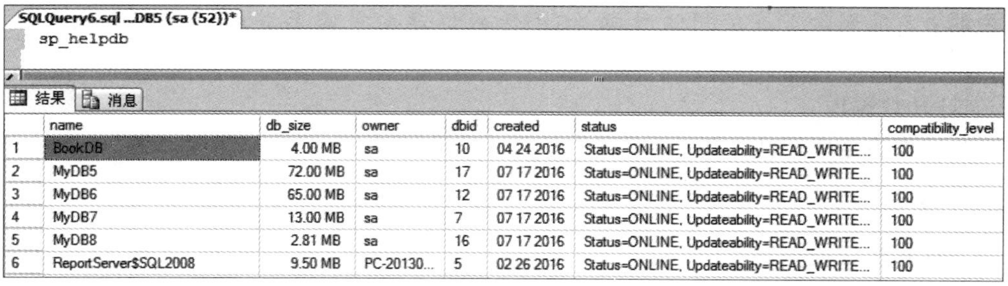

SQLQuery6.sql ...DB5 (sa (52))*

```
sp_helpdb
```

结果 消息

	name	db_size	owner	dbid	created	status	compatibility_level
1	BookDB	4.00 MB	sa	10	04 24 2016	Status=ONLINE, Updateability=READ_WRITE...	100
2	MyDB5	72.00 MB	sa	17	07 17 2016	Status=ONLINE, Updateability=READ_WRITE...	100
3	MyDB6	65.00 MB	sa	12	07 17 2016	Status=ONLINE, Updateability=READ_WRITE...	100
4	MyDB7	13.00 MB	sa	7	07 17 2016	Status=ONLINE, Updateability=READ_WRITE...	100
5	MyDB8	2.81 MB	sa	16	07 17 2016	Status=ONLINE, Updateability=READ_WRITE...	100
6	ReportServer$SQL2008	9.50 MB	PC-20130...	5	02 26 2016	Status=ONLINE, Updateability=READ_WRITE...	100

图 1-52　查看所有数据库的信息

【例题 2】 查看 bookDB 数据库的信息。

语句：
```
sp_helpdb bookDB
```

执行结果如图 1-53 所示。

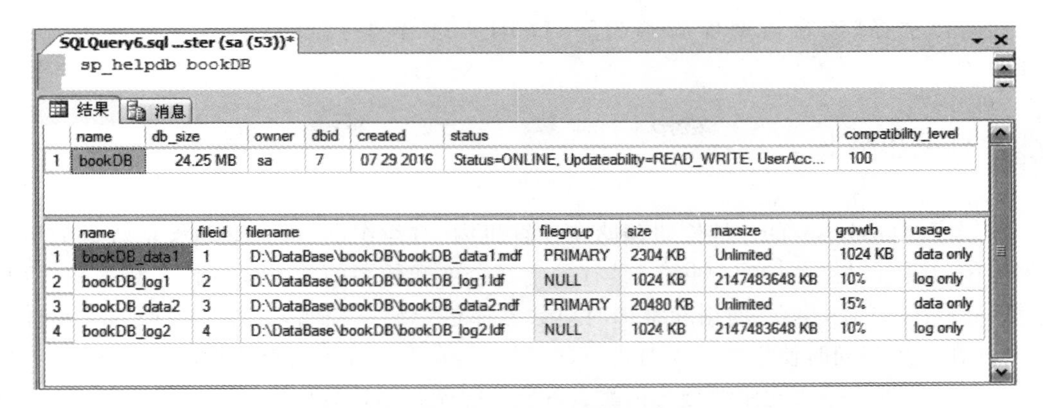

	name	db_size	owner	dbid	created	status	compatibility_level
1	bookDB	24.25 MB	sa	7	07 29 2016	Status=ONLINE, Updateability=READ_WRITE, UserAcc...	100

	name	fileid	filename	filegroup	size	maxsize	growth	usage
1	bookDB_data1	1	D:\DataBase\bookDB\bookDB_data1.mdf	PRIMARY	2304 KB	Unlimited	1024 KB	data only
2	bookDB_log1	2	D:\DataBase\bookDB\bookDB_log1.ldf	NULL	1024 KB	2147483648 KB	10%	log only
3	bookDB_data2	3	D:\DataBase\bookDB\bookDB_data2.ndf	PRIMARY	20480 KB	Unlimited	15%	data only
4	bookDB_log2	4	D:\DataBase\bookDB\bookDB_log2.ldf	NULL	1024 KB	2147483648 KB	10%	log only

图 1-53 查看 bookDB 数据库的信息

8）导出建库脚本

在 SSMS 上可以选择已经创建的用户数据库生成 SQL 语句，保留该语句可用于重复创建该数据库，也可用于参考创建其他的数据库。操作方法为：在【对象资源管理器】窗口中右击需要的数据库，在弹出菜单中选择【编写数据库脚本为】→【CREATE 到】→【新查询编辑器窗口】，如图 1-54 所示。

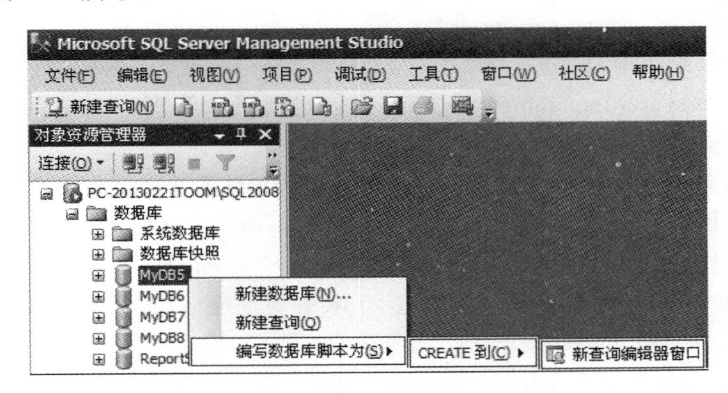

图 1-54 导出创建数据库脚本

生成 MyDB5 数据库脚本主要代码如下。

```
USE [master]
GO
/****** Object:  Database [MyDB5]    Script Date: 07/17/2016 21:43:03 ******/
CREATE DATABASE [MyDB5] ON  PRIMARY
( NAME = N'MyDB5_1', FILENAME = N'D:\DataBase\MyDB5dat1.mdf' , SIZE = 51200KB , MAXSIZE =
204800KB , FILEGROWTH = 20480KB ),
( NAME = N'MyDB5_2', FILENAME = N'D:\DataBase\MyDB5dat2.ndf' , SIZE = 2048KB , MAXSIZE =
204800KB , FILEGROWTH = 20480KB )
 LOG ON
( NAME = N'MyDB5_log1', FILENAME = N'D:\DataBase\MyDB5log1.ldf' , SIZE = 10240KB , MAXSIZE =
20480KB , FILEGROWTH = 2048KB ),
( NAME = N'MyDB5_log2', FILENAME = N'D:\DataBase\MyDB5log2.ldf' , SIZE = 10240KB , MAXSIZE =
20480KB , FILEGROWTH = 2048KB )
GO
```

也可以选择【编写数据库脚本为】→【CREATE 到】→【文件】，直接将脚本存入文件中。

任务小结

数据库(Database,DB)是长期存储在计算机内、有组织的、可共享的大量数据的集合。数据库中数据可以供各种用户共享，具有最小冗余度和较高的数据独立性。数据库管理系统(DBMS)在数据库建立、使用和维护时对数据库进行统一控制，以保证数据的完整性、安全性，并在多用户同时使用数据库时进行并发控制，在发生故障后对数据库进行恢复。SQL Server 中的数据库按用途主要分为两类：系统数据库和用户数据库。系统数据库是系统创建的，我们为了某个应用而自行创建的数据库称为用户数据库。

本章详细介绍了创建和管理数据库的常用操作，分为 SSMS 平台上操作和使用 T-SQL 语句进行操作两种方式，并给出各类例题供读者参考，最后又提供了大量习题用于巩固此章节知识。习题有很多重复内容，为的是让读者从各个角度温习巩固，任课教师可以筛选部分内容给学生留作业。

操作题

1. 在 SQL Server Management Studio 上创建通讯录管理系统数据库(Address List Management System,ALMS)，要求如下。

(1) ALMS 数据库文件存在 D:\AddressList\data 目录下。

(2) 数据文件初始大小为 50MB，数据文件满后每次增长为 2MB。

(3) 日志文件初始大小为 2MB，增长量为 10%。

(4) 在 SQL Server Management Studio 上查看数据库 ALMS，并把数据文件手动收缩为 5MB。

(5) 在 SQL Server Management Studio 上分离 ALMS 数据库，把数据文件和日志文件剪切到 E 盘，并进行数据库附加。

2. 使用 T-SQL 完成如下操作。

(1) 创建 Sales 数据库，使其包含两个文件组，主文件组(Primary)中包含两个数据文件 SalesDat01(主数据文件)和 SalesDat02，自定义文件组(FileGrp1)中包含三个数据文件 SalesDat11、SalesDat12、SalesDat13。主文件组的数据文件位于 C:\DB 文件夹中，自定义文件组的数据文件存放在 D:\DB 文件夹中，数据文件的物理文件名与逻辑文件名相同。

(2) 向 Sales 数据库中添加一个位于 C:\DB，名为 SalLog2 的日志文件。

(3) 向 Sales 数据库的主文件组中添加一个位于 C:\DB，名为 SalesDat03 的数据文件，其初始大小为 5MB，按 20%比率增长。

(4) 将 Sales 数据库设置为单用户模式。

(5) 将 Sales 数据库改名为 OldSales。

(6) 删除 OldSales 数据库。

3. 使用 T-SQL 语句创建学生管理数据库，要求如下。

(1) 数据库名称为 stuDB；

(2) 两个数据文件、两个日志文件，物理位置、初始大小、增长方式和增长量自行定义；

(3) 修改第一个数据文件的初始大小，改为 20MB；

(4) 将 stuDB 数据库更名为 studentDB；

(5) 删除 studentDB 数据库。

4. 在 SQL Server Management Studio 上创建教务管理数据库，数据库名称 EDUC；主数据文件保存路径 D:\教务管理数据文件；主数据文件初始大小为 3MB，最大尺寸为 10MB，增长速度为 10%；日志文件保存路径 E:\教务管理日志文件；日志文件的初始大小为 1MB，最大尺寸为 2MB，增长速度为 10%。

5. 创建一个 Test 数据库，该数据库的主数据文件逻辑名称为 Test_data，物理文件名为 Test.mdf，初始大小为 10MB，最大尺寸为无限大，增长速度为 10%；数据库的日志文件逻辑名称为 Test_log，物理文件名为 Test.ldf，初始大小为 1MB，最大尺寸为 5MB，增长速度为 1MB。

6. 创建销售管理系统数据库 CompanySales。该数据库的主要数据文件逻辑名称为 Sales_data，物理名称为 Sales_data.mdf，物理文件路径为 E:\数据库\销售管理数据库文件(事先创建)，初始大小为 10MB，不限制增长，增长速度为 15%；数据库的日志文件逻辑名称为 Sales_log，物理文件名称为 Sales_log.ldf，物理文件路径为 E:\数据库\销售管理数据库文件，初始大小为 3MB，最大容量为 20MB，增长速度为每次 1MB。

7. 在 D 盘建文件夹，以自己的姓名全拼命名；创建多文件数据库 MyDB1，将该数据库文件存储在新建的文件夹中，三个数据文件逻辑名称为 MyDB1_1、MyDB1_2、MyDB1_3，初始大小统一设置为 5MB，不限制增长，增长速度为 2MB，MyDB1_1 存放在 PRIMARY 文件组中，MyDB1_2 和 MyDB1_3 存放在新建的 DATA 文件组中；该数据库含两个日志文件，逻辑名称为 MyDB1_log1、MyDB1_log2，初始大小为 2MB，最大尺寸为 10MB，增长速度为 2%。

8. 创建文件夹，命名为你的"姓名全拼"，创建一个数据库：数据库名称为你的"姓名全拼"，数据文件的逻辑名为"姓名全拼_data"、大小为 3MB，增量为 1MB，最大大小为 10MB。日志文件的逻辑名为"姓名全拼_log"，大小为 3MB，增量为 1MB，最大大小为 10MB，文件都保存在刚创建的文件夹中。分离数据库，将文件夹连同其中的数据库文件一起备份。

9. 练习使用导入和导出向导，完成如下操作。

(1) 将 SQL Server 数据转换为 Excel 数据。

(2) 将 SQL Server 数据转换为 TXT 文本数据。

(3) 将 Excel 数据导入 SQL Server。

(4) 将 Access 数据导入 SQL Server。

10. 对 bookDB 数据库进行完整备份、差异备份以及事务日志备份。

11. 分离 bookDB 数据库，复制到另一文件夹后附加数据库。

理论题

一、选择题

1. 关于数据库备份的叙述中，错误的是(　　)。
   A. 如果数据库很稳定就不需要经常备份，反之要经常备份，以防止数据库损坏
   B. 数据库备份是一项很复杂的任务，应该由专业的管理人员来完成
   C. 数据库备份也受数据库恢复模式的影响
   D. 数据库备份的策略应该综合考虑各方面的因素，并不是备份做得越多越全就越好
2. 当数据库损坏时，数据库管理员可以通过(　　)方式恢复数据库。
   A. 事务日志文件　　B. 主数据文件
   C. UPDATE 语句　　D. 联机帮助文件
3. 以下关于数据库分离与附加描述中，错误的是(　　)。
   A. 在进行分离与附加数据库操作时，数据库可以进行更新操作
   B. 在移动数据库之前，最好为数据库做一个完整的备份
   C. 需确保数据库要移动的目标位置及将来数据增长能有足够的空间
   D. 分离数据库并没有将其从磁盘上真正删除，如果需要，可以对数据库的组成文件进行移动、复制和删除
4. 做数据库的差异备份之前，需要做(　　)备份。
   A. 数据库完整备份　　B. 数据库差异备份
   C. 事务日志备份　　D. 文件和文件组备份
5. (　　)备份最耗费时间。
   A. 数据库完整备份　　B. 数据库差异备份
   C. 事务日志备份　　D. 文件和文件组备份
6. 备份数据库不仅要备份用户自定义的数据库，还要备份系统数据库，系统数据库包括(　　)。
   A. Master 数据库　　B. msdb 数据库
   C. model 数据库　　D. 以上全是
7. 下面关于差异备份的叙述错误的是(　　)。
   A. 在执行了至少一次完整备份后，才能进行差异备份
   B. 备份自上一次完整备份以来数据库改变的部分
   C. 备份自上一次差异备份以来数据库改变的部分
   D. 备份自上一次日志备份以来数据库改变的部分
8. 下面关于日志备份的叙述错误的是(　　)。
   A. 在执行了至少一次完整备份后，才能进行日志备份
   B. 如果没有与其相一致的数据库备份，则不能恢复事务日志
   C. 可以在大容量日志恢复模式下建立日志备份

D. 备份自上一次完整备份以来数据库改变的部分

9. 能进行事务日志备份的恢复模式有(　　)。

A. 简单恢复模式　　B. 完整恢复模式

C. 大容量日志恢复模式　　D. 以上都可以

10. 对于规模小、变化不频繁的数据库,最好采用(　　)备份策略。

A. 完整数据库　　B. 完整备份+事务日志

C. 差异　　D. 完整备份+差异备份

11. (　　)类型支持把数据库还原到某个时间点。

A. 完整数据库备份　　B. 差异数据库备份

C. 事务日志备份　　D. 以上都是

12. 对于规模很大,并且一部分相同数据反复变化的数据库,最好采用(　　)。

A. 完整数据库备份　　B. 完整+事务日志备份

C. 差异备份　　D. 完整+差异备份

13. 下面哪些数据库是系统数据库?(多选)(　　)

A. Master 数据库　　B. Model 数据库

C. Tempdb 数据库　　D. msdb 数据库

E. Sales 数据库　　F. MyDB 数据库

14. 关于 SQL Server 2008 文件组的叙述正确的是(　　)。

A. 一个数据文件不能存在于两个或两个以上的文件组中

B. 日志文件可以属于某个文件组

C. 文件组可以包含不同数据库的数据文件

D. 一个文件组只能放在同一个存储设备中

15. SQL Server 2008 的物理存储主要包括两类文件:(　　)。

A. 主要数据文件、次要数据文件　　B. 数据文件、事物日志文件

C. 表文件、索引文件　　D. 事物日志文件、文本文件

16. SQL Server 数据库的主数据文件的扩展名为(　　)。

A. ndf　　B. db

C. ldf　　D. mdf

17. 在 SQL Server 中,用来显示数据库信息的系统存储过程是(　　)。

A. sp_dbhelp　　B. sp_db

C. sp_help　　D. sp_helpdb

18. 一个 SQL Server 数据库至少有(　　)个文件。

A. 2　　B. 3

C. 4　　D. 5

19. SQL Server 数据库包含多个数据文件,为了便于管理,可使用(　　)进行管理。

A. 文件夹　　B. 文件组

C. 复制数据库　　D. 数据库脱机

20. 创建数据库时，系统自动将(　　)数据库中的所有对象复制到新建数据库中。
    A. master　　B. tempdb
    C. model　　D. msdb
21. 打开数据库的命令是(　　)。
    A. USE　　B. USE DATABASE
    C. OPEN　　D. OPEN DATABASE
22. 在 MS SQL Server 中，关于数据库的说法正确的是(　　)。
    A. 一个数据库可以不包含事务日志文件
    B. 一个数据库可以只包含一个事务日志文件和一个数据库文件
    C. 一个数据库可以包含多个数据库文件，但只能包含一个事务日志文件
    D. 一个数据库可以包含多个事务日志文件，但只能包含一个数据库文件
23. 下列关于 master 数据库的说法正确的是(　　)。
    A. 可以创建 master 数据库
    B. 可以附加 master 数据库
    C. 如果 master 数据库不可用，则 SQL Server 无法启动
    D. 可以删除 master 数据库
24. 下面关于删除数据库文件的描述错误的是(　　)。
    A. 数据文件中没有数据时，才可以从数据库中删除
    B. 数据文件中有数据，也可以从数据库中删除
    C. 不能删除主要数据文件
    D. 当日志文件不再包含任何活动事务时，才可以从数据库中删除该日志文件
25. 下面(　　)情况下，可以收缩数据库。
    A. master 数据库损坏
    B. 内存空间不足
    C. 移动数据库之后
    D. 磁盘空间有限，文件中有大量存储空间
26. 下面(　　)数据库不能进行分离操作。
    A. model 数据库　　B. MyDB 数据库
    C. Test 数据库　　D. Adventure Work 数据库
27. 每个数据库只能有一个(　　)。
    A. 次要数据文件　　B. 主要数据文件
    C. 事物日志文件　　D. 其他
28. 如果数据库中数据量非常大，数据除了存储在主要数据文件之外，还可以将一部分数据存储在(　　)。
    A. 次要数据文件　　B. 主要数据文件
    C. 事物日志文件　　D. 其他

29. (　　)不属于任何文件组。

A. 次要数据文件　　B. 主要数据文件

C. 事物日志文件　　D. 其他

30. 使用(　　)语句可以删除数据库。

A. DROP DATABASE　　B. CREATE TABLE

C. ALTER DATABASE　　D. DROP TABLE

31. SQL Server 2008 的主要版本包括(　　)。

A. 企业版　　B. 标准版

C. 数据中心版　　D. 测试版

二、填空题

1. SQL Server 数据库是由(　　)文件和(　　)文件组成的。
2. SQL Server 中的数据库按用途主要分为两类:(　　)和(　　),其中(　　)是管理和维护 SQL Server 所必需的数据库,(　　)则是用户自己创建的数据库。
3. 在 SSMS 中看到系统数据库分别为(　　)、(　　)、(　　)和(　　)。
4. 新建用户数据库,从(　　)系统数据库中复制信息。
5. 使用 T-SQL 管理数据库时,创建数据库的语句为(　　),修改数据库的语句为(　　),删除数据库的语句为(　　)。
6. SQL Server 数据库管理系统中(　　)是系统提供的重要数据库,其中存放了系统级的信息。
7. SQL Server 数据库管理系统中(　　)系统数据库损坏,数据库则无法启动。
8. SQL Server 数据库管理系统(　　)数据库是新建用户数据库的模板数据库。
9. SQL Server 数据库管理系统中临时表、临时数据和临时创建的存储过程都保存在(　　)数据库中。
10. SQL 是(　　)。
11. 在 SQL Server 关系型数据库中一个数据库至少应该包含一个(　　)文件和一个(　　)文件。
12. 在 SQL Server 关系型数据库中主要数据文件的扩展名为(　　),次要数据文件的扩展名为(　　),事务日志文件的扩展名为(　　)。
13. 在 SQL Server 中,文件分为三大类操作系统文件,它们是(　　)、次要数据文件、事务日志文件。
14. 在 SQL Server 中,文件组分为两类,一类是(　　),一类是(　　)。
15. 在 SSMS 上创建数据库时,如果输入的数据库名为 test,那么默认的数据文件逻辑名为(　　),默认的日志文件逻辑名为(　　)。
16. 使用 T-SQL 管理数据库,现需要一个名为 MyDB 的数据库,创建该数据库的语句为(　　),修改该数据库的语句为(　　),删除该数据库的语句为(　　　　)。

17. 打开MyDB数据库的语句为(　　　　)。

18. 对某一数据库进行完整备份,右击数据库,在弹出的快捷菜单中选择(　　　　)中的【备份】选项。

19. (　　　　)备份是进行其他所有备份的基础。

三、判断题

1. SQL Server中名为master的数据库是用户数据库。(　　)
2. 在SQL Server中附加的MySchool数据库是系统数据库。(　　)
3. 可以说SQL Server中有三类数据库:系统数据库、示例数据库和用户数据库。(　　)
4. 数据库分为系统数据库与用户数据库,master数据库属于系统数据库,model数据库属于用户数据库。(　　)
5. SQL Server中可以包含多个主要数据文件。(　　)
6. SQL Server中必须包含次要数据文件。(　　)
7. SQL Server中可以没有日志文件。(　　)
8. SQL Server中可以包含一个主要数据文件和至少一个日志文件。(　　)
9. 使用SSMS图形界面创建数据库的好处是可以重复成功。(　　)
10. 使用SQL语句创建数据库的主要好处是操作直观、方便。(　　)
11. 删除数据库的语句是drop table。(　　)
12. 打开数据库的语句是create database。(　　)
13. 日志文件不包括在文件组内,日志空间与数据空间分开管理。(　　)
14. 每个数据库至少有两个文件(一个主文件和一个日志文件)和一个文件组。(　　)

四、简答题

1. 如何使用SSMS创建数据库?
2. 使用什么命令创建数据库?使用什么命令修改和删除数据库?使用什么命令查看数据库信息?
3. 数据库常用对象有哪些?
4. SQL Server中数据库分为两类,是哪两类?Master数据库是属于哪一类?我们创建的MyDB1数据库属于哪一类?
5. 一个数据库至少包含几个数据库文件?分别是什么?一个数据库至少包含几个文件组?
6. 创建数据库时不指定文件初始大小,其初始大小为多少?为什么?
7. 如何将SQL Server数据库文件复制到另一台同样环境的机器上使用?
8. 用户想删除bookDB中一个自定义的文件组,但删除失败了,你认为可能是什么原因?
9. 为什么要进行数据库备份?
10. 举例说明哪些系统数据库必须定期备份。

11. 在 SSMS 上修改数据库时，数据库的什么参数不可以修改？

12. 删除数据库和分离数据库有什么区别？

13. 收缩数据库和修改数据库大小有什么区别？

14. 备份 SQL Server 数据库有几种备份类型？进行差异备份和事务日志备份时有什么限制条件？在还原数据库时使用不同的备份文件有什么要求？

任务 2　创建和管理表

了解表的相关概念；

了解约束的种类和作用；

掌握在 SSMS 上创建、修改、删除表的方法；

掌握在 SSMS 上为表增加约束的方法；

掌握用 T-SQL 语句创建、修改、删除表的方法；

掌握用 T-SQL 语句为表增加和修改约束的方法。

1. 在 SSMS 中创建和管理表

1）创建表

通过在事先创建的 stuDB 数据库中创建三个简单的表，了解在 SSMS 中创建表的过程，了解在 SSMS 中设置非空约束、标识列、主键、默认值、检查约束、唯一约束、外键等约束的方法，学生表、课程表、成绩表结构如表 2-1～表 2-3 所示。

表 2-1　Student 学生表

列　　名	数据类型	宽度	为空性	说　　明
Sno	int		not null	学号，主键、标识列（种子 1001，增量 1）
name	varchar	8	not null	学生姓名
Sex	char	2	not null	性别，取值“男”或“女”
Nation	varchar	20		民族，默认“汉族”
Birthday	date			出生日期

表 2-2　Course 课程表

列　　名	数据类型	宽度	为空性	说　　明
Cno	int		not null	课程号，主键、标识列（种子 1，增量 1）
Cname	varchar	50	not null	课程名，唯一键
hours	smallint			学时，取值范围 1～200
credit	smallint			学分，取值范围 1～4
Semester	varchar	8		开课学期

表 2-3　成绩表(SC)

列　　名	数据类型	宽度	为空性	说　　明
Cno	int		not null	课程号,联合主键,外键,关联课程表的课程号
Sno	int		not null	学号,联合主键,外键,关联学生表的学号
Grade	int			成绩

说明:约束是保证数据完整性的一种方法,可以防止数据库中输入不符合语意规定、不正确的数据。数据完整性主要分为三类:实体完整性(Entity Integrity)、参照完整性(Referential Integrity)、用户定义的完整性(User-definedIntegrity)。

约束分为列级约束和表级约束,涉及一个列的约束可以定义为列级,也可以定义为表级,涉及多个列的约束必须定义为表级约束。列级约束直接写在列定义后面,和列定义之间用空格分隔。一个列上可以定义多个约束,多个约束语句中间用空格分隔。一个列包括列约束都定义完成之后,用逗号分隔再定义下一个列。表级约束写在所有列定义完成之后,表级约束要写清是为哪一个列定义的约束。一个列级约束只能与限制的字段有关;一个表级约束只能与限制的表中的字段有关。定义约束的语句中"[Constrain <约束名>]"是可选项,用于为定义的约束命名,省略此项则由系统命名。系统命名会带有一串随机生成的字符,比较长。如果后期有可能需要用 SQL 语句修改或删除表的约束,则最好使用"Constrain"语句自己命名约束。

(1) 实体完整性:是用于保证表中每一行数据在表中是唯一并且不能为空的。实体完整性是通过主键来实现的。主键约束(Primary Key)定义格式如下。

定义列级约束:[Constraint <约束名>] Primary Key

定义表级约束:[Constraint <约束名>] Primary Key(<列名> [,{<列名>}])

(2) 参照完整性:是用于保证表之间数据的一致性,当更新、删除、插入一个表中的数据时,通过参照引用相互关联的另一个表中的数据,来检查对表的数据操作是否正确。参照完整性是通过外键实现的。外键约束(Foreign Key)定义格式如下。

定义列级约束:[Constraint <约束名>] Foreign key References <外表名>(<列名>)

定义表级约束:[Constraint <约束名>] Foreign key(<列名>) References <外表名>(<列名>)

(3) 用户定义完整性:不属于任何完整性类别,它反映某一具体应用所涉及的数据必须满足的语义要求。例如,某个属性必须取唯一值,某个非主属性也不能取空值,某个属性的取值范围限定特定的范围等。常用的有 not null 非空约束、unique 唯一约束、check 检查约束、default 默认值约束等。非空约束和默认值约束只能定义为列级约束,直接在列定义后面加 not null 表示非空,加 DEFAULT (<默认值>)表示默认值约束,默认值约束如果用在修改表结构语句中,格式为:[Constrain <约束名>] DEFAULT (<默认值>)for 列名;检查约束(check)列级约束和表级约束定义格式一样,格式为:[Constraint <约束名>]Check(<条件>);唯一性约束(unique)定义格式如下。

定义列级约束:[Constrain <约束名>] Unique

定义表级约束:[Constrain <约束名>] Unique (<列名> [,{<列名>}])

(1) 新建表。

在【对象资源管理器】窗口中打开已经创建的数据库 stuDB,右击【表】选项,在弹出的快捷菜单中选择【新建表】选项(如图 2-1 所示),打开【新建表】窗口。

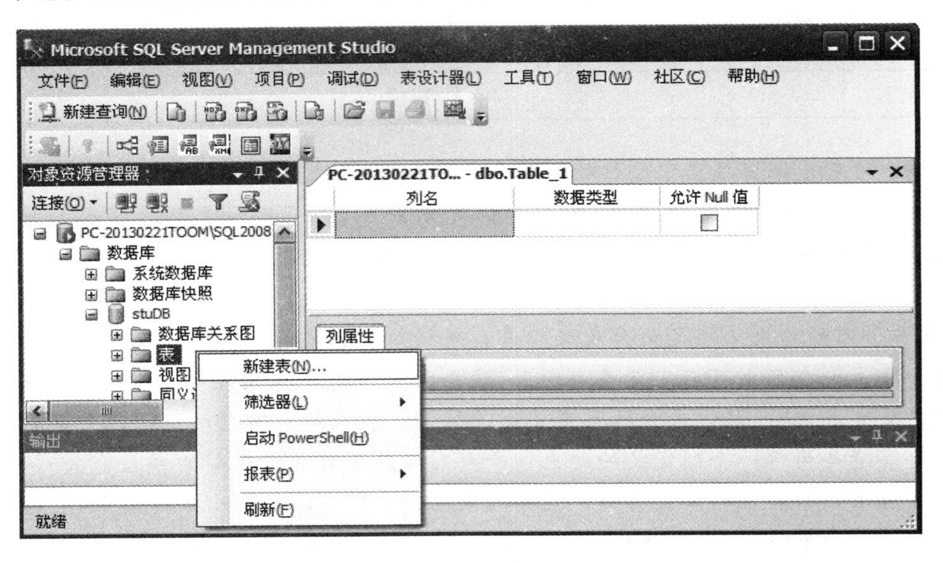

图 2-1 新建表

(2) 定义表中字段。

在【新建表】窗口中输入表中字段内容,包括列名、数据类型、长度、是否允许空等,图 2-2 是学生表定义窗口。

PC-20130221TO... dbo.Table_1*

列名	数据类型	允许 Null 值
Sno	int	☐
name	varchar(8)	☐
Sex	char(2)	☐
Nation	varchar(20)	☑
Birthday	date	☑

图 2-2 定义 Student 表中字段

(3) 设置主键。

如果要设置"学号"为主键,在学号字段上单击右键,在菜单中选择【设置主键】,设置完成后"学号"字段前面出现一个 ▶🔑 主键标志(如图 2-3 所示)。

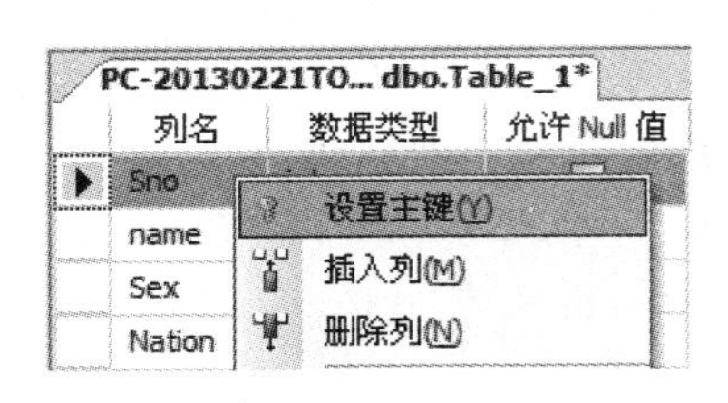

PC-20130221TO... dbo.Table_1*

列名	数据类型	允许 Null 值
Sno	int	☐
name	varchar(8)	☐
Sex	char(2)	☐
Nation	varchar(20)	☑
Birthday	date	☑

图 2-3 设置主键

说明：如果设置多列作主键，需要按 Shift 或 Ctrl 键同时将需要设置的多个列选中，然后再单击右键，在菜单中选择【设置主键】。

(4) 设置默认值。

在【列属性】区域可以设置默认值、标识列等。如要设置学生表的“民族”字段默认为“汉族”，选择“民族”字段，在该字段的【列属性】窗口【默认值或绑定】栏目中输入“汉族”。输入时可以不加引号，输入完毕移动鼠标，如果系统判断该字段是字符型，会自动加上引号(如图 2-4 所示)。

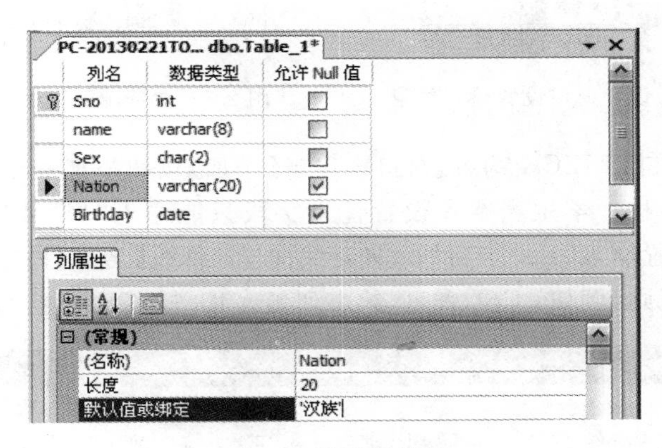

图 2-4　设置默认值

(5) 设置标识列。

要求学生表中的学号由系统自动生成，从 1001 号开始，按顺序每次增加 1，可以设置“学号”为标识列，种子 1001，增量 1。选择“学号”字段，在该字段的【列属性】区域打开【标识规范】前面的加号，设置【(是标识)】为“是”，【标识增量】和【标识种子】默认都是 1，修改标识种子为 1001，按照方框内容设置，如图 2-5 所示。

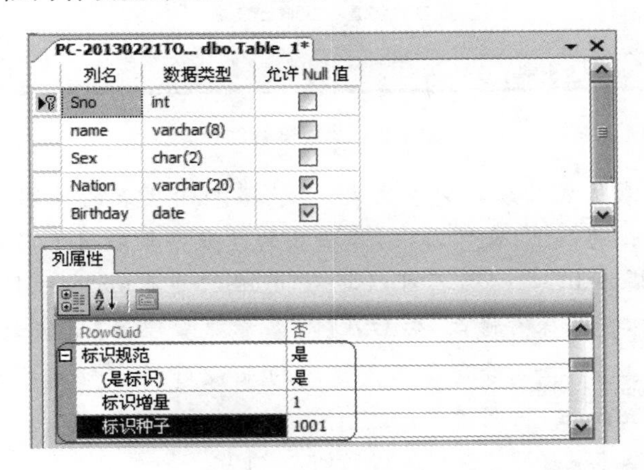

图 2-5　设置标识列

(6) 增加检查约束。

在表设计窗口中任意位置单击鼠标右键，选择【CHECK 约束】(如图 2-6 所示)，可以进入检查约束设置窗口，也可以在表创建完成后在【对象资源管理器】中刷新，找到建好的表，在该表的【约束】项上单击右键，选择【新建约束】(如图 2-7 所示)，打开【CHECK 约束】窗口。

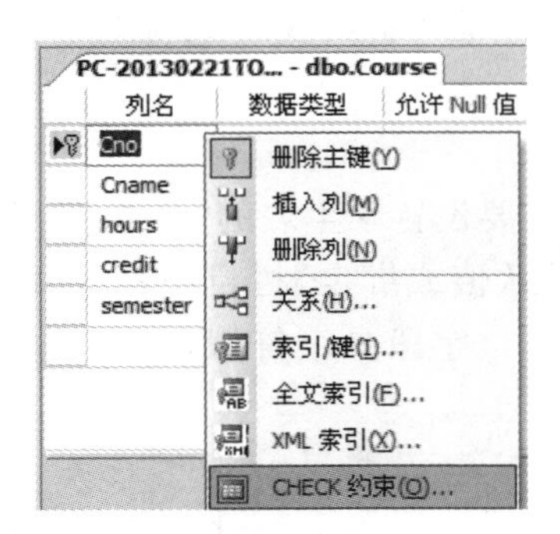

图 2-6　在表设计窗口设置检查约束

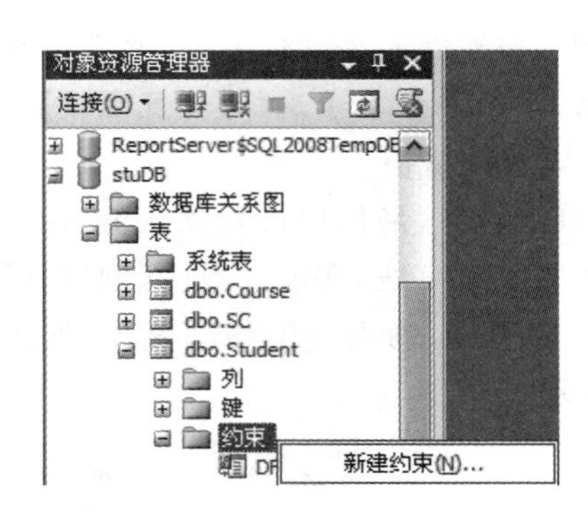

图 2-7　在资源管理器设置检查约束

如图 2-8 所示，在【CHECK 约束】窗口中单击【添加】按钮添加一个检查约束，然后设置约束表达式和约束名称。学生表要求设置性别字段只能输入“男”或“女”，在【CHECK 约束】窗口【表达式】位置输入“sex='男' or sex='女'”。修改【名称】为检查约束命名，检查约束命名最好有一定规则，例如：CK_表名_约束列名。其中，“CK”是检查约束的缩写。

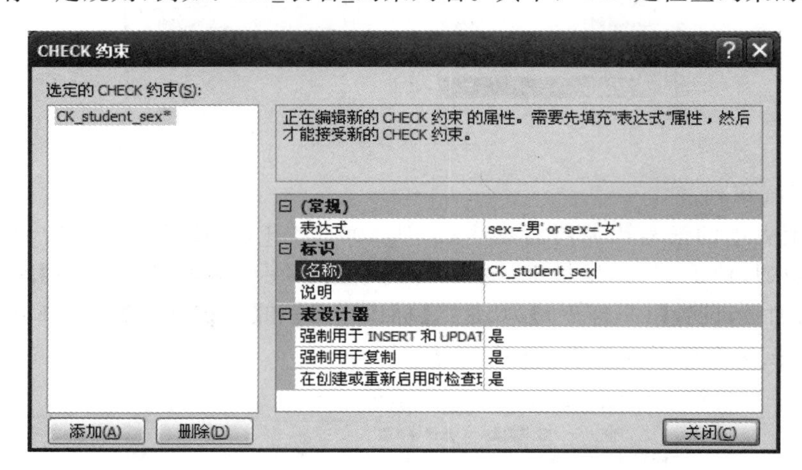

图 2-8　设置检查约束

说明：检查约束表达式必须是完整的表达式，限制学生表的性别字段只能输入“男”或“女”，不能写为“sex='男' or '女'”，限制课程表的学分字段取值范围在 1～4 之间，应该写为：“credit>=1 and credit<=4”，不可以写为“credit>=1 and <=4”。设置检查约束后，需要关闭表设计窗口，并且保存修改，然后在【对象资源管理器】中刷新，才可以看到新建的检查约束。创建约束最好遵守命名规则，便于自己和他人阅读。

(7) 设置唯一约束。

如图 2-9 所示，在表设计窗口的任意位置单击鼠标右键，在弹出菜单中选择【索引/键】菜单，进入【索引/键】对话框。

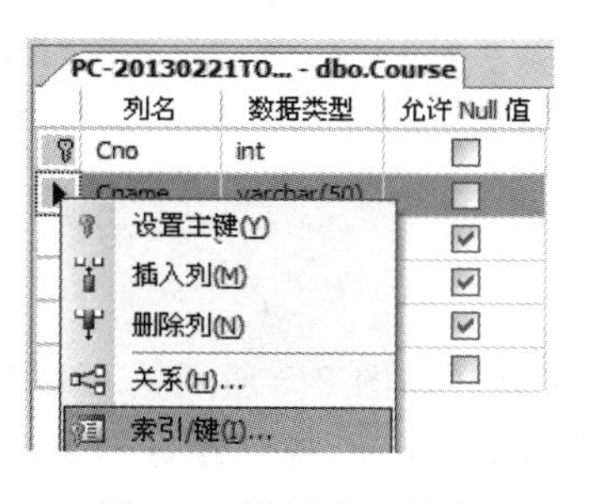

图 2-9　设置唯一约束

如图 2-10 所示，在【索引/键】对话框中单击【添加】按钮，增加一个新的键，在右侧窗口中设置【类型】为【唯一键】，设置【列】为需要唯一限制的列。课程表中要求课程名称不可重复，在此选择课程名称Cname；修改【名称】，给出一个能够标识唯一约束和所相关的列的名字，此处命名为UN_Course_Cname，其中，UN标识唯一约束，Course表示相关表名，Cname表示相关的字段。

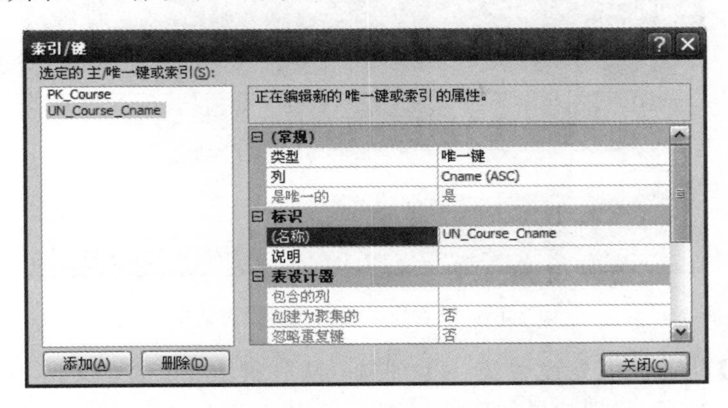

图 2-10 【索引/键】对话框

(8) 保存表定义。

单击工具栏上的按钮存盘，保存表，在【选择名称】弹出框中输入准确的表名，如“Student”，不要使用默认的“Table_1”的名字，如图2-11所示。

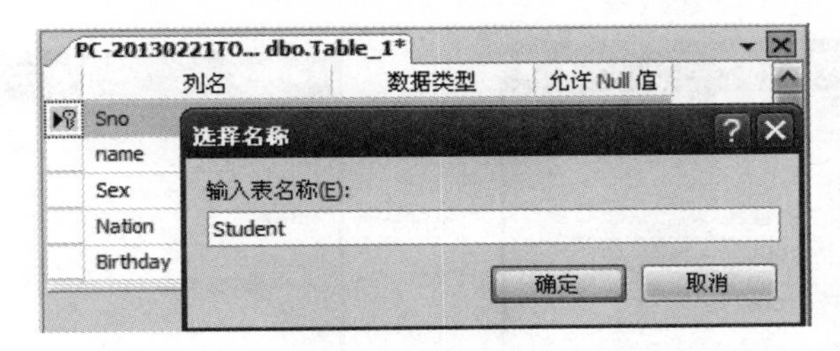

图 2-11 保存表定义

(9) 增加外键。

成绩表SC中学号Sno和课程号Cno两个字段需要创建两个外键，SC表Cno字段受Course表的Cno字段制约，SC表Sno字段受Student表的Sno字段制约，设置步骤为：在SC表【键】位置单击右键，选择【新建外键】，打开【外键关系】对话框(如图2-12所示)。

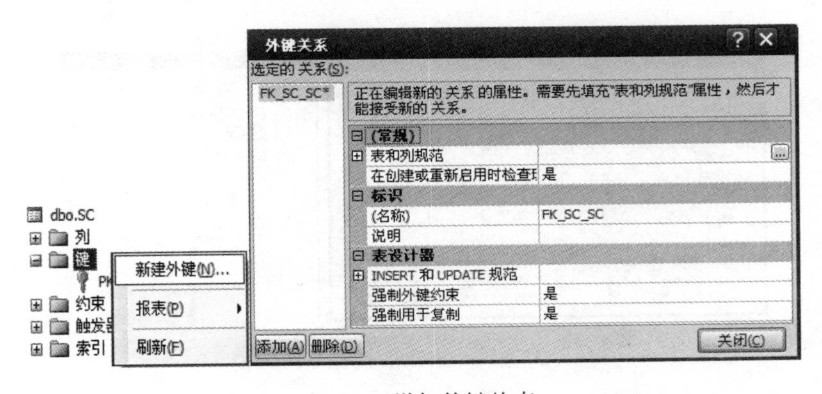

图 2-12 增加外键约束

在【外键关系】对话框中单击【表和列规范】后面的 ... 按钮，进入【表和列】对话框，如图 2-13 所示。

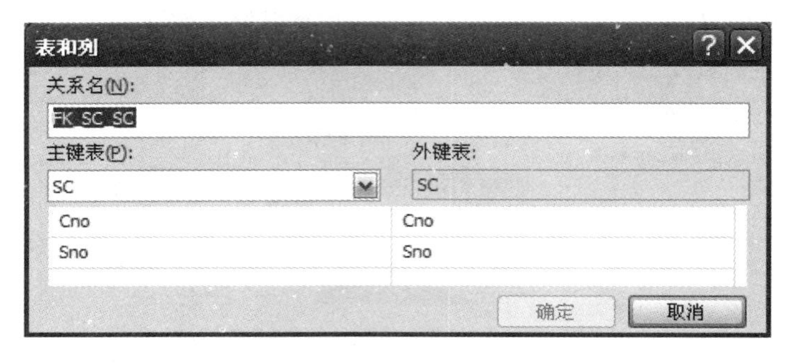

图 2-13　设置外键的【表和列】对话框

在【表和列】对话框中先设置第一个外键：从外键表 SC 表的 Cno 字段指向主键表 Course 表的 Cno 字段，设置效果如图 2-14 所示。其中关系名是自动生成的。关系名的自动生成规则是：FK_外键表名_主键表名，其中，“FK”是外键的标识。

单击【确定】按钮存盘后，回到【外键关系】对话框(如图 2-12 所示)再次单击【添加】按钮添加另一个外键，从外键表 SC 中的 Sno 字段指向主键表 Student 的 Sno 字段，设置效果如图 2-15 所示。

图 2-14　设置外键 FK_borrow_books

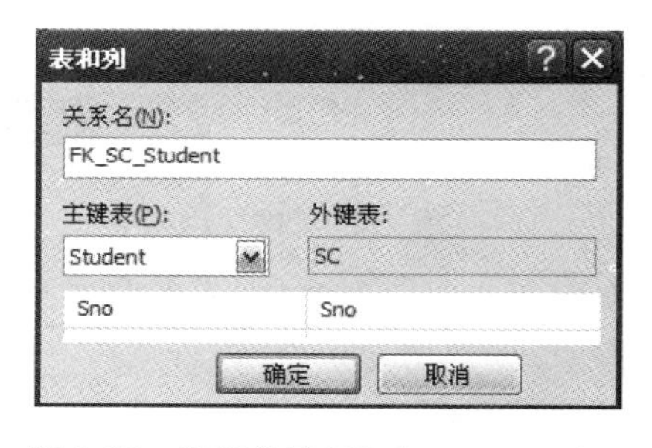

图 2-15　设置外键 FK_borrow_readers

单击【确定】按钮，关闭【外键关系】对话框后单击菜单栏中的 按钮存盘，出现【保存】对话框，单击【是】按钮存盘。在【对象资源管理器】刷新后可以看到建好的外键如图 2-16 所示。

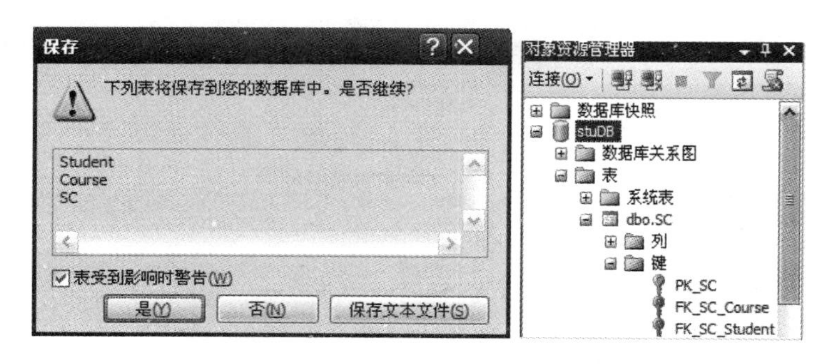

图 2-16　存盘后查看外键

说明：学生表 Student、课程表 Course 和成绩表 SC 三个表的建表过程和在 SSMS 上设置各种约束的操作方法可以参考本章提供的三个建表过程演示视频。

2）修改表

在【对象资源管理器】窗口中选择需要修改的表，右击，在弹出的快捷菜单中选择【设计】选项（如图 2-17 所示），进入表设计窗口，修改表结构、表约束的操作与创建表时相同。

图 2-17　修改表

说明：修改表结构，改变列的数据类型或将字段长度变小，有可能会影响表中的数据，请慎重操作。

3）删除表

在【对象资源管理器】窗口中选择需要删除的表，右击，在弹出的快捷菜单中选择【删除】选项，进入【删除对象】窗口（如图 2-18 所示），单击【确定】按钮完成删除操作。

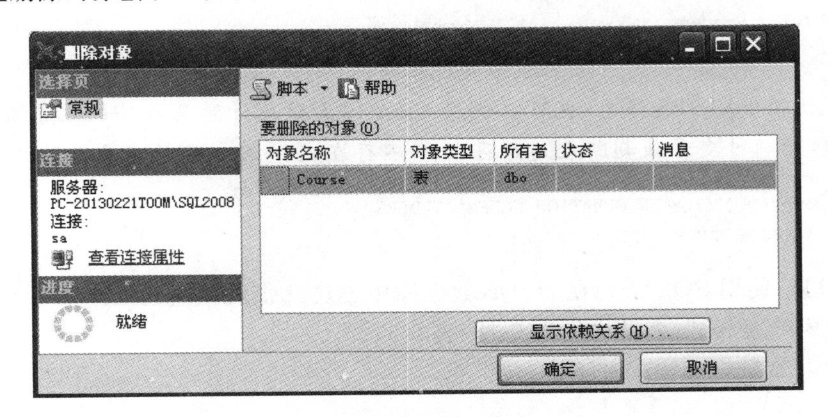

图 2-18　【删除对象】窗口

说明：表删除后无法恢复，请慎重操作。删除表可能会受参照完整性的制约，有外键关联的表必须先删除外键表，后删除主键表，或者先把相关外键删除再删除表。

2. 使用 T-SQL 语句创建和管理表

1）创建表

（1）创建表语法。

```
CREATE  TABLE  <表名>
 (<列名><数据类型>[NULL|NOT NULL][IDENTITY[(seed,increment)][{<列约束>}]
 [,…n] [{<表约束>}]
)
```

建表语法中参数说明如下。

[NULL | NOT NULL]：指定列的非空性，默认值 NOT NULL。

[IDENTITY(seed,increment)]：指定标识列，seed 标识种子，increment 增量。

列约束主要包括以下几项。

Primary key：主键约束。

Foreign key references：外键约束。

Default：默认值约束。

Check：检查约束。

Unique：唯一键约束。

说明：建表时除了可以在相应列定义后面设置列级约束之外，还可以设置表级约束，有些约束既可以定义为列级约束，也可以定义为表级约束，例如主键、外键、唯一键、检查约束。涉及多列的约束必须定义表级约束。

（2）创建表例题。

说明：系统视图 INFORMATION_SCHEMA. tables 中存储所有表的信息，删除表之前可以在该视图中查询表是否存在，如果存在先删除再创建。判断 Student 表存在则删除的语句如下。

```
IF EXISTS (SELECT * FROM INFORMATION_SCHEMA.TABLES
         WHERE TABLE_NAME = 'Student')
   DROP table Student
GO
```

如果不使用 EXISTS 语句，也可以使用 count()函数统计满足条件的记录数，将结果存在变量中，然后通过变量值判断表是否存在，0 不存在，1 存在。统计记录数的语句如下。

```
Select count( * ) from INFORMATION_SCHEMA.TABLES
         WHERE TABLE_NAME = 'Student'
```

【例题 1】 使用 SQL 语句在 stuDB 数据库中创建三张表："学生表 Student"、"课程表 Course"和"成绩表 SC"，表结构见表 2-1～表 2-3。

创建 stuDB 数据库语句如下。

```
use master
go
IF EXISTS (SELECT * FROM sysdatabases WHERE name = 'stuDB')
   DROP DATABASE stuDB                              -- 如果数据库已经存在，先删除
GO
```

```
CREATE DATABASE stuDB                                    -- 创建数据库
ON
( NAME = 'stuDB',                                        -- 数据文件逻辑名
  FILENAME = 'D:\stu_data\stuDB.mdf')                    -- 数据文件物理名
LOG ON
( NAME = 'stuDB_log',                                    -- 日志文件逻辑名
  FILENAME = 'D:\stu_data\stuDB_log.ldf')                -- 日志文件物理名
GO
```

创建第一张表 Student 学生表语句如下。

```
use stuDB                                                -- 打开数据库
go
IF EXISTS (SELECT * FROM INFORMATION_SCHEMA.TABLES
          WHERE TABLE_NAME = 'Student')
   DROP table Student                                    -- 如果 Student 表已经存在,先删除
go
create table Student                                     -- 创建学生表
(
Sno   int   not null primary key identity(1001,1),       -- 学号,主键,标识列(种子,增量)
name varchar(8)   not null,                              -- 学生姓名
Sex   char(2) not null check(Sex = '男' or Sex = '女'),  -- 性别,取值"男"或"女"
Nation   varchar(20) default('汉族'),                    -- 民族,默认"汉族"
Birthday date                                            -- 出生日期
)
go
```

说明：Student 表建表语句中的约束都定义为列级约束,使用系统默认的约束名。一个列多个约束之间用空格分隔。Student 学生表中用到的约束有非空约束 noy null、主键约束 primary key、默认值约束 default、检查约束 check。

数据类型 char 与 varchar 类型比较,char 是定长字符串,不管数据多少位,都占固定长度,不足位自动补零,一般用于保存长度固定的数据,例如“性别”取值只有男或女,固定是一个汉字,就定义为 char(2); varchar 是变长字符串,存几位就占几位的空间,空位不补零,一般用于存储长度不固定的数据。查找数据时 char 比 varchar 类型速度稍快些。

创建第二张表 Course 课程表语句如下。

```
IF EXISTS (SELECT * FROM INFORMATION_SCHEMA.TABLES
          WHERE TABLE_NAME = 'Course')
   DROP table Course                                     -- 如果 Course 表已经存在,先删除
go
create table Course                                      -- 创建课程表
(
Cno   int not null primary key identity(1,1),            -- 课程号,主键,标识列(种子,增量)
Cname   varchar(50)   not null unique,                   -- 课程名,唯一键
hours   smallint ,                                       -- 学时,取值范围 1~200
credit   smallint ,                                      -- 学分,取值范围 1~4
Semester   varchar(8),                                   -- 开课学期
check(hours >= 1 and hours <= 200),
```

```
constraint CK_credit check(credit>=1 and credit<=4)
)
Go
```


说明：Course 表建表语句中的约束有非空约束 not null、主键约束 primary key、唯一键约束 unique、检查约束 check，其中检查约束定义为表级约束，在学时 hours 列上的检查约束没有使用 constraint 关键字，由系统自动定义约束名，学分 credit 列上的检查约束自定义约束名字为 CK_credit，创建完成后在【对象资源管理器】中刷新表信息，可以看见建好的约束，如图 2-19 所示。可以看到，只有自命名的 credit 列上的检查约束名字比较短，其他约束由系统默认随机生成较长的约束名，每一次创建都会有不同的约束名。

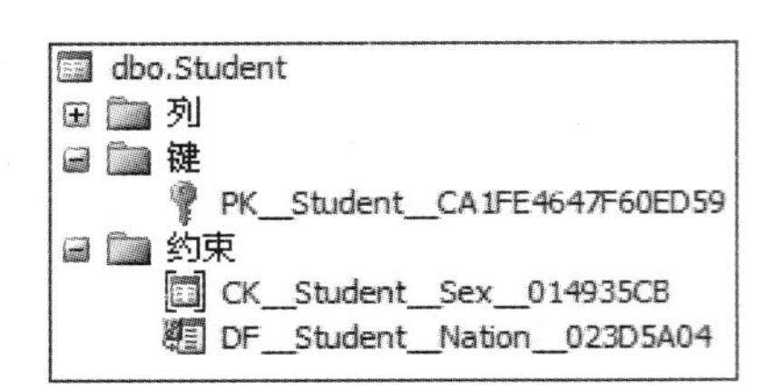

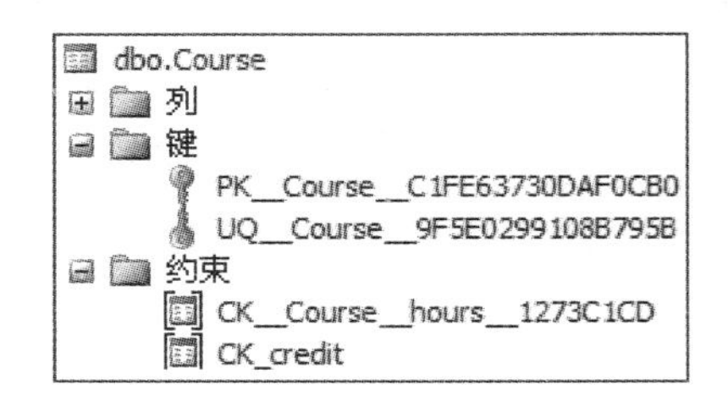

图 2-19　Student 表和 Course 表约束

创建第三张表 SC 成绩表语句如下。

```
IF EXISTS (SELECT * FROM INFORMATION_SCHEMA.TABLES
          WHERE TABLE_NAME = 'SC')
   DROP table SC                     --如果 SC 表已经存在,先删除
go
create table SC                      --创建成绩表
(
Cno   int   not null,                --课程号,联合主键,外键,关联课程表的课程号
Sno   int   not null foreign key references Student(Sno),  --学号,联合主键,外键,关联学生表的学号
Grade   int     ,                                          --成绩
PRIMARY KEY(Cno,Sno),                                      --创建表级约束-联合主键
constraint fk_SC_Course foreign key(Cno) references Course(Cno)   --建表级外键约束
)
```

说明：成绩表 SC 上有主键约束 PRIMARY KEY 和两个外键约束 foreign key，该表主键是联合主键，包括两个列，必须定义为表级约束，外键约束可以定义为列级，也可以定义为表级，这里将两个外键用两种方式定义，学号 Sno 上的外键在列级定义，课程号 Cno 列上的外键定义在表级，并且使用 constraint 关键字自定义了约束名，表创建完成后在【对象资源管理器】看到约束效果如图 2-20 所示，可以看到，主键和学号 Sno 上的外键都是由系统随机命名，不好记忆，如果需要在后期用 SQL 语句修改或删除表约束，需要使用 constraint 关键字自定义约束名。

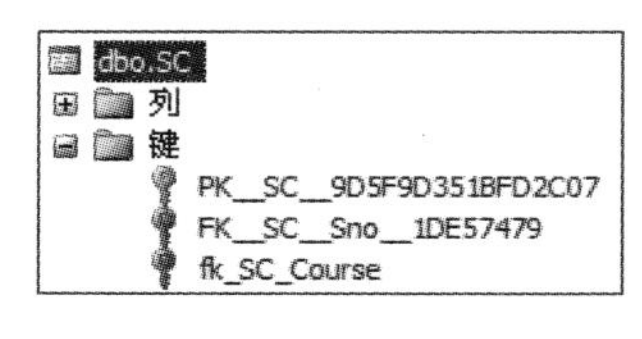

图 2-20　SC 表主外键

【**例题 2**】　在 bookDB 数据库中创建三张表：读者表 readers、图书表 books、图书借阅表 borrow，表结构如表 2-4～表 2-6 所示。

表 2-4　读者表 readers

列　　名	数据类型	长　　度	允许空	说　　明
ReaderID	int			读者编号,主键,标识列,种子 1 增量 1
Grade	smallint		√	读者年级,2016 级学生输入 2016
ReaderName	varchar	50		读者姓名
StudentNum	char	10	√	读者学号
Sex	char	2	√	读者性别,默认'男'
TeleNum	char	20	√	读者电话
BorrowBookNum	int		√	借书数量,默认 0

创建 bookDB 数据库语句如下。

```
use master
go
IF EXISTS (SELECT * FROM sysdatabases WHERE name = 'bookDB')
   DROP DATABASE bookDB
GO
CREATE DATABASE bookDB
ON
( NAME = 'bookDB_data1',                                  -- 主要数据文件逻辑名
  FILENAME = 'D:\DataBase\bookDB\bookDB_data1.mdf'),-- 主要数据文件物理名
( NAME = 'bookDB_data2',                                  -- 次要数据文件逻辑名
  FILENAME = 'D:\DataBase\bookDB\bookDB_data2.ndf') -- 次要数据文件物理名
  LOG ON
( NAME = 'bookDB_log1',
  FILENAME = 'D:\DataBase\bookDB\bookDB_log1.ldf'),
( NAME = 'bookDB_log2',
  FILENAME = 'D:\DataBase\bookDB\bookDB_log2.ldf')
GO
```

说明：将 bookDB 数据库文件存在 D:\DataBase\bookDB 文件夹下，需要事先在 Windows 资源管理器中创建文件夹。先创建数据库再创建表，不要将表建在系统数据库中。

创建第一张表 readers 读者表的语句如下。

```
USE bookDB                                                -- 打开 bookDB 数据库
go
IF EXISTS (SELECT * FROM INFORMATION_SCHEMA.TABLES
           WHERE TABLE_NAME = 'readers')
   DROP table readers                                     -- 如果 readers 表已经存在,先删除
go

CREATE TABLE readers                                      -- 创建读者表
(
ReaderID int not null primary key identity(1,1),          --  读者编号,主键,标识列
Grade  smallint  ,                                        -- 读者年级,如 2016 级学生填 2016
ReaderName varchar(50) not null,                          -- 读者姓名
StudentNum  char(10),                                     -- 读者学号
Sex        char(2) default('男'),                         -- 读者性别,默认'男'
```

```
TeleNum   char(20),                                -- 读者电话
BorrowBookNum    int default(0)                    -- 借书数量,默认 0
)
go
```

说明：如果未执行打开数据库的 T-SQL 语句，有可能将表建到 master 系统数据库中。

readers 读者表上的约束有 not null 非空约束、primary key 主键约束、default 默认值约束。读者编号设置为标识列，初始值是 1，每次自动增加 1。SQL Server 中设置为标识列的字段必须是整型，设置为标识列后只能系统自动生成值，不可手工录入。

值得注意的是：如果增加数据时出错，也会占用标识列生成值，结果造成编号不连续。

表 2-5　图书表 books

列　　名	数据类型	长　　度	允许空	说　　明
BookID	int			图书编号，主键，标识列，种子 1 增量 1
BookName	varchar	50		图书书名
Author	varchar	100		图书作者
BookType	varchar	50	√	图书类型
KuCunLiang	Int		√	图书库存量，默认 5 本

创建第二张表 books 图书表的语句如下。

```
IF EXISTS (SELECT * FROM INFORMATION_SCHEMA.TABLES
          WHERE TABLE_NAME = 'books')
   DROP table books                                -- 如果 books 表已经存在,先删除
go
create table books                                 -- 创建图书表
(
BookID   int   not null primary key identity(1,1), -- 图书编号,主键,标识列
BookName   varchar(50) not null,                   -- 图书书名
Author   varchar(100) not null,                    -- 图书作者
BookType   varchar(50),                            -- 图书类型
KuCunLiang   Int default(5)                        -- 图书库存量,默认 5 本
)
go
```

说明：books 图书表中有非空约束、主键约束、默认值约束，都定义在列级，一个列多个约束之间用空格分隔，例如 books 表中书编号 BookID 列，列定义以及各个约束之间都用空格分隔，整个列定义完成后用逗号分隔，开始下一个列的定义。最后一个列定义完毕，如果后面没有表级约束的定义，就不再需要写逗号。

表 2-6　图书借阅表 borrow

列　　名	数据类型	长　　度	允许空	说　　明
BookID	int			图书编号，联合主键，外键
ReaderID	int			读者编号，联合主键，外键
Loan	char	4	√	状态，默认为“初借”
BorrowerDate	datetime		√	借阅时间

创建第三张表 borrow 图书借阅表的语句如下。

```
IF EXISTS (SELECT * FROM INFORMATION_SCHEMA.TABLES
        WHERE TABLE_NAME = 'borrow')
   DROP table borrow                                    -- 如果 borrow 表已经存在,先删除
go
create table borrow                                     -- 创建图书借阅表
(
BookID     int  not  null,                              -- 图书编号,联合主键,外键
ReaderID  int  not  null,                               -- 读者编号,联合主键,外键
Loan  char(4) default('初借'),                          -- 借阅状态,默认为"初借"
BorrowerDate datetime                                   -- 借阅时间
constraint pk_borrow primary key (BookID, ReaderID),
constraint fk_borrow_books foreign key(BookID) references books(BookID),
constraint fk_borrow_readers foreign key(ReaderID) references readers(ReaderID)
)
go
```

说明：非空约束和默认值约束必须定义为列级约束，联合主键涉及多个列，必须定义为表级约束，外键约束因语句比较长，在此也定义为表级约束。

constraint 关键字后面给出自定义约束的名字，否则使用系统默认生成的约束名；如果需要用 SQL 语句修改或删除表的约束，必须自定义该约束名字。

【例题 3】 对计算列使用表达式。

语句：
```
CREATE TABLE salarys
( 姓名 varchar(10),
  基本工资 money,
  奖金 money,
  总计 AS 基本工资 + 奖金)
```

说明：salarys 表中的“总计”字段的值是由基本工资+奖金计算而来，在这里是计算列，该列值不需要人工录入，会自动根据公式计算存储。

【例题 4】 创建临时表。

语句：
```
CREATE TABLE #students
( 学号 varchar(8),
  姓名 varchar(10),
  性别 varchar(2),
  班级 varchar(10)
)
```

说明：创建临时表与创建正式表方法一样，只是临时表名称前面要加#或##，#表示是本地临时表，##表示是全局临时表，临时表在数据库关闭时自动删除。正式表建好后一直存在，除非人工删除。

2）修改表

（1）修改表语法。

```
ALTER TABLE <表名>
[ADD <列定义>  [, ··· ..n]          -- 添加列]
[DROP COLUMN <列名>  [, ··· ..n]    -- 删除列]
[ALTER COLUMN <列名> <列属性>        -- 修改列定义]
```

```
[ADD CONSTRAINT  约束名 约束类型 具体的约束说明]
[DROP  CONSTRAINT  约束名]
```

说明：不可用 alter table 语句修改表名和列名，可在管理平台上修改表名和列名，或者使用系统存储过程修改。

(2) 修改表例题。

【例题 1】 在 bookDB 数据库的学生表 Borrow 中增加一个还书时间字段 ReturnDate，日期时间型，允许为空。

语句：
```
use bookDB
go
ALTER TABLE borrow
ADD
ReturnDate datetime NULL                    -- 还书时间
```

【例题 2】 在 stuDB 数据库的学生表 Student 中增加一个班级字段 class，可变字符型，长度为 10，允许为空。

语句：
```
use stuDB
go
ALTER TABLE Student
ADD
class Varchar(10) NULL                      -- 班级
```

【例题 3】 在学生表 Student 中删除刚增加的班级字段 class。

语句：
```
ALTER TABLE Student
DROP COLUMN class
```

【例题 4】 在课程表 Course 中，将开课学期 Semester 的数据类型由字符 varchar 型改为 smallint 型。

语句：
```
ALTER TABLE Course
ALTER  COLUMN Semester smallint
```

说明：修改字段数据类型和长度有可能会造成数据丢失，要慎重。

【例题 5】 在课程表 Course 中，课程名称 Cname 字段长度原为 varchar(50)，但实际最长的课程名只有 20 个汉字，需 40 位，现请修改 Cname 字段长度为 varchar(40)，并且不允许为空。

语句：
```
ALTER TABLE Course
ALTER  COLUMN Cname varchar(40) NOT NULL
```

说明：一定要确认表中没有空数据，才可以为列设置非空约束，否则会出错。如果该字段上建有其他约束，也可能会造成修改列失败。如 Cname 列上有唯一约束，影响修改列定义，可以先将约束删除，修改完毕后再重建约束。

【例题 6】 bookDB 数据库中图书借阅表 borrow 中有借书时间 BorrowerDate 字段，每次有读者借书时存上当前借书时间，每次手工输入比较麻烦，请修改表结构，为该字段增加默认值约束，默认是当前时间。

语句：
```
use bookDB
go
ALTER TABLE borrow
ADD CONSTRAINT DE_BorrowerDate DEFAULT(getdate()) for BorrowerDate
```

说明：增加或删除约束需要修改表结构。这里用到系统函数 getdate()，能够取出系统当前时间。

【例题 7】 用 SQL 语句将 Course 课程表 Cname 列上的唯一键约束删除，再用 SQL 语句重新创建，并命名为 UQ_Course_Cname。

语句：
```
alter table course
drop constraint  UQ__Course__9F5E0299108B795B
go
alter table course
add  constraint  UQ_Course_Cname unique(Cname)
go
```

说明： 创建约束时如果没有使用 constraint 关键字自定义约束名，系统会随机分配名字，名字很长也不好记忆，对于需要用 SQL 语句删除或修改的约束，最好使用 constraint 关键字自定义约束名字。

【例题 8】 用 SQL 语句将 bookDB 数据库中读者表 readers 表的 StudentNum 列加上唯一键，限制一个学生只能注册一个读者身份，并命名为 UQ_readers_StudentNum。

语句：
```
use bookDB
go
alter table readers
add  constraint  UQ_readers_StudentNum unique(StudentNum)
go
```

【例题 9】 为 Course 课程表的开课学期 Semester 列定义检查约束，限制该列的值最小为 1，最大为 8，否则拒绝输入。(Semester 列已经修改为 smallint 类型。)

语句：
```
ALTER TABLE course
ADD CONSTRAINT CK_Semester check(Semester >= 1 and Semester <= 8)
```

说明： 本科 4 年，8 个学期，增加检查约束，让系统自动控制输入数据的范围，避免人为输入错误数据。

【例题 10】 使用 SQL 语句删除成绩表 SC 上受课程表制约的外键约束，然后再重新创建。

语句：
```
alter table SC
drop constraint fk_SC_Course
go
alter table SC
add constraint  fk_SC_Course FOREIGN KEY(Cno) REFERENCES Course(Cno)
go
```

说明： 成绩 SC 表有外键指向课程表 Course，有可能造成删除 Course 表失败，如果要删除 Course 表再重新创建，就需要先删除 SC 表，或者删除 SC 表上指向课程表 Course 的外键，等 Course 重新创建好后再重新创建 SC 表上的相关外键。

【例题 11】 为课程表 Course 添加主键约束，限制课程号不允许为空，并且唯一不可重复。事先在 SSMS 的【对象资源管理器】中将课程表 Course 的主键删除，然后执行下面的语句。

语句：
```
ALTER TABLE Course
ADD  CONSTRAINT PK_Course primary key(Cno)
```

说明： 在 SSMS 上删除课程表 Course 主键失败，原因是有成绩表 SC 上的外键指向课程表 Course，所以重新创建课程表 Course 主键的步骤是：第一步，删除 SC 表 Cno 列上的外键；第二步，在 SSMS 上删除课程表 Course 主键；第三步，重新创建课程表 Course 主键；

第四步，为SC表重新创建外键。

删除不同的约束语句都是一样的，按约束名删除即可，但增加约束的语句有所不同，本章节中对增加各种约束都给出了例题。

(3) 拓展。

使用存储过程修改表列名：sp_rename '表名.原列名','新列名','COLUMN'

使用存储过程修改表名：sp_rename 原表名,新表名

【例题 1】 修改学生表Student，将学生姓名列name改为Sname，然后再修改回原名。

语句：
```
--将学生姓名列名由 name 改为 Sname
sp_rename 'Student.name','Sname','COLUMN'
--将列名由 Sname 改为 name
sp_rename 'Student.Sname','name','COLUMN'
```

【例题 2】 将Student表的名字改为newStudent，然后再改回Student。

语句：
```
--将表名由 Student 改为 newStudent
sp_rename Student, newStudent
--将表名由 newStudent 改回 Student
sp_rename newStudent,Student
```

说明：在SQL Server关系数据库中，使用ALTER TABLE语句不能修改表的字段名称和表名，可以在SSMS平台上修改，或者用系统存储过程sp_rename修改。

3) 删除表

(1) 删除表语法。

```
DROP TABLE <表名>
```

(2) 删除表例题。

【例题 1】 删除stuDB数据库中的学生表Student。

语句1：
```
USE stuDB
GO
DROP TABLE Student
Go
```

语句2：
```
DROP TABLE stuDB.dbo.Student
```

说明：如果有外键制约，可能会造成删除表失败，需要先删除外键表，或者先删除外键表上的相关外键，然后再删除主键表。系统表不能使用DROP TABLE语句删除。

如果当前打开的不是stuDB数据库，可以使用完整的路径删除Student表，格式为：所在的数据库名.模式名.表名。语句2就是这种方式。语句2不管当前打开的数据库是什么，都可以执行，语句1"DROP TABLE Student"只能在已经打开stuDB数据库时执行。

4) 导出建表脚本

如果不能按照语法熟练地写出建表语句，可以借助SSMS平台上的导出脚本的功能。导出的脚本有详细语法格式，可以给用户很大帮助。

以系统数据库master中的spt_values表为例，导出建表脚本的步骤如图2-21所示，在SSMS【对象资源管理器】窗口中选择master数据库中的spt_values表，单击右键选择【编写表脚本为】→【CREATE到】→【新查询编辑器窗口】，显示创建表脚本如图2-22所示。

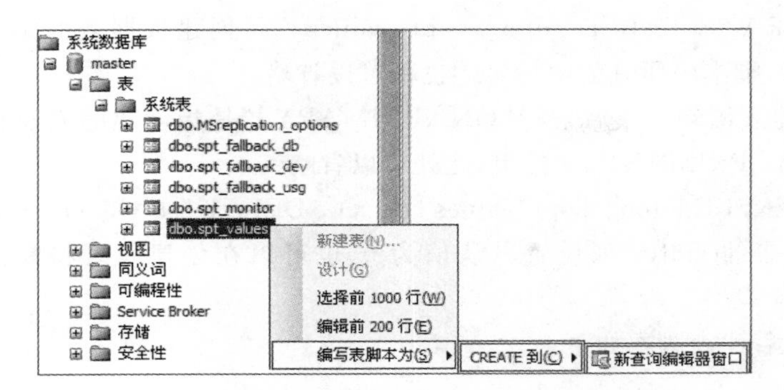

图 2-21　导出建表脚本步骤

SQLQuery3.sql -...aster (sa (52))

```
/****** Object:  Table [dbo].[spt_values]    Script Date: 07/30/2016 21:23:31 ******/
SET ANSI_NULLS ON
GO
SET QUOTED_IDENTIFIER ON
GO
1 CREATE TABLE [dbo].[spt_values](
2     [name] [nvarchar](35) NULL,
3     [number] [int] NOT NULL,
4     [type] [nchar](3) NOT NULL,
5     [low] [int] NULL,
6     [high] [int] NULL,
7     [status] [int] NULL
8 ) ON [PRIMARY]

GO
ALTER TABLE [dbo].[spt_values] ADD DEFAULT ((0)) FOR [status]
GO
```

图 2-22　建表脚本

图 2-22 中手工加编号的第 1～8 行内容是创建表的关键语句，该语句对应的 spt_values 表定义如表 2-7 所示。

表 2-7　dbo. spt_values 表

列　　名	数据类型	长　　度	允许空	说　　明
name	nvarchar	35		
number	int		√	
type	nchar	3	√	
low	int			
high	int			
status	int			默认值 0

查询表中数据显示如图 2-23 所示。

结果　消息

	name	number	type	low	high	status
1	rpc	1	A	NULL	NULL	0
2	pub	2	A	NULL	NULL	0

查询已成功... | PC-20130221TOOM\SQL2008 (10... | sa (53) | master | 00:00:00 | 1000 行

图 2-23　dbo. spt_values 表中数据

脚本中"CREATE TABLE [dbo].[spt_values]"是创建数据表的第一条语句，其中，[dbo].可以省略，脚本中所有的中括号[]也都可以省略。

CREATE 建表语句的最后一行"ON [PRIMARY]"是指创建的表建在 PRIMARY 文件组中，默认也是[PRIMARY]文件组，此处可以省略。

"ALTER TABLE [dbo].[spt_values] ADD DEFAULT ((0)) FOR [status]"功能是为 spt_values 表的 status 列设置默认值为 0，也可以在创建表时将默认值定义为列级约束。

修改内容之后建表脚本如下。

```
CREATE TABLE [spt_values](
[name] [nvarchar](35) NULL,
[number] [int] NOT NULL,
[type] [nchar](3) NOT NULL,
[low] [int] NULL,
[high] [int] NULL,
[status] [int] NULL DEFAULT (0)
)
```

参照此脚本可以编写创建其他表的 T_SQL 语句。

说明：nvarchar 与 varchar，nchar 与 char 都是表示字符型，前一组是可变长字符串，后一组是定长字符串，nvarchar 和 nchar 这对带"n"的数据类型是采用 Unicode 字符集，前缀 n 就表示 Unicode 字符。Unicode 字符集对所有字符都采用双字节存储，nvarchar(4)存储英文字母最多可以 4 个，存汉字也是最多存 4 个汉字，而 varchar 和 char 这对数据类型存汉字占两位，存英文字母和数字只占一位，varchar(4)存储英文字母最多可以 4 个，存汉字最多只能存两个汉字。如果英文与汉字同时存在，由于占用空间数不同，容易造成混乱，导致读取出来的字符串是乱码。Unicode 字符集就是为了解决字符集这种不兼容的问题而产生的。设计数据库时一般使用 varchar 和 char 类型即可，可以节省空间，如果涉及跨平台使用数据库或者多个数据库之间转换数据，最好都用 nvarchar 和 nchar 这些采用 Unicode 字符集的类型，避免造成乱码。

任务小结

表的相关概念：表是组织和管理数据的基本单位，数据库中的数据都存储在表中，每个表代表一个实体集。表是由行和列组成的二维表结构。表中的一行称为一条记录，也表示实体的一个个体，表中的一列称为一个字段，代表实体的一个属性。

数据类型：数据类型描述并约束了列中所能包含的数据的种类、所存储值的长度或大小、数字精度和小数位数(对数值数据类型)。

空值：未对列指定值时，该列将出现空值。空值不同于空字符串或数值零，通常表示未知。空值会对查询命令或统计函数产生影响，应尽量少使用空值。

约束：约束是数据库自动保持数据完整性的机制，它是通过限制列中数据、行中数据和表之间数据来保持数据完整性。SQL Server 2008 支持 Not Null(非空)、Default(默认值)、Check(检查约束)、Primary Key(主键)、Foreign Key(外键)、Unique(唯一键) 6 种约束。约束又分为列级约束和表级约束。

可以使用 SQL Server 管理平台和 Transact-SQL 语句创建表并对表进行维护,包括修改和删除等操作。

本章详细介绍了创建和管理表的操作方法,分为 SQL Server Management Studio 平台上操作和使用 T-SQL 语句进行操作两种方式,并给出各类例题供读者参考,最后给出大量习题供读者复习巩固,习题中有许多理论知识与本章节相关,但并未提及的,需要读者自行查找资料学习理解。

操作题

1. 动手练习在 SQL Server Management Studio 平台上操作,创建数据库 stuDB,数据库文件存放在 D 盘的 D:\stu_data 目录下,在 stuDB 数据库中创建三个表,表结构如表 2-8～表 2-10 所示。

表 2-8 Student 学生表

列 名	数据类型	宽度	为空性	说 明
Sno	int		not null	学号,主键,标识列(种子 1001,增量 1)
name	varchar	8	not null	姓名
sex	char	2	not null	性别
nation	varchar	20		民族,默认"汉族"
birthday	date			出生日期

表 2-9 Course 课程表

列 名	数据类型	宽度	为空性	说 明
Cno	int		not null	课程号,主键,标识列(种子 1,增量 1)
Cname	varchar	50	not null	课程名,唯一
hours	smallint			学时(取值范围 1～200)
credit	smallint			学分(取值范围 1～4)
semester	varchar	8		开课学期

表 2-10 SC 成绩表

列 名	数据类型	宽度	为空性	说 明
Cno	int		not null	课程号,联合主键,外键,关联 Course 表 Cno
Sno	int		not null	学号,联合主键外键,关联 Student 表 Sno
grade	int			成绩

说明:创建三个表的过程分别录制了视频。

视频 1:ssms 建表 1-Student,包括非空、主键、默认值、标识列的设置,时长约两分半。视频 2:ssms 建表 2-course,包括非空、主键、检查约束、唯一约束、标识列的设置,时长约 4 分钟。视频 3:ssms 建表 3-SC,包括联合主键、外键的设置,时长约两分半。

2. 在 SQL Server Management Studio 中创建 newsDB 数据库，并在其中创建用户组表(UsersGroup)、用户表(Users)、信息表(information)，共三个表，表结构如表 2-11～表 2-13 所示。

表 2-11 用户组表(UsersGroup)结构

字段名	数据类型	大小	是否为空	说明	注释
ID	int		否	主键、标识列	用户组 ID 号
UsersGroup	nvarchar	20	否		用户组名称

表 2-12 用户表(Users)结构

字段名	数据类型	大小	是否为空	说明	注释
ID	int		否	主键、标识列	用户 ID 号
Name	nvarchar	10	否	考虑姓氏有复姓的情况	姓名
Sex	Char	2	否	只允许是"男"或"女"	性别
Birthday	Datetime		否	限制年龄范围为 1～100	出生年月
UsersGroupID	int		否	必须是 UsersGroup 表中有的编号	用户组号
NikeName	nvarchar	8	是		昵称
MobilePhone	nvarchar	12	是	手机号必须是 11 位，第一位必须是 1，第二位必须是 3，5，8 其中的一个	手机电话
HomePhone	nvarchar	12	是	家庭电话长度是 11 或 12 位	家庭电话
Adress	nvarchar	30	是	未填写的地址默认为"地址不详"	家庭住址
Job	Nvarchar	30	是		工作单位或就读的学校
Postalcode	nvarchar	6	是	邮政编码长度必须为 6	邮政编码
E_mail	nvarchar	20	是	内部必须包含@字符	邮箱地址
QQ	nvarchar	20	是		QQ 号码
Remark	Ntext		是		备注

表 2-13 信息表(information)结构

字段名	数据类型	大小	是否为空	说明	注释
ID	int		否	主键、标识列	信息 ID 号
SendID	int		否	必为用户表中有的 ID	发送人 ID
ReceiveID	int		否	必为用户表中有的 ID	接收人 ID
InforContent	nvarchar	200	是		信息的内容
DendTime	Datetime		是		信息发送时间

3. 使用 T-SQL 语句创建题目 1 中 stuDB 数据库，并使用 T-SQL 语句在 stuDB 数据库中创建 student、course 和 SC 三个表。

4. 完成本章用 T_SQL 语句创建表的例题，创建 bookDB 数据库，在 bookDB 数据库中创建读者表 readers、图书表 books 和图书借阅表 borrow 三个表，之后使用 T_SQL 语句完成如下操作。

（1）在 books 表中增加价格和出版社两个字段，规格如表 2-14 所示。

表 2-14　books 表新加字段

列　名	数据类型	长　度	允许空	说　明
Price	money		√	图书价格
Publisher	varchar	50	√	出版社

（2）图书表(books)中要求限制图书的价格不低于 10 元，需要在 price 列增加一个检查约束。

（3）要求读者表中年级字段如果不输入，默认为 1，增加默认值约束。

（4）在读者表中增加一个唯一约束，读者学号唯一。

5. 数据库与数据表的创建，可以用 SQL Server Management Studio 管理平台创建数据库与表，也可以直接利用 SQL 语句创建，要求如下。

（1）创建一个数据库：数据库名称为你的“短学号_中文姓名”。

（2）在刚创建的数据库中添加如下表。

学生表(学号，姓名，性别，出生日期，民族，身份证号，宿舍号)

宿舍表(宿舍号，宿舍电话)

表结构如表 2-15 和表 2-16 所示。

表 2-15　学生表

列　名	数据类型	宽度	为空性	说　明
学号	int			主键
姓名	varchar	8		
性别	char	2		取值为“男”或“女”
出生日期	smalldatetime			
民族	varchar	20		默认为“汉”
身份证号	char	18		唯一
宿舍号	int			宿舍号，来自“宿舍表”关系的外部关键字

表 2-16　宿舍表

列　名	数据类型	宽度	为空性	说　明
宿舍号	int			主键
宿舍电话	char	8		以 8560 开头的 8 位电话号码

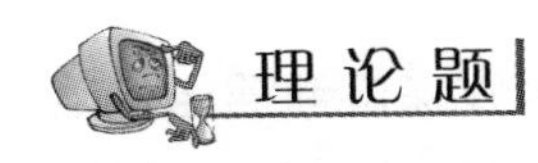

理论题

一、选择题

1. 在 Management Studio 中设计表时的“【允许空】”单元格用于设置该字段是否可输入空值，实际上就是创建该字段的(　　)约束。

A. 主键　　B. 外键　　C. 非空　　D. CHECK

2. 若要删除数据库中已经存在的表 A,可用(　　)语句。

A. DELETE TABLE A　　B. DELETE A

C. DROP TABLE A　　D. DROP A

3. 现有如下关系：患者(患者编号,患者姓名,性别,出生日期,所在单位)、医疗(患者编号、医生编号、医生姓名,诊断日期,诊断结果)。其中,医疗关系中外键码是(　　)。

A. 患者编号　　B. 患者姓名

C. 患者编号和患者姓名　　D. 医生编号和患者编号

4. 下面关于唯一性约束的叙述中,不正确的是(　　)。

A. 唯一性约束指定一列或多列的组合值具有唯一性,以防止在列中输入重复的值

B. 唯一性约束指定的列可以有 null 属性

C. 主键也强制执行唯一性,但主键不允许空值,故主键约束强度大于唯一性约束

D. 主键列可以设定唯一性约束

5. 下面不是 SQL Server 表约束的是(　　)。

A. 主键约束　　B. 外键约束　　C. 检查约束　　D. 聚集约束

6. 要限制输入到列中数据的范围,应使用(　　)约束。

A. CHECK　　B. PRIMARY KEY

C. FOREIGN KEY　　D. UNIQUE

7. 在 Transact_SQL 语句中修改表结构时应使用的命令是(　　)。

A. UPDATE　　B. INSERT　　C. ALTER　　D. MODIFY

8. 以下关于外键和相应的主键之间的关系的说法中,正确的是(　　)。

A. 外键列并不一定要与相应的主键列同名

B. 外键列并一定要与相应的主键列同名

C. 外键列一定要与相应的主键同名,并且唯一

D. 外键列一定要与相应的主键同名,但并不一定唯一

9. 电话号码应该采用什么样的格式来存储比较好?(　　)

A. 字符　　B. 整数　　C. 浮点数　　D. bit

10. 表 A 中的字段 B 是标识列,属于自动增长数据类型,标识种子是 2,标识增量是 3,先插入三行数据,然后删除一行,再向表中插入一行数据时,该行数据标识列的值是(　　)。

A. 2　　B. 5　　C. 8　　D. 11

11. 主键是用来实施(　　)的。

A. 引用完整性约束　　B. 实体完整性约束

C. 域完整性约束　　D. 自定义完整性约束

12. 要在 SQL Server 中创建一个员工信息表,其中员工的薪水、医疗保险和养老保险分别采用三个字段来存储,但该公司规定：任何一位员工的医疗保险和养老保险之和不能大于其薪水的 1/3。这项规定可以在创建表时采用(　　)来实现。

A. 检查约束　　B. 主键约束　　C. 外键约束　　D. 默认值约束

13. 要将一个表示日期的数据列约束在一个规定的范围内,应当使用(　　)。

A. NOT NULL 约束　　　　B. 主键约束

C. 唯一值约束　　　　D. CHECK 约束

14. 在关系数据库中,下面关于主键的描述哪一句是正确的?(　　)

A. 主键会创建唯一的索引,但允许有空值

B. 只允许以第一个字段为主键

C. 允许多个主键

D. 主键列的各值不允许重复

15. 在关系数据库中,下面关于主键与外键之间关系的描述,哪一句是正确的?(　　)

A. 一个表最多只能有一个主键约束,一个唯一性约束

B. 一个表最多只能有一个主键约束,一个外键约束

C. 在定义外键时,应该首先定义主键表的主键约束,然后定义外键约束

D. 在定义外键时,应该首先定义外键约束,然后定义主键表的主键约束

16. 关于数据完整性,以下说法正确的是(　　)。

A. 引用完整性通过主键和外键之间的引用关系实现

B. 引用完整性通过限制数据类型、检查约束等来实现

C. 数据完整性是通过数据操纵者自身对数据的控制来实现

D. 如果两个表中存储的信息相关联,那么修改一个表中的数据,而另一个表中数据没有进行修改,不影响数据的完整性

17. 下列关于标识列的说法正确的是(　　)。

A. 使用 T-SQL 语句插入数据时,可以直接为标识列指定要插入的值

B. 设置标识列时,必须同时指定标识种子和标识增量

C. 如果设定标识时未指定标识增量,可以使用 T-SQL 语句在插入数据时再指定标识增量

D. 只能把主键设置为标识列

18. 现有两个表 user 表和 deparment 表,user 表中有 userid,username,salary,deptid,email 字段,deparment 表中有 deptid,deptname 字段,下面应该使用检查约束来实现的是(　　)。

A. 如果 deparment 表中不存在 deptid 为 2 的记录,则不允许在 user 表中插入 deptid 为 2 的数据行

B. 如果 user 表中已经存在 userid 为 10 的记录,则不允许在 user 表中再次插入 userid 为 10 的数据行

C. user 表中的 salary(薪水)值必须在 1000 以上

D. 若 user 表中 email 列允许为空,则向 user 表中插入数据时,可以不输入 email 的值

19. 在 SQL Server 数据库中,关于 NULL 值叙述正确的选项是(　　)。

A. NULL 表示空格

B. NULL 表示 0

C. NULL 表示空值

D. NULL 表示既可以表示 0,也可以表示空格

20. 在 SQL Server 数据库中使用 T-SQL 语句创建表,语句是(　　)。
    A. DELETE TABLE　　B. CREATE TABLE
    C. ADD TABLE　　D. DROP TABLE
21. 关于主关键字叙述正确的是(　　)。
    A. 一个表可以没有主关键字
    B. 只能将一个字段定义为主关键字
    C. 如果一个表只有一个记录,则主关键字字段可以为空值
    D. 以上选项都正确
22. 使用 CREATE TABLE 语句创建数据表时(　　)。
    A. 必须在数据表名称前指定表所属的数据库
    B. 必须指明数据表的所有者
    C. 指定的所有者和表名称结合起来在数据库中必须唯一
    D. 省略数据表名称时,则自动创建一个本地临时表
23. 按照用途来分,表可以分为两大类:(　　)。
    A. 数据表和索引表　　B. 系统表和数据表
    C. 用户表和非用户表　　D. 系统表和用户表

二、填空题

1. 表是组织和管理数据的(　　　　),数据库中的数据都存储在一个个(　　　　)中。
2. 表是由行和列组成的(　　　　)。
3. 表中的一行称为一条(　　　　),表中的一列称为一个(　　　　)。
4. 使用 T-SQL 创建 student 表的语句是(　　　　)。
5. 使用 T-SQL 修改 student 表的语句是(　　　　)。
6. 使用 T-SQL 删除 student 表的语句是(　　　　)。
7. 主键的关键字是(　　　　)。
8. 外键的关键字是(　　　　)。
9. 默认值的关键字是(　　　　)。
10. 检查约束的关键字是(　　　　)。
11. 在 SQL Server 中可以定义 NULL/NOT　NULL,UNIQUE 约束,(　　　　)约束,FOREIGN KEY 约束,CHECK 约束和默认值约束 6 种类型的完整性约束。
12. 创建、修改和删除表命令分别是 create table、(　　　　)table 和 drop table。
13. 如果表的某一列被指定具有 NOT NULL 属性,则表示(　　　　)。
14. 在 SQL Server 关系数据库中,用于保证数据的正确性、一致性和可靠性,设置的数据完整性类型主要有(　　　　)、(　　　　)、(　　　　)、(　　　　)、(　　　　)、(　　　　)等。
15. 一个表中可以有(　　　　)个主键约束,表中多列值要求不能重复,则可以将多个列同时定义为一个(　　　　)主键。
16. 为 student 表指定 student_number 列为主键,修改表结构,增加主键的语句是(　　　　)。

17. 当指定一个或多个列作为主键时，系统将在这些列上自动建立一个(　　　　)的索引。
18. 约束可以是(　　　　)级约束，也可以是(　　　　)级约束。
19. 在 SQL Server 关系数据库中，使用 ALTER TABLE 语句不能修改表的(　　　　)和(　　　　)。
20. 在 SQL Server 关系数据库中，定长字符数据类型 char 的定义形式为 char(n)，其中 n 的取值为 1～8000，最多存 8000 个字符，如果不指定 n，系统默认的长度是(　　　　)。
21. char 和 varchar 数据类型相比较，占用存储空间少一些的是(　　　　)，存取速度快一些的是(　　　　)。
22. char 和 nchar 数据类型相比较，char 型是单字节存储，nchar 是采用 Unicode 字符集，双字节存储，char 型最多存 8000 个字符，nchar 最多存(　　　　)个字符，使用 Unicode 字符集可以允许多国语言。
23. 货币数据类型是专门为金额数据而定义的，是一种特殊的小数数值数据类型，固定为 4 位小数，在 SQL Server 中提供两种货币数据类型，一个是 money，一个是 smallmoney，其中，money 存储长度是(　　　　)个字节，smallmoney 存储长度是(　　　　)个字节。
24. 在 SQL Server 中整数型 int 的数值范围为(　　　　)，存储长度为(　　　　)个字节；smallint 型的数值范围为(　　　　)，存储长度为(　　　　)个字节，tinyint 型的数值范围为(　　　　)，存储长度为(　　　　)个字节，bigint 型的数值范围为(　　　　)，存储长度为(　　　　)个字节。

三、简答题

1. 什么是数据完整性？
2. 字段设置为 not null 是什么意思？在录入数据时有什么影响？比如学生表 student 中的学生姓名和性别设置为 not null，在录入数据的时候是否可以暂时不录入数据？
3. 举例说明主键约束的作用是什么。如何设置主键？
4. 举例说明默认值约束的作用是什么。如何设置默认值约束？在学生表 student 中录入学生数据时，没有录入该学生的民族，则 nation 字段中的内容是什么？
5. 举例说明外键约束的作用是什么。如何设置外键约束？学生表中有学号为 1001 和 1002 的两名学生信息，课程表中有课程号为 3 和 5 的两门课程信息，在 SC 表中可否录入学号为 1003，课程号为 1 的数据？请给出一个能正常录入的数据。
6. SC 表设置了外键，学号受学生表中学号制约，课程号受课程表中课程号制约，如果这三个表都需要删除，请问删除表有先后顺序的要求吗？如何能删掉这三个表？
7. 检查约束起什么作用？课程表中的学时和学分字段 hours 和 credit 中是否可以录入任意整数？要求在读者表 reader 中输入数据时限制读者类别字段 dzlb 只能输入“教师”或“学生”，请写出修改 reader 表，加入此限制的检查约束 SQL 语句。
8. SQL Server 中标识列的作用是什么？设置为标识列的字段，在录入数据的时候如何录入？比如 student 表的学号和 course 表中的课程号。
9. 如果希望图书表中图书编号按照图书信息录入的顺序每次递增 1 号，初始号为

10001(录入的第一本书的编号是 10001),如何设置图书表的图书编号字段可以简化数据录入的操作?

10. SQL Server 中定义为标识列的字段数据类型有什么要求?
11. 创建表时如何确定列的数据类型,char 型和 varchar 型有什么区别?表中存性别的字段和存姓名的字段定义为什么数据类型比较好?学生的成绩字段设置成什么类型比较好?电话号码字段选择什么类型存储比较好?
12. char 型和 nchar 型,varchar 型和 nvarchar 型是什么区别?
13. SQL Server 中临时表和正式表有什么区别?如何创建临时表?
14. 唯一约束与主键约束有什么区别?
15. 索引有什么作用,是否索引越多越好?
16. 什么是聚集索引,一个表可以定义几个聚集索引?

任务3 操作数据

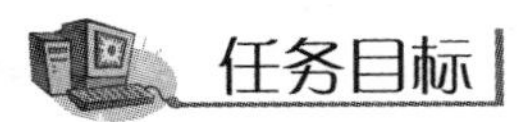

掌握在 SSMS 上插入、修改、删除、查询数据的方法；

掌握使用 T_SQL 语句插入、修改、删除数据的方法；

掌握使用 SELECT 语句进行单表查询和多表连接、嵌套查询的方法。

1. 插入数据

1）在 SSMS 中插入数据

在 SSMS 平台【对象资源管理器】窗口中选择需要插入数据的数据库表，比如 bookDB 数据库中的 readers 表，单击右键选择【编辑前 200 行】命令打开数据录入窗口，直接在窗口中录入数据即可，增加、删除、修改数据都在此窗口中，如图 3-1 所示。

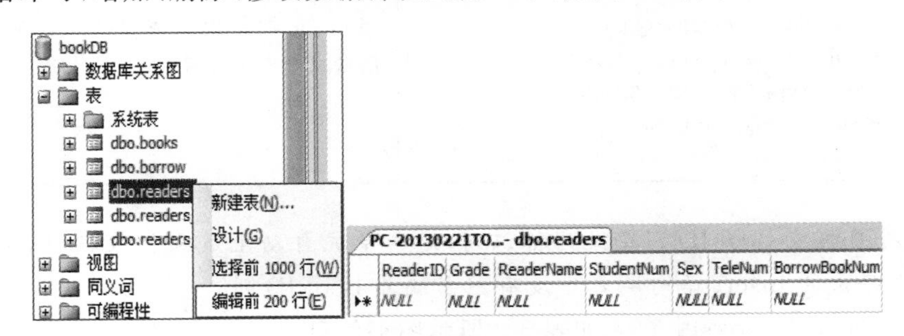

图 3-1 编辑数据

2）插入数据语句语法

插入具体数值的插入语句基本语法如下。

```
INSERT  [INTO] 表名 [字段列表]  VALUES  (值 1,值 2,值 3,…)
```

插入查询结果的插入语句基本语法如下。

```
INSERT  [INTO]  表名  [字段列表]
SELECT 字段列表  FROM  表  WHERE 筛选条件
```

3）导出参考脚本

如果不能按照语法熟练地写出插入数据语句，可以借助 SSMS 平台上的导出脚本的功能。导出的脚本既有详细语法格式，也有数据类型提示，可以给用户很大帮助。即便熟记插入数据 insert 命令的语法，也可以使用此导出脚本功能，可以省去写表名、字段名的麻烦。

操作过程为：如图 3-2 所示，在 SSMS 平台【对象资源管理器】窗口中选择需要插入数据的数据库表，比如 bookDB 数据库中的 books 表，单击右键选择【编写表脚本为】→【INSERT 到】→【新查询编辑器窗口】命令。

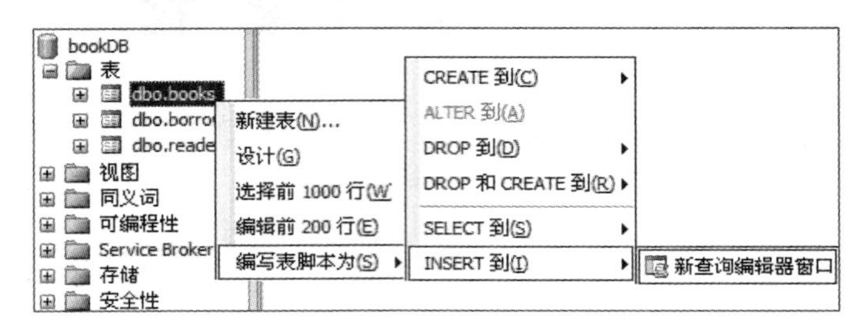

图 3-2　导出建表脚本

导出的 books 表插入数据脚本如表 3-1 所示。

表 3-1　导出的 books 表插入数据脚本

代　　码	说　　明
INSERT INTO [bookDB].[dbo].[books] 　　　　([BookName] 　　　　,[Author] 　　　　,[BookType] 　　　　,[KuCunLiang])	“books”是表名，以下几行是字段列表，如果要为表中所有字段赋值，可省略字段列表
VALUES 　　　　(<BookName, varchar(50),> 　　　　,<Author, varchar(100),> 　　　　,<BookType, varchar(50),> 　　　　,<KuCunLiang, int,>) GO	values 后面给出具体要插入表中的数据，数值含义要与表中字段一一对应

说明：图书编号 BookID 列定义为标识列，是由系统自动生成和插入数据，不可人工输入数据，所以导出的 insert 语句脚本中没有图书编号 BookID 列。

要求：在图书表 books 中存入如表 3-2 所示图书信息。

表 3-2　图书信息

图书编号	图书书名	图 书 作 者	图书类型	图书库存量
1	数据库系统概论	王珊	计算机类	10
2	细节决定成败	汪中求	综合类	2
3	C 语言程序设计	乌云高娃、沈翠新、杨淑萍等	计算机类	5
4	数据结构	李莹、孙承福等	计算机类	3

根据导出的脚本 VALUE 语句中的提示，在相应位置输入要插入的具体数据，比如<BookName, varchar(50),>表示此处输入图书书名，图书书名 BookName 字段为字符 varchar 类型，最多可输入 50 位，需要把包括前后尖括号在内的所有内容替换为具体数据“数据库系统概论”，字符型数据需要用半角单引号引上；<Author, varchar(100),>表示此处输入图书作者，图书作者 Author 字段是 varchar 类型，100 位长度，可以输入多个作者的

名字，字符型数据要用半角引号引上，所以用'王珊'替换了包括前后尖括号在内的<Author, varchar(100),>，再把<BookType, varchar(50),>替换为'计算机类'，<KuCunLiang, int,>替换为10，数值型数据和money货币型数据一样，直接写，不加引号，日期型数值也要和字符类型一样，加半角引号引上，替换完成的语句如表3-3所示。

表3-3　替换后的代码

代　码	说　明
INSERT INTO [bookDB].[dbo].[books] ([BookName] ,[Author] ,[BookType] ,[KuCunLiang]) VALUES ('数据库系统概论' ,'王珊' ,'计算机类' ,10) GO	VALUES后面改为具体的数据，注意根据提示的字段类型给出相应的值，数字型和money型不加引号，字符型、日期型加单引号，每个值之间都以逗号分隔

语句分多行书写会造成占位置比较多，也不方便阅读，语句中所有的中括号[]也都可以去掉，我们把该语句简化，简化后的语句如下。

```
INSERT INTO books(BookName,Author,BookType,KuCunLiang)
         VALUES ('数据库系统概论','王珊','计算机类',10)
```

对照表结构，我们看出此插入数据语句是按照表中字段定义的顺序为每一个字段都赋值，这种情况下，可以省略表名books后的字段名列表，语句可再次简化为：

```
INSERT INTO books VALUES ('数据库系统概论','王珊','计算机类',10)
```

语句修改完毕，单击工具栏上的✔按钮分析该语句语法是否正确，分析通过后复制该条语句，修改为不同的数据，可以插入多条记录。

例如：

```
INSERT INTO books   VALUES ('数据库系统概论','王珊','计算机类',10)
INSERT INTO books   VALUES ('细节决定成败','汪中求','综合类',2)
INSERT INTO books   VALUES ('C语言程序设计','乌云高娃、沈翠新、杨淑萍等','计算机类',5)
INSERT INTO books   VALUES ('数据结构与算法设计','李莹、孙承福等','计算机类',3)
```

在SQL Server 2005以前的版本，一个"INSERT INTO… VALUES"语句只能插入一行数据，但在SQL Server 2008系统中提供了一个新功能，一个"INSERT INTO… VALUES"语句可插入多行数据，利用SQL Server 2008系统的新功能将以上语句还可以简化为：

```
INSERT INTO books   VALUES ('数据库系统概论','王珊','计算机类',10),('细节决定成败','汪中求',
'综合类',2),('C语言程序设计','乌云高娃、沈翠新、杨淑萍等','计算机类',5),('数据结构与算法设
计','李莹、孙承福等','计算机类',3)
```

只用一组“INSERT INTO … VALUES”语句，对应多组数据，每组数据之间以逗号分隔。这是 SQL Server 2008 系统的新特性，更加简化了插入数据的操作语句。

语句编写完毕，再次单击工具栏上的 ✓ 按钮分析该语句语法是否正确，分析通过后单击工具栏上的 ! 执行(X) 按钮执行 insert 语句，数据就存入到 books 表中。在【对象资源管理器】窗口中选择 bookDB 数据库的 books 表，单击右键选择【选择前 1000 行】命令，打开浏览窗口，查看表中已经存入的数据，如图 3-3 所示。

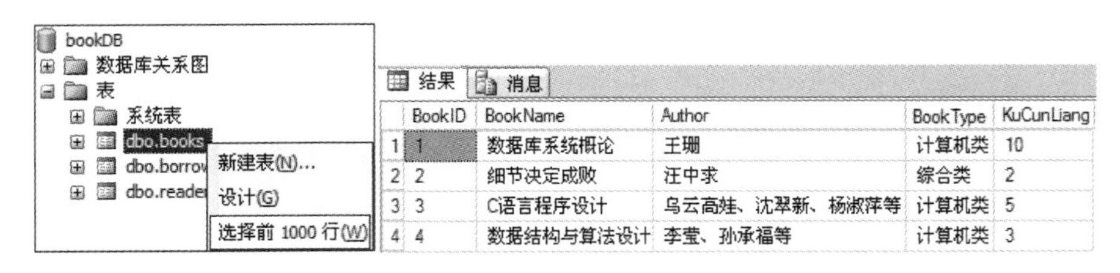

图 3-3　查询表中数据

说明：执行此 INSERT INTO 语句的前提是事先已经打开 books 表所在的 bookDB 数据库，如果未打开 bookDB 数据库，需要在表名前面加上“数据库名.模式名.”，执行效果是一样的，语句改为：

```
INSERT INTO bookDB. dbo.books  VALUES ('数据库系统概论','王珊','计算机类',10)
```

4）插入数据例题

【例题 1】 插入全部数据。使用 T-SQL 语句在读者表 reader 中插入表 3-4 中数据。

表 3-4　读者信息

读者编号	年级	读者姓名	学　　号	性别	电　　话	借书数量
1	2015	田亮	2015111011	男	12345678901	0
2	2014	李湘	2014010001	女	56789012345	0
3	2013	周杰伦	2013030011	男	13579246801	0
4	2016	王海涛	2016070155	男	24680135792	0
5	2015	欧阳苗苗	2015091088	女	101010111000	0

方法 1：在 SSMS 上找到 bookDB 数据库中的 readers 表，单击右键选择【编写表脚本为】→【INSERT 到】→【新查询编辑器窗口】，导出的插入数据脚本，修改为插入第一条数据的语句，单击工具栏上的 ✓ 按钮分析该语句语法正确后，复制多条进行修改，编写好的 T-SQL 语句如下。

```
INSERT INTO [bookDB].[dbo].[readers]
([Grade],[ReaderName],[StudentNum],[Sex],[TeleNum],[BorrowBookNum])
     VALUES (2015,'田亮','2015111011','男','12345678901',0)
INSERT INTO [bookDB].[dbo].[readers]
([Grade],[ReaderName],[StudentNum],[Sex],[TeleNum],[BorrowBookNum])
     VALUES (2014,'李湘','2014010001','女','56789012345',0)
INSERT INTO [bookDB].[dbo].[readers]
([Grade],[ReaderName],[StudentNum],[Sex],[TeleNum],[BorrowBookNum])
     VALUES (2013,'周杰伦','2013030011','男','13579246801',0)
```

```
INSERT INTO [bookDB].[dbo].[readers]
([Grade],[ReaderName],[StudentNum],[Sex],[TeleNum],[BorrowBookNum])
     VALUES (2016,'王海涛','2016070155','男','24680135792',0)
INSERT INTO [bookDB].[dbo].[readers]
([Grade],[ReaderName],[StudentNum],[Sex],[TeleNum],[BorrowBookNum])
      VALUES (2015,'欧阳苗苗','2015091088','男','101010111000',0)
```

语句执行完毕查询表中数据如图 3-4 所示。

	ReaderID	Grade	ReaderName	StudentNum	Sex	TeleNum	BorrowBookNum
1	1	2015	田亮	2015111011	男	12345678901	0
2	2	2014	李湘	2014010001	女	56789012345	0
3	3	2013	周杰伦	2013030011	男	13579246801	0
4	4	2016	王海涛	2016070155	男	24680135792	0
5	5	2015	欧阳苗苗	2015091088	男	101010111000	0

图 3-4　readers 表中数据

方法 2：对照读者表 readers 的表结构发现，题目中给出数据的顺序与表中字段定义的顺序完全一致，而且给出所有字段的值，此种情况可以省略表名后面的字段列表，简化语句，直接书写 T-SQL 语句如下。

```
INSERT INTO readers
      VALUES (2015,'田亮','2015111011','男','12345678901',0)
INSERT INTO readers
      VALUES (2014,'李湘','2014010001','女','56789012345',0)
INSERT INTO readers
      VALUES (2013,'周杰伦','2013030011','男','13579246801',0)
INSERT INTO readers
      VALUES (2016,'王海涛','2016070155','男','24680135792',0)
INSERT INTO readers
      VALUES (2015,'欧阳苗苗','2015091088','男','101010111000',0)
```

说明：使用此方法可以省去写表名和那么多列名的麻烦。readers 表中读者编号是标识列，自动生成值，所以导出 insert 脚本中没有该列。

方法 3：借助 SQL Server 2008 的新功能，用一个 INSERT INTO 语句插入多行数据。将方法 2 中 5 条 INSERT INTO … VALUES 语句改为一条，VALUES 后面写多组数据，每组数据之间用半角逗号分隔，修改后的 T_SQL 语句如下。

```
INSERT INTO readers VALUES
       (2015,'田亮','2015111011','男','12345678901',0),
       (2014,'李湘','2014010001','女','56789012345',0),
       (2013,'周杰伦','2013030011','男','13579246801',0),
       (2016,'王海涛','2016070155','男','24680135792',0),
       (2015,'欧阳苗苗','2015091088','男','101010111000',0)
```

说明：再次强调，插入数据语句 INSERT INTO 表名(字段名列表) VALUES(值列表)中，如果 VALUES 后面给出了表中所有字段的值，而且值的顺序是与表中定义字段的顺序是一致的，则表名后面的“(字段名列表)”可以省略，否则不可省略。

建议读者插入数据时尽量不要省略表名后面的字段列表，采用 insert into 表名(字段名列表)的形式，一方面可以灵活设置输入哪些数据和数据的顺序，另一方面还可以避免表结构有变化影响原有程序的运行，比如表中增加字段，如果程序中用“insert into 表名(字段名列表)”的形式，则增加多少字段都不会影响本语句的执行，如果程序中用省略表名后面的字段列表的形式，哪怕只增加一个字段，也会造成本程序执行错误，因为字段数与后面的值不匹配。

【例题 2】 插入部分数据。使用 T-SQL 语句在读者表 reader 中插入以下表 3-5 中的数据。

表 3-5 读者信息

读者姓名	学号	性别	电话
古天乐	2015111012	男	111111111111
东方明珠	2014010002	女	33333333333
杨海霞	2013030012	女	55555555555

方法 1：在 SSMS 上找到 bookDB 数据库中的 readers 表，单击右键选择【编写表脚本为】→【INSERT 到】→【新查询编辑器窗口】命令，导出的插入数据脚本，删除不需要的字段信息，修改为插入第一条数据的语句，单击工具栏上的 ✔ 按钮分析该语句语法正确后，复制多条进行修改，编写好的 T-SQL 语句如下。

```
INSERT INTO [bookDB].[dbo].[readers]
([ReaderName],[StudentNum],[Sex],[TeleNum])
     VALUES ('古天乐','2015111012','男','111111111111')
INSERT INTO [bookDB].[dbo].[readers]
([ReaderName],[StudentNum],[Sex],[TeleNum])
     VALUES ('东方明珠','2014010002','女','33333333333')
INSERT INTO [bookDB].[dbo].[readers]
([ReaderName],[StudentNum],[Sex],[TeleNum])
     VALUES ('杨海霞','2013030012','女','55555555555')
```

语句执行完毕查询表中数据如图 3-5 所示。

	ReaderID	Grade	ReaderName	StudentNum	Sex	TeleNum	BorrowBookNum
1	1	2015	田亮	2015111011	男	12345678901	0
2	2	2014	李湘	2014010001	女	56789012345	0
3	3	2013	周杰伦	2013030011	男	13579246801	0
4	4	2016	王海涛	2016070155	男	24680135792	0
5	5	2015	欧阳苗苗	2015091088	男	101010111000	0
6	6	NULL	古天乐	2015111012	男	111111111111	0
7	7	NULL	东方明珠	2014010002	女	33333333333	0
8	8	NULL	杨海霞	2013030012	女	55555555555	0

图 3-5 readers 表中数据

说明：① 题目中只给出该读者的部分信息，没有年级、借书数量信息，所以此 insert 语句是插入部分数据，而不是全部数据，表名后面不可以省略字段名列表，把需要输入数据的字段名依次列出。VALUES 语句后面给出的值要与表名后面的字段名一一对应，如需颠倒顺序，必须字段名和 values 语句后面的值同时颠倒，执行效果是一样的。比如语句改为学号在前，读者姓名在后，语句为：

```
INSERT INTO [bookDB].[dbo].[readers]
( [StudentNum], [ReaderName], [Sex],[TeleNum])
     VALUES ('2015111012', '古天乐','男','111111111111')
```

② 使用 INSERT 语句给表中插入部分数据,前提条件是没有给出数据的列允许空值,也就是没有设置 NOT NULL 约束,允许暂时或永久不输入数据,或者未列出的字段尽管设置了 NOT NULL 约束,不允许为空,但也设置了默认值约束,当没有录入数据时自动存入默认值。如图 3-5 所示,在 INSERT 语句中没有给值的几个列,readers 表中 readerID 是标识列,自动生成了读者编号,年级 Grade 列存入空值,借书数量 BorrowBookNum 列设置了默认值,自动存入 0。

方法 2: 借助 SQL Server 2008 的新功能,用一个 INSERT INTO 语句插入多行数据,每组数据之间用半角逗号分隔,修改后的 T_SQL 语句如下。

```
INSERT INTO readers(ReaderName,StudentNum,Sex,TeleNum)
     VALUES ('古天乐','2015111012','男','111111111111'),
            ('东方明珠','2014010002','女','33333333333'),
            ('杨海霞','2013030012','女','55555555555')
```

【例题 3】 批量插入从另一个表中查询出来的数据。创建一个读者信息备份表 readers_bak,表结构与 readers 表一致,然后将 readers 表的数据备份到 readers_bak 表中。

先建表,后插入数据,建表的 SQL 语句如下。

```
USE bookDB                              -- 打开 bookDB 数据库
go
drop TABLE readers_bak
go
CREATE TABLE readers_bak                -- 创建读者表备份
(
ReaderID int not null primary key ,     --  读者编号,主键
Grade   smallint   ,                    -- 年级
ReaderName varchar(50) not null,        -- 读者姓名
StudentNum   char(10),                  -- 学号
Sex         char(2) ,                   -- 性别
TeleNum   char(20),                     -- 电话
BorrowBookNum    int                    -- 借书数量
)
Go
```

建表成功后插入数据,数据来源不是用 values 给出具体的值,而是来源于一个 select 查询语句的查询结果。

语句: `insert into readers_bak   select * from readers`

说明: 创建读者信息备份表 readers_bak,表结构与读者表 readers 完全一致,但是将标识列和默认值去掉,因为 readers_bak 只负责备份存储 readers 表中的数据,不需要自己生成数据。标识列是自动生成数据,不可以手工插入数据,定义为标识列则无法完整备份 readers 表中数据。

【例题 4】 批量插入从另一个表中查询出来的数据。创建一个读者信息备份表 readers_bak2016,将 readers 表中的部分内容,包括读者编号、读者姓名、读者电话备份到 readers_ bak2016 表中。

先建表，后插入数据，建表的 SQL 语句如下。

```
USE bookDB                              -- 打开 bookDB 数据库
go
CREATE TABLE readers_bak2016            -- 创建读者表备份
(
ReaderID int not null primary key,      --  读者编号，主键
ReaderName varchar(50) not null,        -- 读者姓名
TeleNum   char(20)                      -- 电话
)
Go
```

插入数据，表名后面给出涉及的字段，数据来源不是用 values 给出具体的值，而是来源于一个 select 查询语句的查询结果。

方法 1：select 语句后面的字段顺序与 readers_bak2016 表中字段顺序一致，表名 readers_bak2016 后面可以不写字段列表。

语句：
```
insert into readers_bak2016
select ReaderID,ReaderName,TeleNum   from readers
```

方法 2：select 语句后面的字段顺序与 readers_bak2016 表中字段顺序不一致，表名 readers_bak2016 后面需要写字段列表，字段顺序随意，只要前后对应即可。

语句：
```
insert into readers_bak2016(ReaderName,TeleNum,ReaderID)
select ReaderName,TeleNum,ReaderID   from readers
```

说明：建议读者插入数据时尽量采用 insert into 表名(字段名列表)的形式，这样一方面可以灵活设置输入哪些数据和数据的顺序，另一方面还可以避免表结构有变化影响原有程序的运行，比如表中增加字段，如果程序中用“insert into 表名字母(字段名列表)”的形式，则增加多少字段都不会影响本语句的执行，如果程序中用省略表名后面的字段列表的形式，哪怕只增加一个字段，也会造成本程序执行错误，因为字段数与后面的值不匹配。

【例题 5】 在 bookDB 数据库的 borrow 表中插入三条记录，记录读者借书信息：读者编号为 1 号的读者借图书编号为 1 的图书；读者编号为 2 号的读者借阅图书编号为 5 的图书；读者编号为 10 号的读者借阅图书编号为 4 的图书，数据如表 3-6 所示。

表 3-6　借阅信息

读者编号	图书编号	借阅状态	借阅时间
1	1	默认值：初借	当前时间
2	5	默认值：初借	当前时间
10	4	默认值：初借	当前时间

插入第一条记录语句如下。

```
INSERT INTO bookDB. dbo.borrow(ReaderID ,BookID) VALUES (1,1)
```

说明：bookDB 数据库的 borrow 表上有两个外键，一个是读者编号字段关联到读者表的读者编号字段，另一个是图书编号关联到图书表的图书编号字段，所以在 borrow 表中插入数据操作能否成功要受读者表和图书表中数据的影响，目前读者表中有读者编号从 1 到

8 共 8 位读者,图书表中有图书编号从 1 到 4 共 4 本图书,数据如图 3-6 所示。

	ReaderID	Grade	ReaderName
1	1	2015	田亮
2	2	2014	李湘
3	3	2013	周杰伦
4	4	2016	王海涛
5	5	2015	欧阳苗苗
6	6	NULL	古天乐
7	7	NULL	东方明珠
8	8	NULL	杨海霞

	BookID	BookName
1	1	数据库系统概论
2	2	细节决定成败
3	3	C语言程序设计
4	4	数据结构与算法设计

图 3-6　读者表和图书表中数据

借阅状态 Loan 字段默认值是“初借”,借阅时间 BorrowerDate 字段的默认值是系统当前时间,这两个字段不需要手工赋值,只需将读者编号和图书编号插入表中即可。第一条数据,读者编号 1 在读者表中存在,图书编号 1 在图书表中也存在,数据插入操作能够执行成功。执行后的 borrow 表中数据为:

BookID	ReaderID	Loan	BorrowerDate	ReturnDate
1	1	初借	2016-07-31 15:38:39.733	NULL

。从表中数据可以看出,借阅状态 Loan 字段和借阅时间 BorrowerDate 字段都存入了默认值,还书时间没有默认值,存为空值。

插入第二条记录语句如下。

```
INSERT INTO bookDB. dbo.borrow(ReaderID, BookID) VALUES (2,5)
```

说明:本条语句语法正确,但执行会出错,错误信息是“INSERT 语句与 FOREIGN KEY 约束"fk_borrow_books"冲突。该冲突发生于数据库"bookDB",表"dbo. books", column 'BookID'。语句已终止。”,表明指向 books 表的外键在发挥作用,限制了不合法的操作。图书编号为 5 的图书在 books 表中并不存在,所以无法借阅。

插入第三条记录语句如下。

```
INSERT INTO bookDB. dbo.borrow(ReaderID, BookID) VALUES (10,4)
```

说明:本条语句依旧是语法正确,但执行会出错,错误信息是“INSERT 语句与 FOREIGN KEY 约束"fk_borrow_readers"冲突。该冲突发生于数据库"bookDB",表"dbo. readers", column 'ReaderID'。语句已终止。”,表明外键在发挥作用,但语句和上一条语句的错误不同,这次是指向 readers 表的外键在发挥作用,读者编号为 10 的读者在 readers 表中不存在,所以不可以插入该读者的借阅信息。

2. 修改数据

1) 在 SSMS 中修改数据

在 SSMS 平台【对象资源管理器】窗口中选择需要修改数据的数据库表,比如 bookDB 数据库中的 books 表,单击右键选择【编辑前 200 行】命令,打开数据录入窗口,在此窗口中可以修改数据或者录入新数据、删除数据,如图 3-7 所示。

说明:修改数据选择【编辑前 200 行】命令,查看数据选择【选择前 1000 行】命令。

2) 修改数据语句语法

```
UPDATE  表名  SET 字段名 = 值或表达[,…]  [WHERE 条件]
```

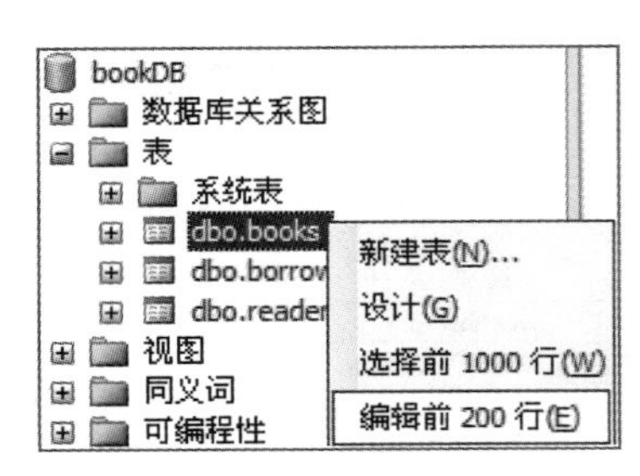

PC-20130221T0...B - dbo.books

	BookID	BookName	Author	BookType	KuCunLiang
	1	数据库系统概论	王珊	计算机类	12
	2	细节决定成败	汪中求	综合类	4
	3	C语言程序设计	乌云高娃、沈...	计算机类	7
▶*	NULL	NULL	NULL	NULL	NULL

图 3-7　修改表中数据

3）导出参考脚本

如果不能按照语法熟练地写出修改数据语句，可以借助 SSMS 平台上导出脚本的功能。导出的脚本既有详细语法格式，也有数据类型提示，还省去写表名、字段名的麻烦。即便熟记 update 命令的语法，也可以使用此导出脚本功能，可以简化操作。

操作过程为：在 SSMS 平台【对象资源管理器】窗口中选择需要修改数据的数据库表，比如 bookDB 数据库中的 readers 表，单击右键选择【编写表脚本为】→【UPDATE 到】→【新查询编辑器窗口】命令，如图 3-8 所示。

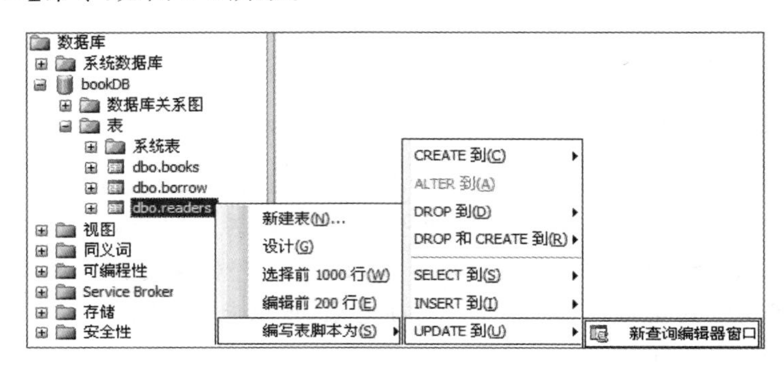

图 3-8　导出修改表中数据脚本

导出的修改数据脚本如下。

```
UPDATE [bookDB].[dbo].[readers]            ——表名
   SET [Grade] = <Grade, smallint,>         ——这里输入字段新值
字段名 ,[ReaderName] = <ReaderName, varchar(50),>
      ,[StudentNum] = <StudentNum, char(10),>
      ,[Sex] = <Sex, char(2),>
      ,[TeleNum] = <TeleNum, char(20),>
      ,[BorrowBookNum] = <BorrowBookNum, int,>
 WHERE <搜索条件,,>                          ——筛选条件
GO
```

导出的修改数据脚本中将 readers 表的所有字段都列了出来，只要留下需要修改的字段即可，删除其他无用信息。比如要修改借书数量 BorrowBookNum 字段，读者“欧阳苗苗”的借书数量修改为 2，删除无用的信息后，脚本简化为：

```
UPDATE [bookDB].[dbo].[readers]
   SET [BorrowBookNum] = <BorrowBookNum, int,>
 WHERE <搜索条件,,>
GO
```

替换尖括号部分内容："< BorrowBookNum，int,>"替换为"2"，"<搜索条件，,>"替换为"readers. ReaderName='欧阳苗苗'"。

替换后的语句为：

```
UPDATE [bookDB].[dbo].[readers]
   SET [BorrowBookNum] = 2
 WHERE readers.ReaderName = '欧阳苗苗'
   GO
```

如果事先打开 bookDB 数据库，该语句还可以简化为：

```
use bookDB --打开数据库
go
UPDATE readers SET BorrowBookNum = 2  WHERE ReaderName = '欧阳苗苗'
```

如果需要同时修改多个字段，例如：将读者"东方明珠"的借书数量增加 3，同时将她的年级改为"2014"，修改数据的语句为：

```
use bookDB --打开数据库
go
UPDATE readers SET Grade = 2016,BorrowBookNum = BorrowBookNum + 3
WHERE ReaderName = '东方明珠'
```

说明：导出脚本中的方括号[]都是可以省略的，如果同时修改多个字段，字段之间以半角逗号分隔。

4）修改数据例题

【例题 1】 学校招生规模扩大，图书馆图书也要大批量增加，对每种图书都追加两本库存，请使用 T-SQL 语句将 bookDB 数据库中 books 表的所有图书的库存量 KuCunLiang 都增加 2。

语句：
```
UPDATE bookDB. Dbo. Books
SET KuCunLiang = KuCunLiang + 2
```

说明：使用 UPDATE 语句修改表中数据，如果没有使用 where 子句，就会将表中所有记录行的数据都进行修改，如果只想修改部分数据，不要忘记写 where 条件。

【例题 2】 学校计算机类专业招生规模扩大，图书馆图书也要大批量增加计算机类图书的数量，对所有计算机类图书都追加三本库存，请使用 T-SQL 语句将 bookDB 数据库中 books 表的所有计算机类图书的库存量 KuCunLiang 都增加 3。

语句：
```
UPDATE bookDB. Dbo.Books
SET KuCunLiang = KuCunLiang + 3
where bookType = '计算机类'
```

【例题 3】 1 号读者归还借阅的 1 号图书，现需要修改图书借阅表 borrow，将借阅状态改为"归还"，还书日期字段赋值为当前系统时间。

语句：
```
UPDATE bookDB. Dbo.borrow
SET Loan = '归还',ReturnDate = GETDATE()
where ReaderID = 1 and BookID = 1
```

说明：在 UPDATE 语句中使用 where 子句，只修改满足条件的记录行，where 子句中的条件可以一个，也可以多个，多个条件之间要用 and 或者 or 连接。

【例题 4】 readers 表中前 5 名读者都是毕业班学生，他们办理毕业手续时一起将所借图书全部归还，请用一个 T_SQL 语句实现将 readers 表中前 5 名读者的借书数量 BorrowBookNum 字段值统一赋值为 0。

语句：
```
UPDATE top(5) readers
SET   BorrowBookNum = 0
```

说明： update top(n)表名 set 字段名=新值 表示修改表中的前 n 条记录。

【例题 5】 读者借阅图书的过程实际上在数据库中有多个操作，分别为：①在图书借阅表 borrow 中插入一条初借图书的记录；②修改读者表 readers 中的借书数量 BorrowBookNum 字段，将其数量加 1；③修改图书表 books 中的图书库存量 KuCunLiang 字段，将其数量减 1。现有 6 号读者来借阅图书编号为 4 的图书，请用 T_SQL 语句完成数据库中信息变换操作。

第一步：向图书借阅表 borrow 中插入一条初借图书的记录。

语句：
```
INSERT INTO bookDB. dbo.borrow(ReaderID ,BookID) VALUES (6,4)
```

说明： 6 号读者在读者表 readers 中存在，4 号图书在图书表 books 中也存在，语句可以执行成功，但要注意将 VALUES 中值的顺序与字段列表中字段的顺序保持对应，此处很容易出错。如果写成如下的语句，就会执行出错或是存入错误的数据。

```
INSERT INTO bookDB. dbo.borrow(ReaderID,BookID) VALUES (4,6)
INSERT INTO bookDB. dbo.borrow(BookID,ReaderID) VALUES (6,4)
```

第二步：修改读者表 readers 中的借书数量 BorrowBookNum 字段，将其数量加 1。

语句：
```
UPDATE readers
SET   BorrowBookNum = BorrowBookNum + 1 where ReaderID = 6
```

说明： 此语句中不要漏掉 where 条件，只需修改 6 号读者的借书数量，不要误操作将所有读者信息都修改了。

第三步：修改图书表 books 中的图书库存量 KuCunLiang 字段，将其数量减 1。

语句：
```
UPDATE books
SET   KuCunLiang = KuCunLiang - 1 where BookID = 4
```

说明： 此语句中同样不要漏掉 where 条件，只需修改 4 号图书的库存数量。

3. 删除数据

1）在 SSMS 中删除数据

如图 3-9 所示，在 SSMS 平台【对象资源管理器】窗口中选择需要删除数据的数据库表，比如 bookDB 数据库中的 books 表，单击右键选择【编辑前 200 行】命令，打开数据录入窗

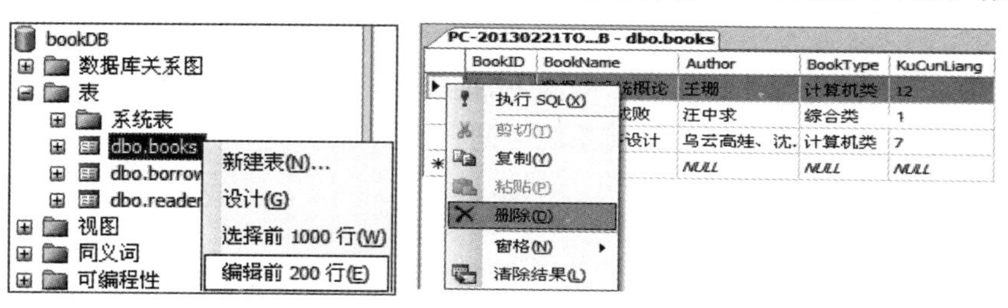

图 3-9　删除数据

口，在此窗口中选中需要删除的数据，单击鼠标右键，在弹出菜单中选择【删除】命令，在确认对话框中单击【是】按钮（如图 3-10 所示），即可完成删除操作，但删除时需谨慎。

图 3-10　删除数据确认

2）删除数据语句语法

```
DELETE 语句语法: DELETE   [FROM]  表名 [WHERE 条件]
```

和

```
TRUNCATE 语句语法: TRUNCATE 表名
```

3）导出参考脚本

如果不能按照语法熟练地写出删除数据语句，同样可以像插入和修改数据操作一样，借助 SSMS 平台上导出脚本的功能。

操作过程为：在 SSMS 平台【对象资源管理器】窗口中选择需要删除数据的数据库表，比如 bookDB 数据库中的 readers 表，单击右键选择【编写表脚本为】→【DELETE 到】→【新查询编辑器窗口】命令，如图 3-11 所示。

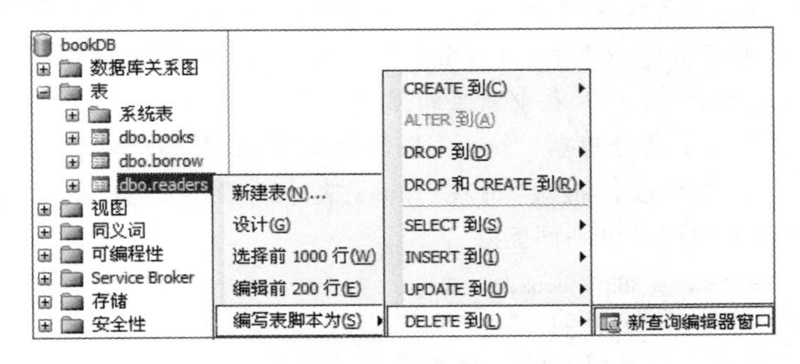

图 3-11　导出删除数据脚本

导出的删除数据脚本如下。

```
DELETE FROM [bookDB].[dbo].[readers]
      WHERE <搜索条件,,>
GO
```

如果要删除读者表 readers 中读者编号为 8 的员工信息，只需修改一处，将 where 关键字后面的内容“<搜索条件,,>”替换为“ReaderID =8”即可，修改后的语句为：

```
DELETE FROM [bookDB].[dbo].[readers]
      WHERE ReaderID = 8
GO
```

如果已经打开 bookDB 数据库，bookDB 数据库就是当前数据库，语句中的“表名. 模式名”可以去掉，语句简化为：

```
use bookDB                                    -- 打开数据库
go
DELETE FROM readers WHERE ReaderID = 8
```

4）删除数据例题

【例题1】 删除表中部分数据：图书借阅borrow表中借书信息只要保留近5年信息即可，陈旧的信息没有意义，而且占用空间，还影响数据查询速度。请在borrow表中将借书时间在5年之前的数据全部删除。

语句：`DELETE FROM borrow WHERE year(GETDATE()) - year(BorrowerDate)> 5`

说明：DELETE删除语句中加入where子句可以删除指定条件的记录。计算5年前的时间用到日期函数GETDATE()取当前系统时间，year()函数用于取出日期中的年份，两个年份相减就是间隔的年数。

【例题2】 删除表中部分数据：学生“欧阳苗苗”毕业了，请在bookDB数据库的readers表中将该学生的信息删除。

语句：`DELETE FROM readers WHERE ReaderName = '欧阳苗苗'`

说明：删除数据也会受外键影响。如果该同学没有借书记录，删除操作可以顺利进行，否则有可能不允许删除，出现错误提示为“DELETE语句与REFERENCE约束"fk_borrow_readers"冲突。该冲突发生于数据库"bookDB"，表"dbo. borrow"，column 'ReaderID'。语句已终止。”。这种情况应该在数据库设计时予以考虑，设置受外键影响的表违约处理规则，是拒绝操作另行处理，还是级联删除或者设置为空值。如果违约规则就是默认的拒绝操作，可以检查该学生是否有未归还借书，借书全部归还后，可以先在borrow表中将该生借书记录全部删除，然后再删除readers表中该生的信息。

【例题3】 删除表中部分数据。bookDB数据库的books表中编号为4的图书已经全部破损，无法再借阅，现在进行报废，请在books表中将该书信息删除，同时将图书借阅borrow表中借阅该书的记录也一同删除。

语句：
```
DELETE FROM books WHERE bookID = 4
DELETE FROM borrow WHERE bookID = 4
```

说明：删除数据也会受外键影响。如果图书借阅borrow表中有4号图书的借阅记录，先删除books表中的数据有可能会出错，错误信息为“DELETE语句与REFERENCE约束"fk_borrow_books"冲突。该冲突发生于数据库"bookDB"，表"dbo. borrow"，column 'BookID'。语句已终止。”，此时可以改变语句执行顺序，先执行第二条删除语句，删掉borrow表中该书的借阅记录，然后再删除books表中该书信息。

【例题4】 删除表中全部数据。bookDB数据库中的readers_bak2016表是存储读者表readers中数据的备份，因为读者数据不停更新，readers_bak2016表中数据已经陈旧，需要全部删除。

语句：`DELETE FROM readers_bak2016`

或者使用TRUNCATE语句删除数据。

语句：`TRUNCATE TABLE readers_bak2016`

说明：DELETE语句可以写成“DELETE FROM 表名”，也可以省略“FROM”，直接写成“DELETE 表名”，但经常有读者会错误地写成“DELETE * FROM 表名”，多了“*”号是错误的，是和 select 语句混淆，也是使用 delete 语句不够熟练造成的。

DELETE 语句和 TRUNCATE 语句都可以删除表中数据，但有区别，要根据情况选用。第一个区别是能否有条件删除。DELETE 语句可以加 where 子句，有条件地删除满足条件的数据，如果不加 where 子句是删除表中全部数据，而 TRUNCATE 语句不能加 where 子句，只能全部删除表中数据，无法部分删除；第二个区别是是否写日志，DELETE 语句每删一条记录都会记录在日志中，必要的时候可以根据日志恢复数据，而 TRUNCATE 语句不写日志，直接删除，删除数据后不可恢复，要慎用；第三个区别是执行速度不同，DELETE 语句因为要写日志，所以执行速度慢些，TRUNCATE 语句不写日志，所以执行速度快。

如果表中数据受外键制约，有可能会造成删除数据失败，具体情况具体分析。

4. 查询数据

1）在 SSMS 中查询数据

在 SSMS 平台【对象资源管理器】窗口中选择需要查询数据的数据库表，比如 bookDB 数据库中的 books 表，单击右键选择【选择前 1000 行】命令，自动打开一个查询窗口，并直接显示出查询结果，如图 3-12 所示。

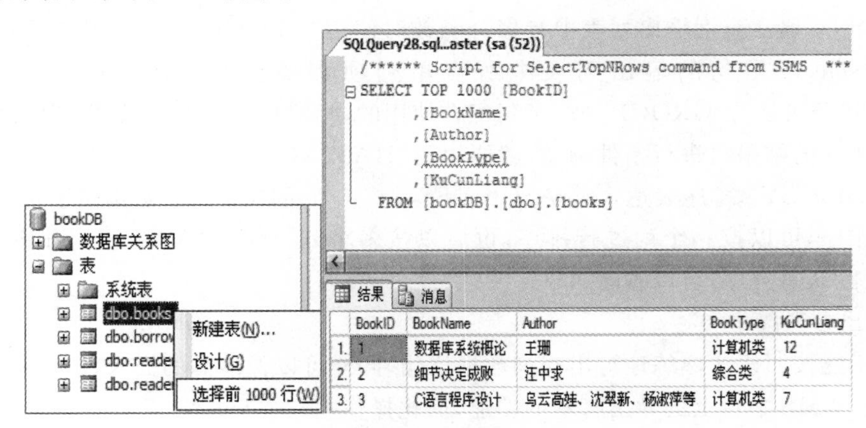

图 3-12 查询数据窗口

2）查询数据语句语法

```
SELECT [ALL|DISTINCT] [TOP n|PERCENT]  <输出列表>
 [INTO  <新表名>]
FROM  数据源列表
[ WHERE <查询条件表达式> ]
[GROUP BY <分组表达式>  [HAVING  <过滤条件> ] ]
[ ORDER BY <排序表达式>  [ ASC | DESC ] ]
```

参数说明如下。

查询语句中“select”和“from”两个子句是必需的，其他子句是可选项。写在方括号[]里面的内容都是可选项，在需要的时候选用。

[ALL|DISTINCT]：默认是“ALL”，表示输出所有满足条件的记录，如果希望查询结

果去掉重复值，就加上“DISTINCT”，省略[ALL|DISTINCT]子句表示“ALL”。

[TOP n|PERCENT]：选用“TOP n”表示只输出满足条件的前 n 个记录，选用“TOP n PERCENT”表示输出满足条件的前百分之 n 个记录，省略[TOP n|PERCENT]子句表示输出所有满足条件的记录。

<输出列表>：是 SELECT 子句的一部分，可以是字段名，也可是表达式，如果想把表中所有字段都显示出来，可以将字段名挨个列出来，并用逗号分隔，也可以只写一个 * 号。“SELECT * from 表名”是一个常用的查询语句。

[INTO <新表名>]：将查询的结果存入一个新的表中。

数据源列表：数据的来源是 from 子句的一部分，可以是单个表，也可以是多个表。数据源是单个表的查询，是简单查询，数据源多个表的查询就是复杂的连接查询。这里的表是广义的，包括：基本表、视图表、查询表。“基本表”是用 create table 语句创建的，在数据库中长期存在的，保存基本数据的物理表；“视图表”就是指在表的基础上创建的视图，数据库中只存视图的定义，不存视图的数据，视图的数据来自基本表；“查询表”是指另一个 select 查询的结果，是虚表，只存在内存中。

[WHERE <查询条件表达式>]：选择的条件。

[GROUP BY <分组表达式>[HAVING <过滤条件>]]：“GROUP BY”是给查询结果进行分组，一般在查询输出列表中有聚合函数时使用“GROUP BY”，使用“GROUP BY”子句时，“select”子句的输出列表中所有单列项都要放在“GROUP BY”子句中；“HAVING”子句是与“GROUP BY”子句配合使用的，只能用在“GROUP BY”后面，如果需要对分组统计的结果再进行条件筛选，就要用到“HAVING”子句。

[ORDER BY <排序表达式>[ASC | DESC]]：“ORDER BY”是排序子句，将查询结果进行重排序，可以按一个列进行排序，也可以按多个列排序。“ASC”表示升序，“DESC”表示降序，默认是升序，可以省略 ASC。

3）导出参考脚本

如果不能按照语法熟练地写出查询数据语句，同样可以像前面的插入、修改和删除数据一样，借助 SSMS 平台上的导出脚本的功能，简化操作。

操作过程为：在 SSMS 平台【对象资源管理器】窗口中选择需要查询数据的数据库表，比如 bookDB 数据库中的 books 表，单击右键选择【编写表脚本为】→【SELECT 到】→【新查询编辑器窗口】命令，如图 3-13 所示。

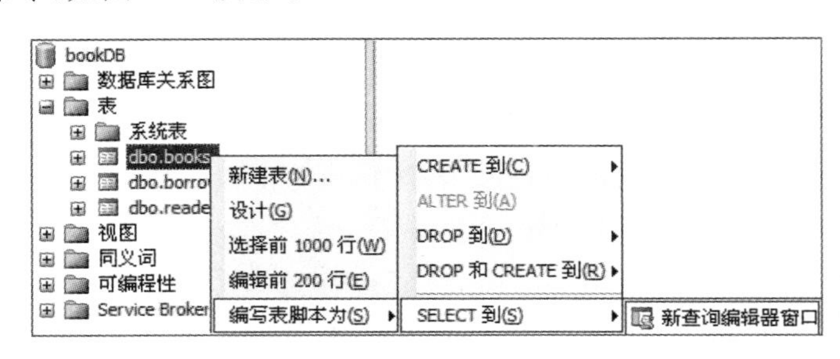

图 3-13　导出查询数据脚本

导出的查询数据脚本如表 3-7 所示。

表 3-7　查询 books 表中数据脚本

代　　码	说　　明
SELECT [BookID] 　　,[BookName] 　　,[Author] 　　,[BookType] 　　,[KuCunLiang]	SELECT 后面列出需要查询的字段，如果要查询的是表中所有字段内容，也可以用 * 代替所有列，写成 SELECT *
FROM [bookDB].[dbo].[books] GO	FROM 后面为查询数据的来源，此语句数据来源于 bookDB 数据库中的 books 表

如果已经打开 bookDB 数据库，想查询所有图书的信息，语句可以简化为：

```
SELECT * FROM books
```

如果现在打开的不是 bookDB 数据库，表名前面需要加上数据库名.模式名.，语句需要写为：

```
SELECT * FROM bookDB. dbo.books
```

4）查询语句例题

（1）准备

查询例题多数基于销售管理数据库 CompanySales，CompanySales 是一家贸易公司的业务数据库，该公司业务是从供应商处采购商品，然后再卖给客户，数据库中有 7 个表，表的结构和表之间的关系如表 3-8～表 3-14 所示。

表 3-8　部门表

表名：Department

字段名称	类型宽度	约　　束	字段说明
DepartmentID	int	not null 主键	部门编号
DepartmentName	varchar(30)	not null	部门名称
Manager	char(8)		部门主管
Depart_Description	varchar(50)		备注

表 3-9　员工表

表名：Employee

字段名称	类型宽度	约　　束	字段说明
EmployeeID	int	not null 主键	员工号
EmployeeName	varchar(50)	not null	员工姓名
Sex	char(2)	not null，约束为'男'或'女'	性别
BirthDate	smalldatetime		出生日期
HireDate	smalldatetime		聘任日期
Salary	money		工资
DepartmentID	int	not null 来自"部门表"的外键	部门编号

表 3-10　商品表

表名：Product

字段名称	类型宽度	约　　束	字段说明
ProductID	int	not null 主键	商品编号
ProductName	varchar(50)	not null	商品名称
Price	Decimal(8,2)		单价
ProductStockNumber	int		现有库存量
ProductSellNumber	int		已销售数量

表 3-11　客户表

表名：Customer

字段名称	类型宽度	约　　束	字段说明
CustomerID	int	not null 主键	客户编号
CompanyName	varchar(50)	not null	客户名称
ContactName	char(8)	not null	联系人名字
Phone	varchar(20)		联系电话
Address	varchar(100)		客户地址
EmailAddress	varchar(50)		客户 Email 地址

表 3-12　供应商表

表名：Provider

字段名称	类型宽度	约　　束	字段说明
ProviderID	int	not null 主键	供应商编号
ProviderName	varchar(50)	not null	供应商名称
ContactName	char(8)	not null	联系人名字
ProviderPhone	varchar(15)		供应商联系电话
ProviderAddress	varchar(100)		供应商地址
ProviderEmail	varchar(20)		供应商 Email 地址

表 3-13　销售订单表

表名：Sell_Order

字段名称	类型宽度	约　　束	字段说明
SellOrderID	int	not null 主键	销售订单编号
ProductID	int	来自商品表的外键	商品编号
EmployeeID	int	来自员工表的外键	员工号
CustomerID	int	来自客户表的外键	客户号
SellOrderNumber	int		订购数量
SellOrderDate	smalldatetime		销售订单签订日期

表 3-14　采购订单表

表名：Purchase_Order			
字段名称	类型宽度	约　束	字段说明
PurchaseOrderID	int	not null 主键	采购订单编号
ProductID	int	来自商品表的外键	商品编号
EmployeeID	int	来自员工表的外键	员工号
ProviderID	int	来自供应商表的外键	供应商编号
PurchaseOrderNumber	int		采购数量
PurchaseOrderDate	smalldatetime		采购订单签订日期

(2) 简单单表查询

【例题 1】 从 CompanySales 数据库的客户表 Customer 中查询所有客户的信息。

语句：
```
USE  CompanySales
GO
SELECT *  FROM  Customer
```

执行结果如图 3-14 所示。

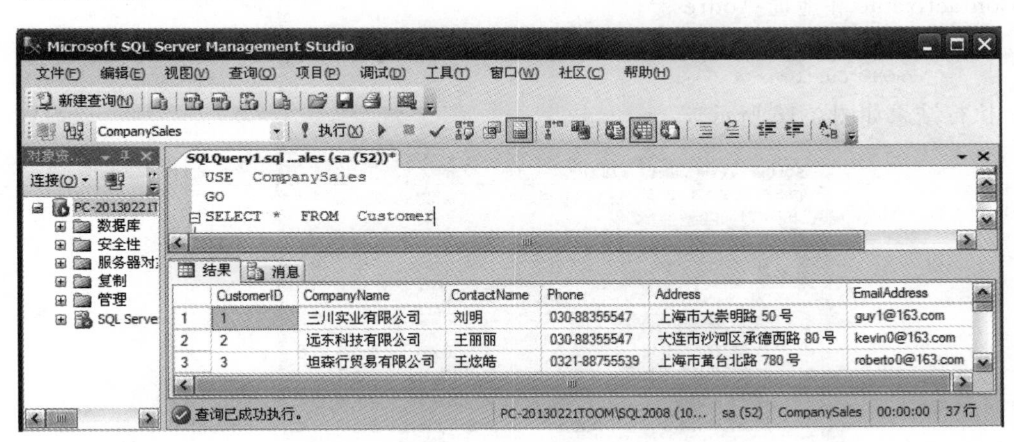

图 3-14　执行结果

说明： 最简单的查询语句“SELECT *　FROM 表名”，执行的结果是将该表中所有行、所有列都显示出来，列的显示顺序是按定义的顺序。从结果中看出，此 Customer 表中一共 6 列、37 行，也就是 6 个字段、37 条记录。

执行查询语句需要登录 SSMS，并新建一个查询窗口，执行第一条查询语句之前需要执行“USE CompanySales”命令打开 CompanySale 数据库，之后如果没有切换数据库，就不用重复执行打开数据库的命令。

【例题 2】 从 CompanySales 数据库的客户表 Customer 中检索所有客户的公司名称 CompanyName、联系人姓名 ContactName 和地址 Address。

语句：
```
SELECT  CompanyName, ContactName, Address
FROM  Customer
```

执行结果如图 3-15 所示。

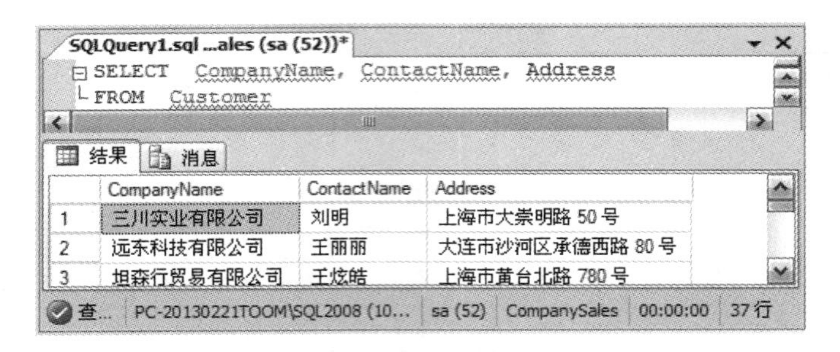

图 3-15 执行结果

说明："SELECT *"是查询所有列，只想查询部分列的信息就需要在"select"子句的<输出列表>位置输入想查询的列名，多个列名之间用半角逗号分隔，输入的列名必须与表中定义的一致。

因为读者对表结构不熟悉，所以题目中同时给出了字段的英文名和汉字含义，实际工作中需要先熟悉表结构，清楚了表中各个字段的类型、含义，然后再写查询语句。

【例题 3】 检索客户表 Customer 中前 5 位客户的公司名称 CompanyName、联系人姓名 ContactName 和地址 Address。

语句：
```
SELECT  TOP 5  CompanyName, ContactName, Address
FROM  Customer
```

执行结果如图 3-16 所示。

SQLQuery1.sql ...ales (sa (52))*

```
SELECT  TOP 5  CompanyName, ContactName, Address
FROM  Customer
```

结果 | 消息

	CompanyName	ContactName	Address
1	三川实业有限公司	刘明	上海市大崇明路 50 号
2	远东科技有限公司	王丽丽	大连市沙河区承德西路 80 号
3	坦森行贸易有限公司	王炫皓	上海市黄台北路 780 号
4	国顶有限公司	方小峰	杭州市海淀区天府东街 30 号
5	通恒机械有限公司	黄国栋	天津市南开区东园西甲 30 号

查... PC-20130221TOOM\SQL2008 (10... sa (52) CompanySales 00:00:00 5 行

图 3-16 执行结果

说明："TOP 5"选项限制了只输出查询结果中的前 5 行。

【例题 4】 从客户表 Customer 中检索所有客户的公司名称 CompanyName、联系人姓名 ContactName 和地址 Address。只要求显示前 5%的客户信息。

语句：
```
SELECT  TOP 5 percent  CompanyName, ContactName, Address
FROM  Customer
```

执行结果如图 3-17 所示。

说明："TOP 5 percent"选项限制只输出查询结果中的前 5%行，从前面例题查询结果中看出，客户表 Customer 一共 37 行，37 行×5%四舍五入为两行。

【例题 5】 从员工表 employee 中查询所有员工的部门信息 DepartmentID，并消去重复记录。

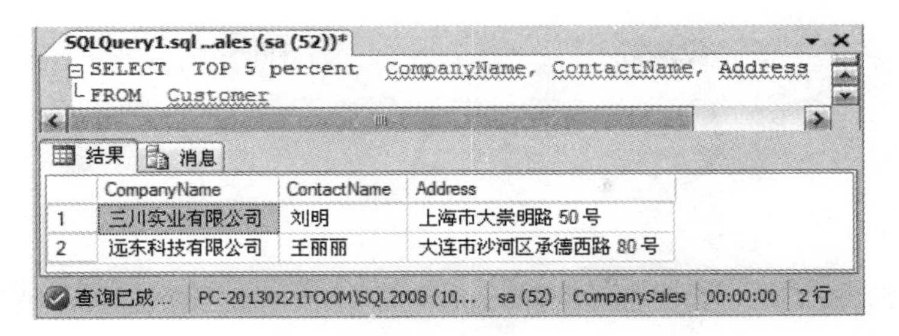

图 3-17　执行结果

语句：SELECT　DISTINCT　DepartmentID　FROM　employee

执行结果如图 3-18 所示。

```
SELECT DISTINCT DepartmentID FROM employee
```

	DepartmentID
1	1
2	2
3	3

查询... PC-20130221TOOM\SQL2008 (10... sa (53) CompanySales 00:00:00 3 行

图 3-18　执行结果

说明：加入“DISTINCT”关键字，可以去除重复值，将相同的查询结果只显示一遍，所有员工一共分布在三个部门，查询结果就是三条，三个不同的部门编号。其实一个部门会有多名员工，同一部门的员工部门编号 DepartmentID 都是一样的，如果不加“DISTINCT”关键字，查询结果会是如图 3-19 所示的情况，查出 49 行，同一个部门编号显示多遍，有多少名员工就查出多少行。

```
SELECT DepartmentID FROM employee
```

	DepartmentID
6	1
7	1
8	2
9	2

查... PC-20130221TOOM\SQL2008 (10... sa (53) CompanySales 00:00:00 49 行

图 3-19　查询结果

【例题 6】　从员工表 employee 中查询每个员工的姓名 EmployeeName 和性别 Sex，并在每人的姓名标题上显示“员工姓名”。

语句：SELECT 员工姓名 = EmployeeName, Sex FROM　Employee

执行结果如图 3-20 所示。

说明：从表中查询数据，查询结果窗口的表头默认为表中字段的名字，例如本题中查询性别 Sex，查询结构窗口中就显示“Sex”为表头，可以将表头另外起名字，称为给列定义别

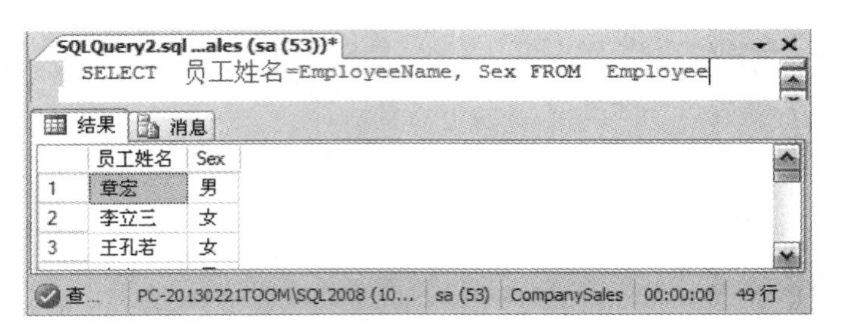

图 3-20　执行结果

名，定义列别名有三种方式，第一种方法是：别名＝列名，将新定义的别名写在前面，用等号“＝”连上字段名字，本题就是用这种方法。第二种方法是：列名 as 别名，将新定义的别名写在后面，中间加 as 关键字连接(关键字前后要有空格)。第三种方法是：省略“as”关键字，直接写为：列名　别名，用空格分隔，表明列名后面是别名，多个列名之间是由逗号分隔的。

常有读者用第三种方式，却在“列名”和“别名”之间加了逗号，造成语句出错，因为加了逗号，系统就会把后面的“别名”也当作列名，而在表中又找不到这个名字的列。

【例题 7】　从员工表 employee 中查询每个员工的姓名 EmployeeName 和性别 sex，并在每人的姓名列标题显示为“员工姓名”，性别列标题为“性别”。

语句：
```
SELECT 员工姓名 = EmployeeName, sex 性别
FROM  employee
```

或：

```
SELECT  EmployeeName  as 员工姓名, sex as 性别
FROM  employee
```

执行结果如图 3-21 所示。

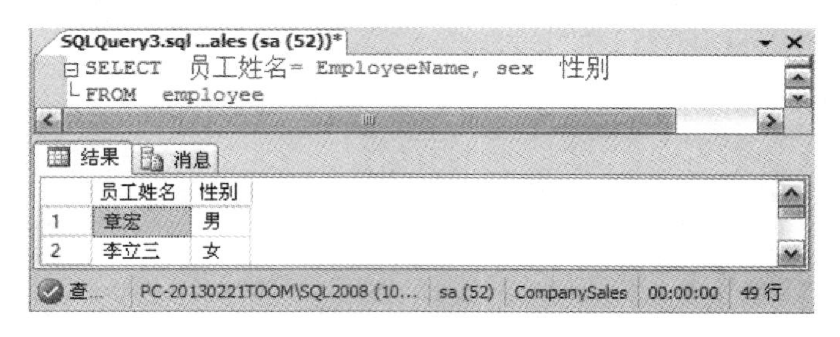

图 3-21　执行结果

说明：本题将查询出的两列都重新定义别名，员工姓名列不是显示默认的列名“EmployeeName”，而是重定义为汉字的“员工姓名”，性别列也不是显示“sex”列名，而是重定义为汉字“性别”，三种定义别名的方法效果一样。

【例题 8】　从员工表 employee 中查询所有员工的工资 Salary 在提高 10%后的金额，将提高后的工资列标题命名为“提高后工资”。

语句：
```
SELECT 员工姓名 = EmployeeName , Salary 原工资, Salary * 1.1 提高后工资
FROM Employee
```

执行结果如图 3-22 所示。

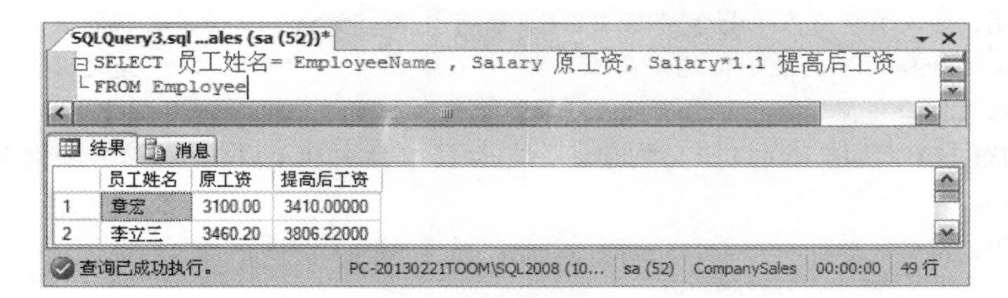

图 3-22　执行结果

说明："select"语句后面可以直接写出表中的列，也可以是一个表达式，本例题中"Salary * 1.1"就是一个表达式，是通过 Salary 列的值计算而来，并给这个计算列定义了别名"提高后工资"。换句话说，select 语句可以直接查询表中存储的数据，也可以查询表中没有直接存储但可以通过表中存储的数据计算而来的数据。

【例题 9】 统计公司有多少名员工。

语句：SELECT　count(*)　FROM employee

执行结果如图 3-23 所示。

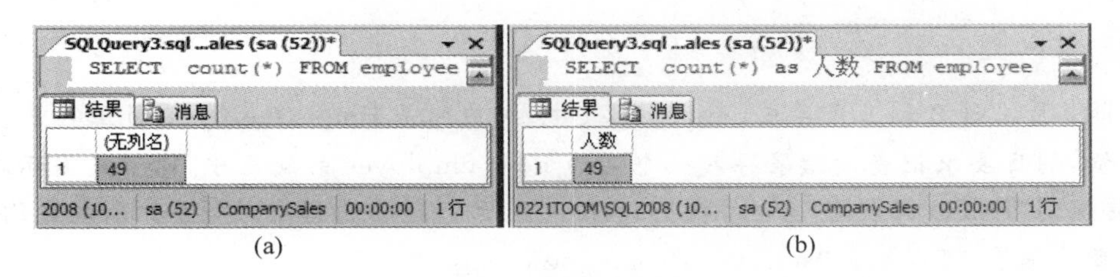

(a)　　(b)

图 3-23　统计员工数

说明：公司员工信息都存在 employee 表中，employee 中有多少行就表示公司有多少员工。count()函数是 T_SQL 语句中经常用到的聚合函数，功能是统计记录数。T_SQL 语句中常用的聚合函数还有求最大值函数 max()、求最小值函数 min()、求平均数函数 avg()、求总和函数 sum()，使用聚合查询的结果通常没有列标题，可以自行定义列别名，如图 3-23(a)所示，如果没有定义列别名，显示的列标题是"无列名"，图 3-23(b)中语句定义别名为"人数"。

【例题 10】 从员工表 employee 中查询所有员工的最高和最低工资信息。

语句：SELECT　max(salary)最高工资,min(salary)最低工资
　　　FROM employee

执行结果如图 3-24 所示。

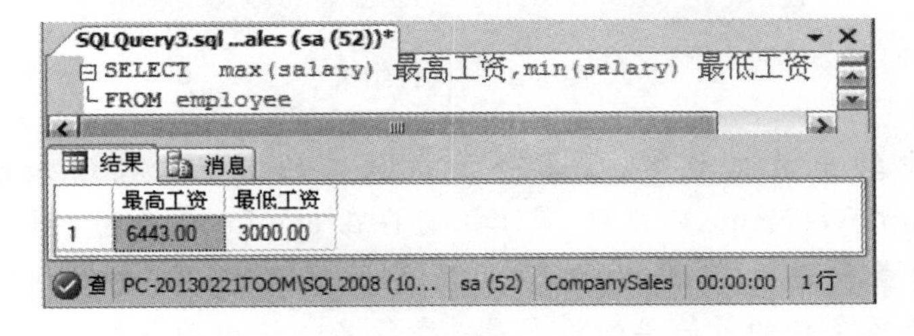

图 3-24　执行结果

说明：员工工资存在 salary 字段中，计算所有员工工资 salary 的最大值就是最高工资，所有员工工资 salary 的最小值就是最低工资。“最高工资”和“最低工资”是定义的列别名，在查询结果窗口中显示。

【例题 11】 使用 INTO 子句创建一个包含员工姓名和工资的新表，并命名为 new_employee。

语句：
```
SELECT  EmployeeName, Salary
INTO new_employee
FROM  employee
```

执行结果如图 3-25 所示。

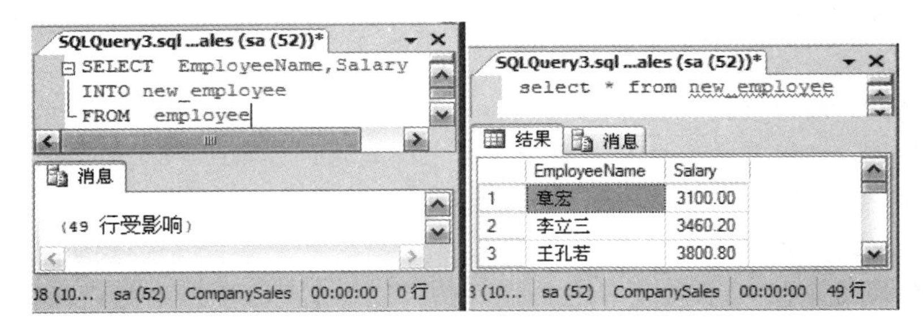

图 3-25　执行结果

说明：员工姓名和工资存在 employee 表中，对应列是 EmployeeName 员工姓名、Salary 员工工资，题目要求把查询结果存入一个名为 new_employee 的新表中，而不是显示在屏幕上，需要用到“INTO 新表名”子句，执行结果只显示受影响的行数，不显示具体查询结果。想要看查询结果，可以执行“select * from new_employee”。

【例题 12】 从员工表 employee 中查询员工“童金星”的工资。

语句：
```
SELECT  salary 工资
FROM  employee
WHERE  EmployeeName = '童金星'
```

执行结果如图 3-26 所示。

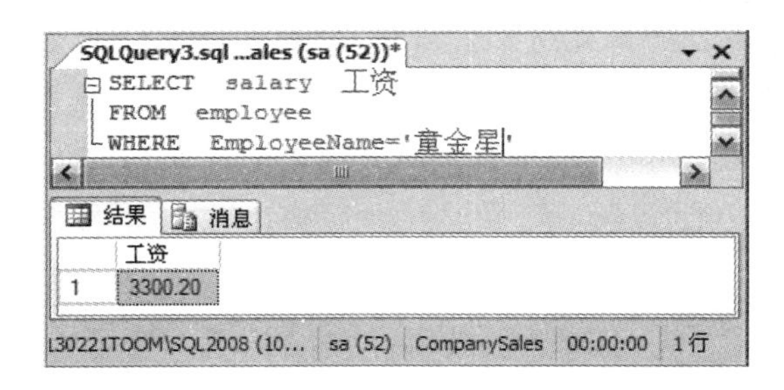

图 3-26　执行结果

说明：本题中给出员工姓名，要求查询该员工的工资。我们知道员工姓名存在 employee 表的 EmployeeName 字段中，员工工资存在 employee 表的 Salary 字段中，此题是从 employee 表中查询满足条件的记录，而不是所有记录，需要用到“WHERE”子句。WHERE 后面加查询条件的最简单的格式是：字段名＝给出的条件值，本题给出的条件就是“童金星”，对应字段是 EmployeeName，EmployeeName 的字段类型为字符型，需要用引号引上给出的值，要查询的只有 salary 字段，语句中给该字段起了别名“工资”。

【例题 13】 在 CompanySales 数据库的员工表 employee 中，查询工资大于 3000 元的员工信息。

语句：SELECT * FROM employee WHERE Salary > 3000

执行结果如图 3-27 所示。

SQLQuery3.sql ...ales (sa (52))*

```
FROM employee WHERE Salary>3000
```

结果 | 消息

	EmployeeID	EmployeeName	Sex	BirthDate	HireDate	Salary	DepartmentID
1	1	章宏	男	1969-10-28 00:00:00	2005-04-30 00:00:00	3100.00	1
2	2	李立三	女	1980-05-13 00:00:00	2003-01-20 00:00:00	3460.20	1

查询已成功执行。 | PC-20130221TOOM\SQL2008 (10... | sa (52) | CompanySales | 00:00:00 | 48 行

图 3-27　执行结果

说明：本题是有条件的查询，需要用到“WHERE”子句。题目中要求查询出员工的信息，没有说具体查询什么信息，这种情况就查询所有信息，用最简单的语句“SELECT *”，查询条件是工资大于 3000 元，而工资是存在 Salary 字段中，所以 WHERE 后面的查询条件是“Salary>3000”。查询结果中只包含工资大于 3000 元的员工，共查出 48 行。如果事先没有打开 CompanySales 数据库，语句可以改写为：

```
SELECT * FROM CompanySales.dbo.employee WHERE Salary > 3000
```

此语句可以在任意数据库下执行，而上面的语句只能在 CompanySales 数据库下执行。

【例题 14】 在 CompanySales 数据库的员工表 employee 中，查询工资在 3400 元以下的女性员工姓名和工资信息。

语句：
```
SELECT EmployeeName 姓名,salary 工资
FROM employee
WHERE sex = '女' and salary < 3400
```

执行结果如图 3-28 所示。

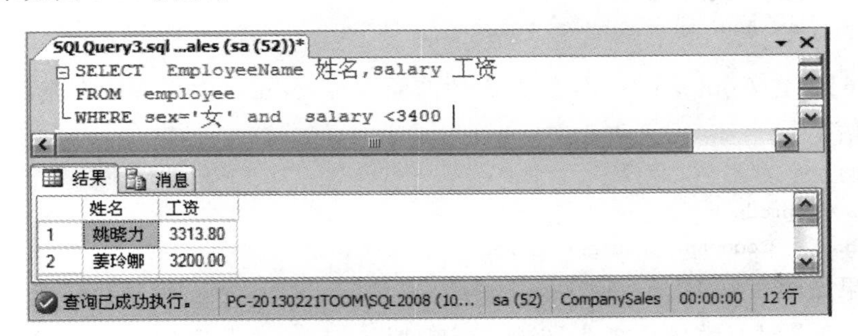

图 3-28　执行结果

说明：本题是有条件的查询，需要用到“WHERE”子句。题目中给出两个条件，一个是“工资在 3400 元以下”，因为工资存在 salary 字段中，所以此条件表示为：salary <3400，另一个条件是“女性员工”，员工的性别存在 sex 字段中，查看表中数据可以知道 sex 字段存的

是“男”或“女”，所以此条件写为：sex='女'。两个条件需要同时满足，所以两个条件之间用“and”连接。

题目只要求查询员工姓名和工资，所以 select 关键字后面只要写出员工姓名和工资两个字段名即可，分别为 EmployeeName 和 salary。为了便于查看，SQL 语句中为两个字段定义了汉字的别名。

【例题 15】 查询 CompanySales 数据库的员工表(employee)中，工资在 5000～7000 元之间的员工信息。

语句：
```
SELECT  * FROM  employee
WHERE salary between 5000 and 7000
```
执行结果如图 3-29 所示。

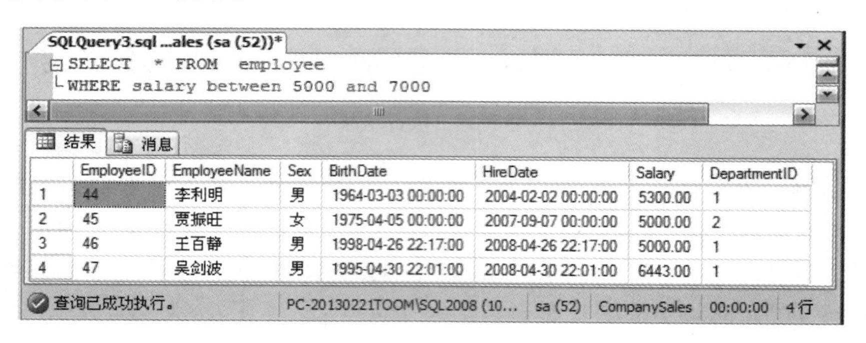

	EmployeeID	EmployeeName	Sex	BirthDate	HireDate	Salary	DepartmentID
1	44	李利明	男	1964-03-03 00:00:00	2004-02-02 00:00:00	5300.00	1
2	45	贾振旺	女	1975-04-05 00:00:00	2007-09-07 00:00:00	5000.00	2
3	46	王百静	男	1998-04-26 22:17:00	2008-04-26 22:17:00	5000.00	1
4	47	吴剑波	男	1995-04-30 22:01:00	2008-04-30 22:01:00	6443.00	1

图 3-29　执行结果

说明：本题的查询条件是“工资在 5000～7000 元之间”，where 关键字后面用到了“between…and”语句。“between…and”语句的用法是：“字段名 between 值 1 and 值 2”，该语句等价于“字段名>=值 1 and 字段名<=值 2”，值范围包括值 1 和值 2 两个边界。此语句在当前的数据库中只查出 4 条满足条件的记录。

题目要求查询满足条件的员工“信息”，没说具体哪些信息就表示查询所有，用“select *”即可。该语句还可以写为

```
SELECT  * FROM  employee
WHERE salary>= 5000 and salary<= 7000
```

【例题 16】 在 CompanySales 数据库的商品表(Product)中查询库存量在 1000～3000 之间的商品信息。

语句：
```
SELECT  *
FROM  product
WHERE  ProductStockNumber between 1000 and 3000
```
执行结果如图 3-30 所示。

说明：库存量对应的字段名是 ProductStockNumber，此题目与例题 15 类似。WHERE 关键字后面的条件可以改为：ProductStockNumber >=1000 and ProductStockNumber <= 3000，此语句在当前的数据库中只查出一条满足条件的记录。

【例题 17】 在 CompanySales 数据库的销售订单表(Sell_order)中，查询员工编号为 1、5 和 7 的员工接收订单信息。

SQLQuery1.sql ...ales (sa (52))*
SELECT *
FROM product
WHERE ProductStockNumber between 1000 and 3000
结果
消息
ProductID ProductName Price ProductStockNumber ProductSellNumber
1 2 果冻 1.00 2000 1000
查询已成功执行。
PC-20130221TOOM\SQL2008 (10...
sa (52)
CompanySales
00:00:00
1 行

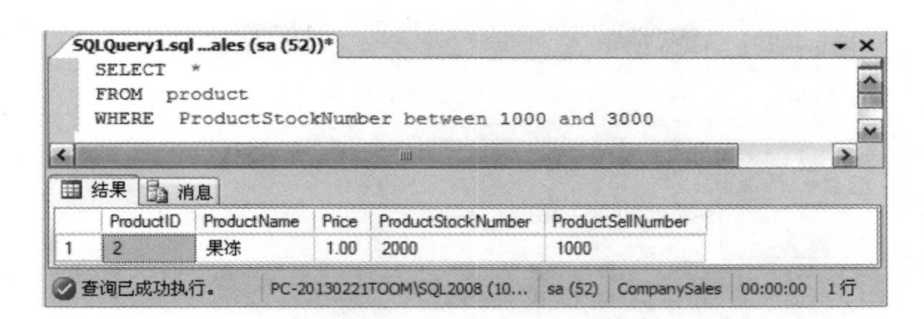

图 3-30　执行结果

语句：SELECT　*
　　　FROM Sell_Order
　　　WHERE employeeID IN (1,5,7)

执行结果如图 3-31 所示。

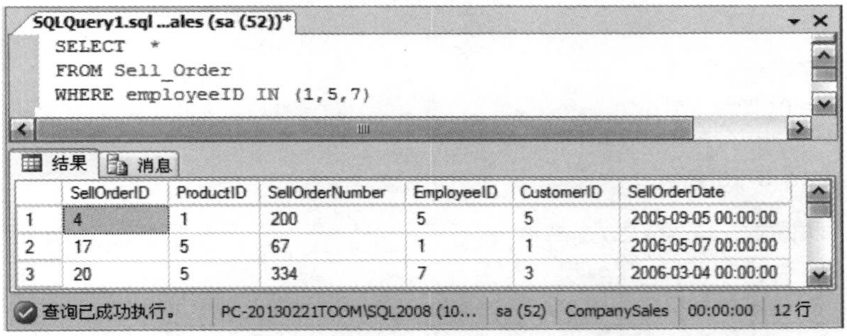

SQLQuery1.sql ...ales (sa (52))*
SELECT *
FROM Sell_Order
WHERE employeeID IN (1,5,7)
结果
消息
SellOrderID ProductID SellOrderNumber EmployeeID CustomerID SellOrderDate
1 4 1 200 5 5 2005-09-05 00:00:00
2 17 5 67 1 1 2006-05-07 00:00:00
3 20 5 334 7 3 2006-03-04 00:00:00
查询已成功执行。
PC-20130221TOOM\SQL2008 (10...
sa (52)
CompanySales
00:00:00
12 行

图 3-31　执行结果

说明：题目要求查询订单信息，没指明具体什么信息，表示查询所有订单信息，用“SELECT　*　FROM Sell_Order”，查询条件是“查询员工编号为 1、5 和 7”，如果只是查询员工编号为 1 的，条件可写为“employeeID=1”，但本题要求不是只查一个员工的，是三个员工的订单，条件可以写成“employeeID=1 or employeeID=3 or employeeID=5”。用“or”连接多个条件，表示只要满足其中任何一个条件即可，这样写条件是正确的，符合题目要求，但语句有点儿长，用“in”语句可以简化这个条件。“字段名 in (值 1,值 2,值 3,…)”等价于“字段名=值 1or 字段名=值 2 or 字段名=值 3…”，括号中的多个值用半角逗号分隔，如果值是数字型，直接写，如果是字符型，需要逐个用引号括上。本题中员工编号是 int 型。

【例题 18】 在 CompanySales 数据库的销售订单表(Sell_order)中，查询不是员工编号为 1、5 和 7 的员工接收订单信息。

语句：SELECT　*
　　　FROM Sell_Order
　　　WHERE employeeID NOT　IN (1,5,7)

执行结果如图 3-32 所示。

说明：本题目与例题 17 类似，区别是例题 17 查询三个员工的订单，本题查询除了这三个员工之外其他员工的订单，是需要把这三名员工的订单信息去掉。查询条件可以写为“employeeID <> 1 and employeeID <> 3 and employeeID <> 5”，用“and”连接多个不等于的

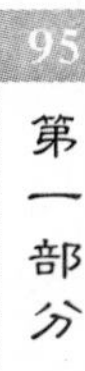

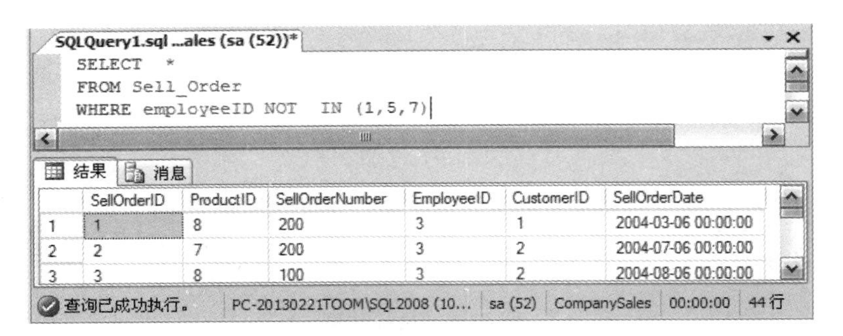

图 3-32　执行结果

条件，表示不等于其中的任何一个，用“not in”语句可以简化这个条件。“字段名 not in（值 1，值 2，值 3，…）”等价于“字段名<>值 1 and 字段名<>值 2　and 字段名<>值 3…”。

【例题 19】　在 CompanySales 数据库的员工表 employee 中找出所有姓“章”的员工信息。

语句：
```
SELECT   *
FROM employee
WHERE  employeeName   LIKE   '章%'
```
执行结果如图 3-33 所示。

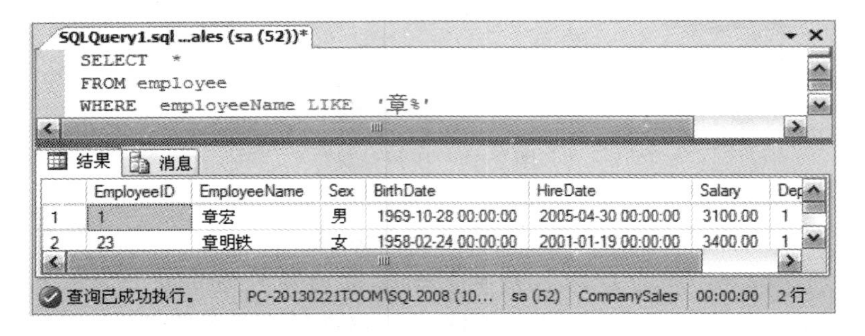

图 3-33　执行结果

说明：本题条件是查询“姓章”的员工信息，表明查找名字中第一个字为“章”的员工。查询字段值中包括什么字符，通常用到两个通配符百分号“%”和下画线“_”，“%”代表该位置可以有任意多字符，“_”代表该位置只能有一个字符。使用通配符进行查询需要用“like”关键字，而不能用等号。本题中“employeeName LIKE '章%'”表示查找 employeeName 字段值中第一个字是“章”，后面任意多个字的所有记录。本题查询结果是两条，有姓章两字名的，也有姓章三字名的。

【例题 20】　在 CompanySales 数据库的员工表 employee 中找出所有姓“李”和姓“章”的员工信息。

语句：`SELECT  *  FROM employee WHERE employeeName LIKE  '[李,章]%'`

或：`SELECT  *  FROM employee WHERE substring(employeeName,1,1) in ('李','章')`

或：`SELECT  *  FROM employee WHERE left(employeeName,1) in ('李','章')`

执行结果如图 3-34 所示。

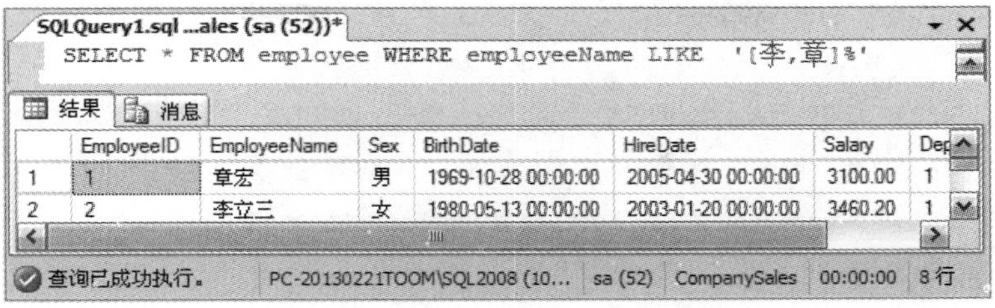

SQLQuery1.sql ...ales (sa (52))*

```
SELECT * FROM employee WHERE employeeName LIKE '[李,章]%'
```

结果 | 消息

	EmployeeID	EmployeeName	Sex	BirthDate	HireDate	Salary	Dep
1	1	章宏	男	1969-10-28 00:00:00	2005-04-30 00:00:00	3100.00	1
2	2	李立三	女	1980-05-13 00:00:00	2003-01-20 00:00:00	3460.20	1

查询已成功执行。 | PC-20130221TOOM\SQL2008 (10... | sa (52) | CompanySales | 00:00:00 | 8 行

图 3-34　执行结果

说明：一个语句有多种写法，“like '[A,B,C]%'”表示第一个字符是 A 或 B 或 C 中的任意一个，后面字符任意。本题第一种 SQL 语句条件“employeeName LIKE '[李,章]%'”表示的就是将姓李和姓章的员工都找出来，语句等价于“employeeName LIKE '李%' or employeeName LIKE '章%'”。

第二条语句用到 substring(expression,start,lengh)取子串函数，该函数有三个参数，第一个参数是要取子串的字符串，第二个参数表示从字符串的第几位开始取子串，第三个参数表示子串取多少位。本题“substring(employeeName,1,1)”表示从 employeeName 字段中第一位开始取，取出一位，就是只取出名字中的“姓”，然后用到 in 子句，判断“姓”等于“李”或者等于“章”。

第三条语句用到 left()函数，从左侧取子串。substring()函数可以从任意位置开始取子串，而 left()函数只能从左侧取。还有一个 right()函数是从右侧取子串。本题中“left(employeeName,1)”表示从 employeeName 字段左侧，也就是从第一位开始取，取出一位，只取出名字中的“姓”，之后同样用 in 语句判断“姓”等于“李”或者等于“章”。

SQL Server 常用函数用法见附录 A。

【例题 21】 在 CompanySales 数据库的员工表 employee 中找出所有姓“李”的，名为一个汉字的员工信息。

语句：SELECT * FROM employee WHERE employeeName LIKE '李_'

执行结果如图 3-35 所示。

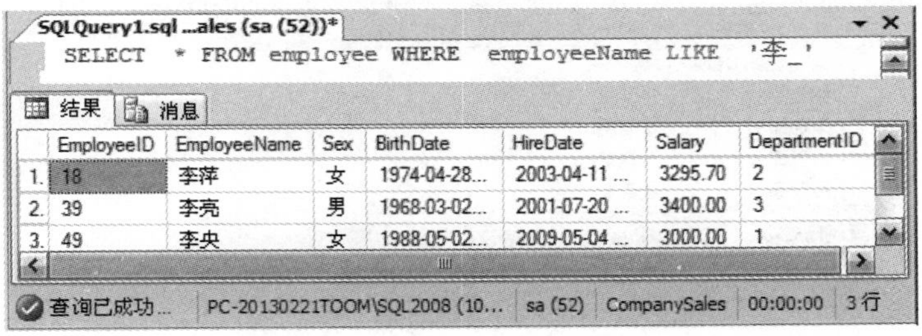

SQLQuery1.sql ...ales (sa (52))*

```
SELECT * FROM employee WHERE employeeName LIKE '李_'
```

结果 | 消息

	EmployeeID	EmployeeName	Sex	BirthDate	HireDate	Salary	DepartmentID
1.	18	李萍	女	1974-04-28...	2003-04-11 ...	3295.70	2
2.	39	李亮	男	1968-03-02...	2001-07-20 ...	3400.00	3
3.	49	李央	女	1988-05-02...	2009-05-04 ...	3000.00	1

查询已成功... | PC-20130221TOOM\SQL2008 (10... | sa (52) | CompanySales | 00:00:00 | 3 行

图 3-35　执行结果

说明：SQL Server 中有两个通配符：百分号“%”和下画线“_”。百分号“%”代表该位置可以有任意多字符，下画线“_”代表该位置只能有一个字符。本题要求查询名为一个汉字的，需要用“_”通配符，查询出姓名中第一个字是“李”，第二字为任意字，但姓名只能是两个字的员工。

【例题 22】 在 CompanySales 数据库的员工表 employee 中找出所有不姓“李”的员工信息。

语句：`SELECT * FROM employee WHERE employeeName not LIKE '李%'`

或：`SELECT * FROM employee WHERE employeeName LIKE '[^李]%'`

或：`SELECT * FROM employee WHERE left(employeeName,1)<> '李'`

执行结果如图 3-36 所示。

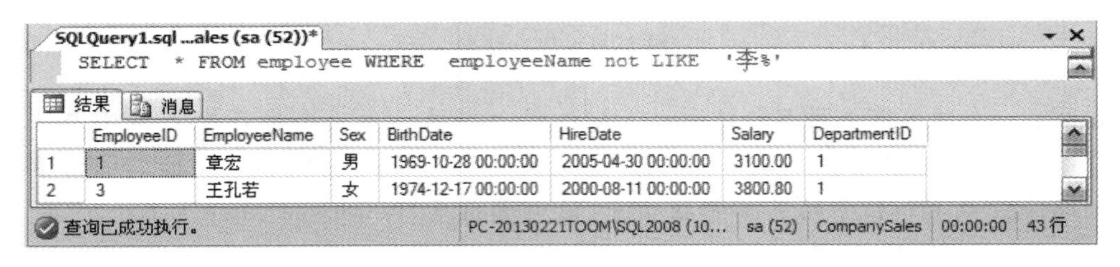

图 3-36　执行结果

说明：查找姓“李”的员工信息，条件可以写为“employeeName LIKE '李%'”，本题目要求查找不姓“李”的。方法一：在“LIKE”前面加一个“not”，条件写为“employeeName not LIKE '李%'”。方法二：使用条件“employeeName LIKE '[^李]%'”，这里的“^”符号表示否定，否定方括号中的所有项，例如，“LIKE '[^李,张,王]%'”表示既不姓李，也不姓张和王。方法三：可以用取子串函数取出员工的姓，然后和“李”比较。

【例题 23】 在 CompanySales 数据库部门表 department 中，查找目前有哪些主管位置不为空。

语句：
```
SELECT  DepartmentName,Manager
FROM  department
WHERE manager IS NOT  NULL
```

执行结果如图 3-37 所示。

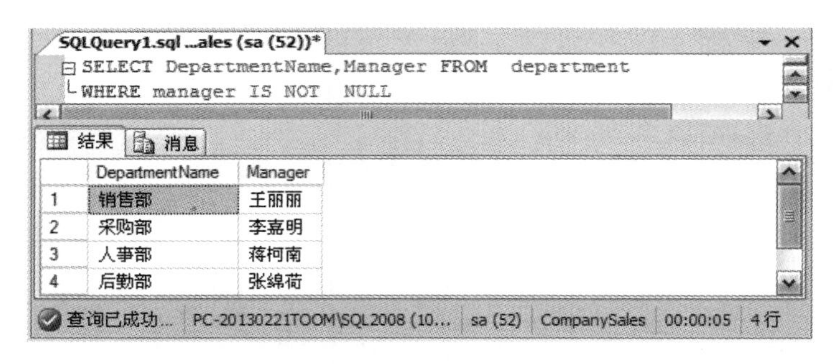

图 3-37　执行结果

说明：“空”是数据库中一种特殊的值，不表示 0，也不表示空格，不能用等于或不等于来判断，判断字段内容为空，应该写为“字段名 is null”，判断字段内容不为空，应该写为“字段名 is not null”。关于“空”值是很多读者一时难以理解的，需多加练习巩固。

【例题 24】 在 CompanySales 数据库的员工表 employee 中，按工资降序显示员工信息，工资相同时按姓名升序排序。

语句：
```
SELECT  *
FROM employee
ORDER BY salary  DESC , employeeName ASC
```
执行结果如图 3-38 所示。

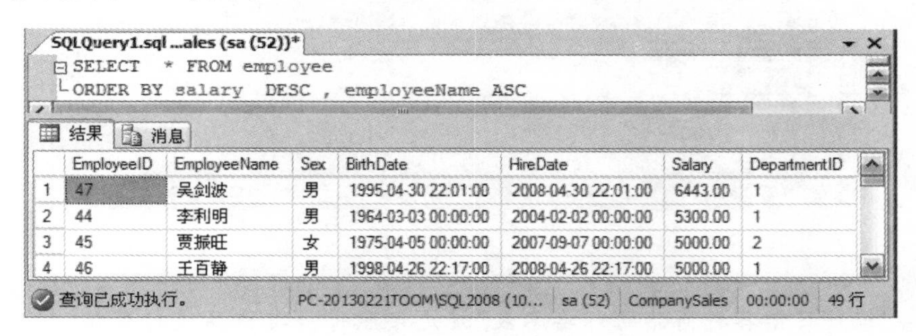

	EmployeeID	EmployeeName	Sex	BirthDate	HireDate	Salary	DepartmentID
1	47	吴剑波	男	1995-04-30 22:01:00	2008-04-30 22:01:00	6443.00	1
2	44	李利明	男	1964-03-03 00:00:00	2004-02-02 00:00:00	5300.00	1
3	45	贾振旺	女	1975-04-05 00:00:00	2007-09-07 00:00:00	5000.00	2
4	46	王百静	男	1998-04-26 22:17:00	2008-04-26 22:17:00	5000.00	1

图 3-38 执行结果

说明：将查询结果进行重新排序需要用到“ORDER BY”子句，后面的<排序表达式>可以是一个或多个字段名。如果是按多个字段排序，表示先按第一个字段排，第一个字段值相同的再按照第二个字段排，以此类推。排序方式有升序和降序两种，升序的关键字是“ASC”，降序的关键字是“DESC”，默认是升序，可以省略 ASC。

【例题 25】 在 CompanySales 数据库的员工表 employee 中，查询男女员工的平均工资。

语句：
```
SELECT  sex 性别, AVG(salary)平均工资
FROM employee
GROUP BY sex
```
执行结果如图 3-39 所示。

SQLQuery1.sql ...ales (sa (52))*

SELECT sex 性别,AVG(salary) 平均工资 FROM employee GROUP BY sex

结果　消息

	性别	平均工资
1	男	3686.3307
2	女	3457.80

查询已成功执行。　PC-20130221TOOM\SQL2008 (10...　sa (52)　CompanySales　00:00:00　2 行

图 3-39 执行结果

说明：“查询男女员工的平均工资”就是将员工按照性别分为两组，再分别求每一组的平均工资。分组需要用到“GROUP BY”子句，后面的<分组表达式>可以是一个或多个字段名。如果是多个字段名，表示按照这些字段值的不同组合来分组。求平均工资用到求平均数的聚合函数 AVG()。使用“GROUP BY”子句后，“SELECT”后面的<输出列表>中所有未用到聚合函数的列都要放在“GROUP BY”子句后作为分组条件。为了方便查看，语句中将查询结果“sex”和“AVG(salary)”分别定义了汉字别名。

【例题 26】 在销售订单表 Sell_Order 表中，统计目前各种商品的订单总数。

语句：
```
SELECT productID 商品编号, SUM(SellOrderNumber)订单总数
FROM Sell_Order
GROUP BY productID
```

执行结果如图3-40所示。

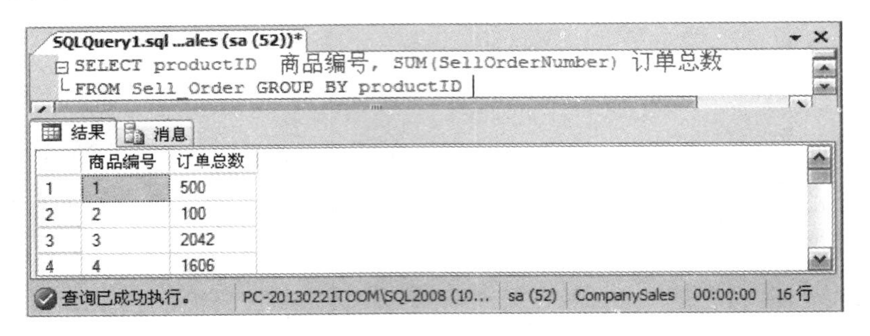

图 3-40　执行结果

说明："统计目前各种商品的订单总数"就是按照每一类商品进行分组，然后分别统计每一组的订单总和。分组需要用到"GROUP BY"子句，后面的<分组表达式>可以是一个或多个字段名。求订单总数用到求总和的聚合函数SUM()，Sell_Order表中表示商品的字段是"productID"商品编号，标识销售的是哪一种商品。所以按照题目要求，需要按照商品编号productID分组，计算每一组的销售数量SellOrderNumber的总和。为了方便查看，语句中将查询结果分别定义了汉字别名。

【例题27】 在销售订单表Sell_Order表中，查询目前订单总数超过1000的商品订单信息。

语句：
```
SELECT productID 商品编号, SUM(SellOrderNumber)订单总数
FROM Sell_Order
GROUP BY productID
HAVING SUM(SellOrderNumber)> 1000
```

执行结果如图3-41所示。

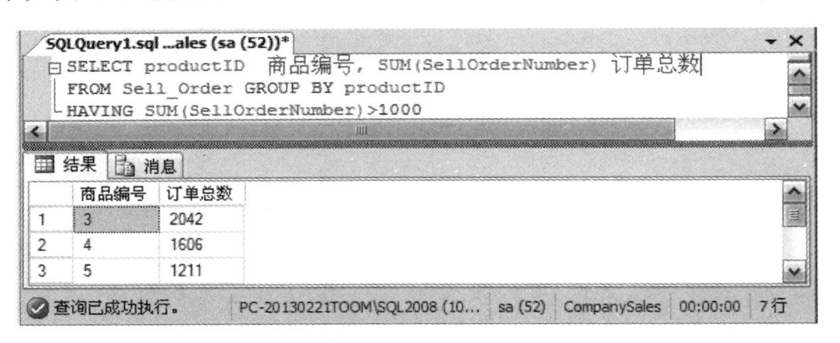

图 3-41　执行结果

说明：本题是在例题26查询结果的基础上进一步筛选，只显示"订单总数超过1000"的商品订单信息。对用聚合函数计算后的结果再进行筛选需要用"HAVING"子句，而不能使用"WHERE"子句。WHERE可以对进行聚合计算之前的数据进行筛选，对聚合后的结果筛选只能用"HAVING"。"HAVING"必须与"GROUP BY"子句配合使用，不可单独使用。

【例题28】 在销售订单表Sell_Order表中，查询订购两种以上商品的客户编号。

语句：
```
SELECT customerID 客户编号,count(DISTINCT productID) 订购商品种类
FROM sell_order
```

```
GROUP BY customerID
HAVING count(DISTINCT productID)> 2
```

执行结果如图 3-42 所示。

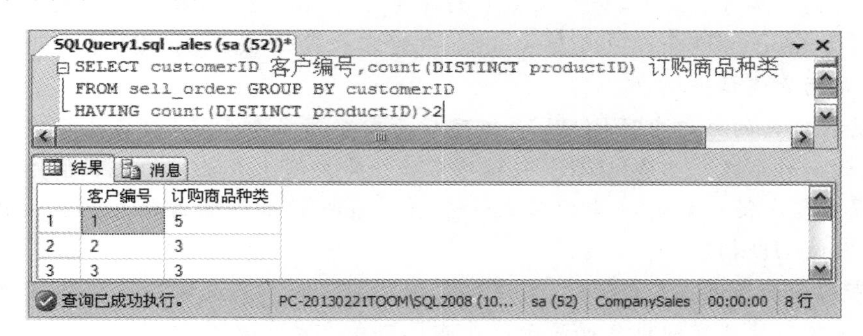

图 3-42 执行结果

说明："查询每个客户编号订购的商品数量"需要对代表客户的字段 customerID 进行分组，分别计算每一组订购了多少种商品。统计种类用到计数的聚合函数 COUNT()，COUNT()函数是聚合函数中唯一一个可以用星号作参数的函数，COUNT(＊)表示统计所有满足条件行数，用字段名作参数表示统计该字段不为空的行数，在字段名前面加"DISTINCT"关键字的作用是去掉重复值。本题目要求"查询订购两种以上商品的客户编号"就是对统计出来的每个客户订购的商品种数再进行条件筛选，只显示两种以上的，对聚合函数计算的结果进行筛选需要用"HAVING"子句，而不能用"WHERE"子句，WHERE 可以对进行聚合计算之前的数据进行筛选，对聚合后的结果筛选只能用"HAVING"。"HAVING"必须与"GROUP BY"子句配合使用，不可单独使用。

(3) 连接查询

【例题 29】 查询已订购了商品的客户名称，联系人姓名和所订商品编号和订购数量。

语句：

```
SELECT CompanyName,Contactname,productID, sellOrderNumber
FROM customer , Sell_order
Where  customer.customerID = Sell_order.customerID
```

或：

```
SELECT CompanyName,Contactname,productID, sellOrderNumber
FROM customer inner join Sell_order
on  customer.customerID = Sell_order.customerID
```

执行结果如图 3-43 所示。

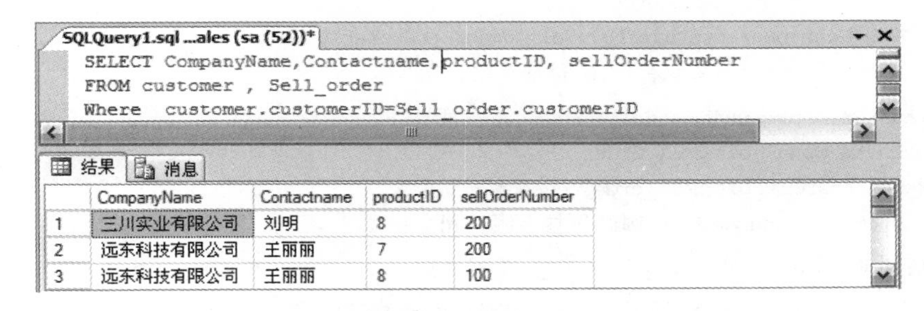

图 3-43 执行结果

说明：要查询的内容不是完全在一个表中，需要进行多表连接查询，需要连接查询的多个表之间必须有关联字段。"客户名称、联系人姓名"存在客户表 customer 中，"订购的信息，包括所订商品编号和订购数量"在销售订单表 Sell_order 中，销售订单表 Sell_order 中的客户编号 customerID 和客户表 customer 中的客户编号 customerID 相关联。本题目涉及两个表，是两表连接查询。

多表连接查询的语句中"FROM"关键字后面需要写多个表名，表名之间用半角逗号分隔(内连接的一种形式)。"WHERE"关键字后面一定要写上表之间的关联条件。本题目的关联条件是：客户表 customer 中的客户编号 customerID 和销售订单表 Sell_order 中的客户编号 customerID 相等。

连接查询分为内连接和外连接，内连接是指只查询两个表关联字段值相匹配的信息查询，外连接是将不能匹配的信息也显示。外连接又分为左外连接、右外连接和全外连接。内连接查询语句有两种写法，一种是 FROM 关键字后面直接加多个表名，表名之间用半角逗号分隔，表之间的关联条件写在 WHERE 关键字后面；第二种方式是 FROM 关键字后面多个表名之间用 inner join 连接符连接，关联条件写在 ON 关键字后面。

关于语句中涉及的列名，如果该列只存在一个表中，可以直接写列的名字，例如"SELECT"语句中的客户名称 CompanyName、联系人姓名 Contactname、商品编号 productID、订购数量 sellOrderNumber；如果该列在两个表或多个表中都存在，列名相同，使用时必须在列名前面加上"表名."，例如"customerID"列，该列在两个表中都存在，必须冠上表名再使用，否则会出错，出错信息如图 3-44 所示。

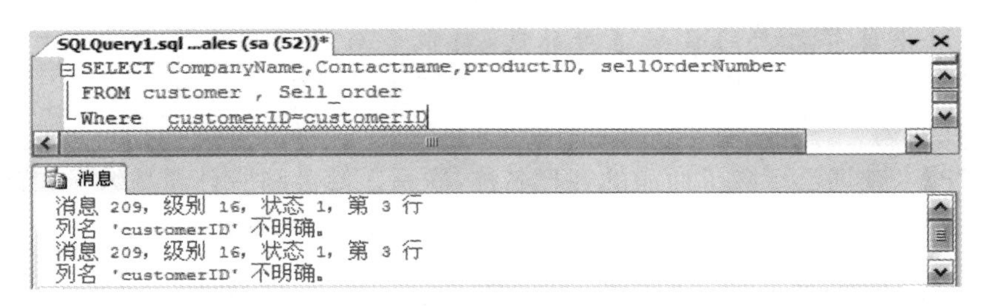

图 3-44 出错信息

【例题 30】 查询"国皓科技有限公司"的订单信息。

语句：
```
SELECT customer.companyName,Sell_order.*
FROM customer , Sell_order
WHERE customer.customerID = Sell_order.customerID and
customer.companyName = '国皓科技有限公司'
```

或：
```
SELECT customer.companyName,Sell_order.*
FROM customer inner join Sell_order
on customer.customerID = Sell_order.customerID
where customer.companyName = '国皓科技有限公司'
```

执行结果如图 3-45 所示。

说明："国皓科技有限公司"是指客户名称，存储在客户表 customer 中的 companyName 字段，订单信息存储在销售订单表 Sell_order 中，本题目是涉及两个表的连接查询，两个表的关联字段是客户编号 customerID。

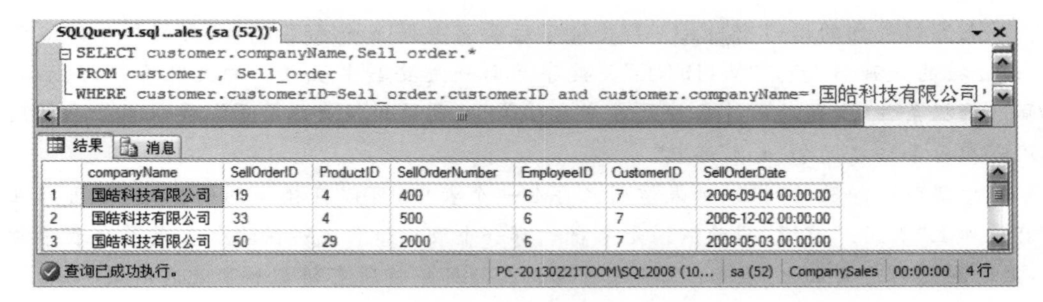

	companyName	SellOrderID	ProductID	SellOrderNumber	EmployeeID	CustomerID	SellOrderDate
1	国皓科技有限公司	19	4	400	6	7	2006-09-04 00:00:00
2	国皓科技有限公司	33	4	500	6	7	2006-12-02 00:00:00
3	国皓科技有限公司	50	29	2000	6	7	2008-05-03 00:00:00

图 3-45　执行结果

【例题 31】 查询"国皓科技有限公司"订购的商品信息,包括商品名称、商品价格和订购的数量。

语句:
```
SELECT product.productName, product.price, Sell_order.sellOrderNumber
FROM   customer, Sell_order, product
Where customer.customerID = Sell_order.customerID
      and Sell_order.productID = product.ProductID
      and customer.companyName = '国皓科技有限公司'
```

或

```
SELECT productName, price, sellOrderNumber
FROM   customer inner join Sell_order
on   customer.customerID = Sell_order.customerID
        inner join product on Sell_order.productID = product.ProductID
where customer.companyName = '国皓科技有限公司'
```

执行结果如图 3-46 所示。

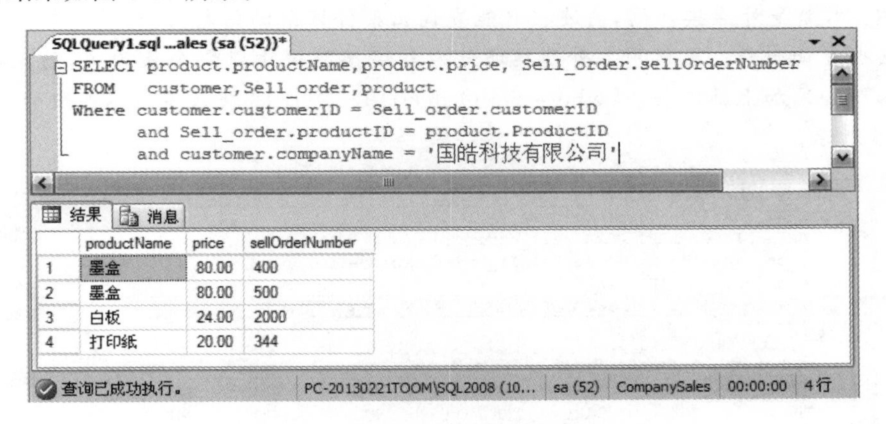

	productName	price	sellOrderNumber
1	墨盒	80.00	400
2	墨盒	80.00	500
3	白板	24.00	2000
4	打印纸	20.00	344

图 3-46　执行结果

说明: 本题目涉及三个表。"国皓科技有限公司"是指客户的名称,客户名称存储在客户表 customer 中 CompanyName 字段,"商品名称、商品价格"存储在商品表 Product 中的 ProductName 和 Price 字段,"订购数量"存储在销售订单表 Sell_order 中的 sellOrderNumber 字段,三个表是通过销售订单表 Sell_order 关联起来的,Sell_order 表的客户编号 customerID 和 customer 表中的 customerID 字段关联,Sell_order 表的商品编号 productID 和 product 表中的 productID 字段相关联。

多表连接查询的语句中"FROM"关键字后面需要写多个表名,表名之间用半角逗号分隔(内连接的一种形式)。"WHERE"关键字后面一定要写上表之间的关联条件,然后再写上筛选数据条件,本题的筛选条件是客户名称等于"国皓科技有限公司",要求多个条件同时满足需在各条件之间加"and"连接。

关于语句中涉及的列名,如果该列只存在一个表中,可以直接写列的名字,也可以在列名前面加上"表名."前缀,明确该列是来自于哪一个表;如果该列在两个表或多个表中都存在,必须在列名前面加上"表名.",不可省略。本题目中将所有列都加了表名前缀。

【例题 32】 查询是否所有的员工均接受了销售订单,包括员工的姓名和订单信息。

语句:
```
SELECT   employee.employeename,sell_order.*
FROM employee LEFT JOIN sell_order
on employee.employeeID = sell_order.employeeID
```

执行结果如图 3-47 所示。

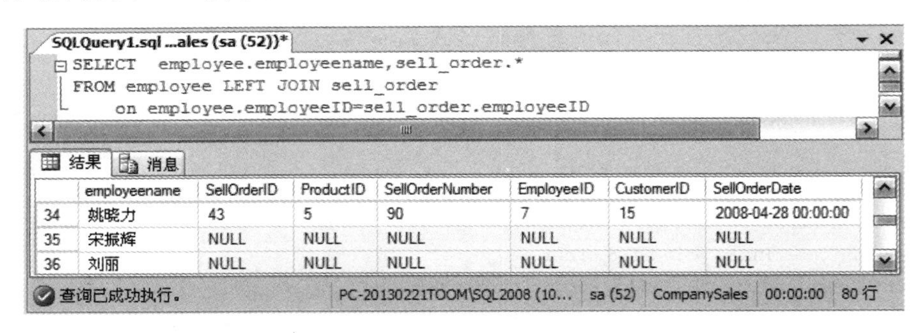

图 3-47 执行结果

说明:本题是外连接查询,内连接只能查询出条件匹配的信息,使用外连接才能将不匹配的信息也查询出来。具体用左外连接还是右外连接取决于以哪个表为主,为主的表在哪一侧。本题如果加上筛选条件"where SellOrderID IS NULL"就只显示不匹配的数据,结果如图 3-48 所示。

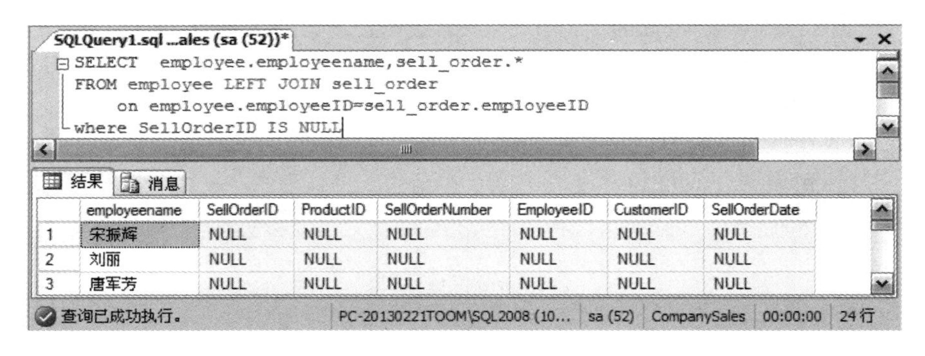

图 3-48 执行结果

【例题 33】 查询是否所有的产品都有订单。

语句:
```
SELECT   ProductName,Sell_Order.*
FROM   Product left JOIN   Sell_Order
on   Product.ProductID = Sell_Order.ProductID
```

执行结果如图 3-49 所示。

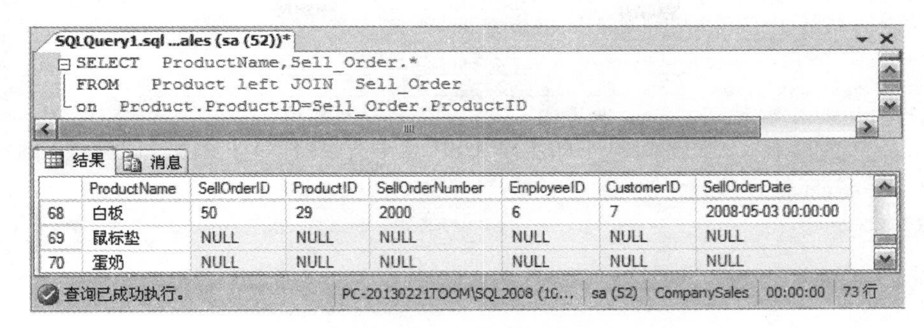

图 3-49　执行结果

说明：本题目也是典型的外连接题目，内连接只能查询出有订单的产品信息，使用外连接才能把没有订单的产品信息也显示出来，找不到匹配信息就显示为空。图 3-50 查询是只显示没有订单的产品信息。

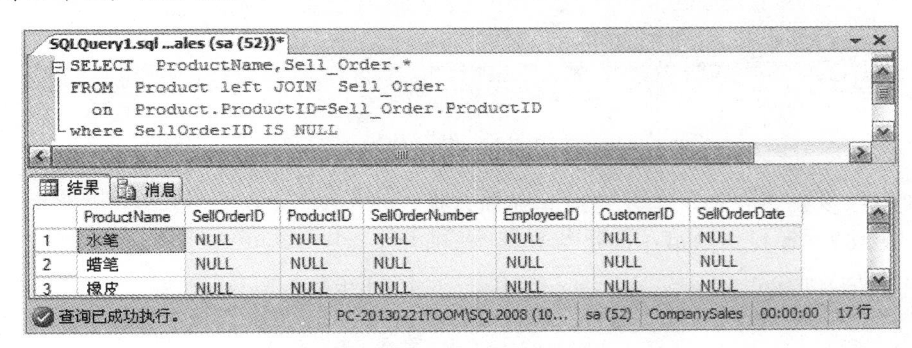

图 3-50　查询结果

【例题 34】　查询客户和商品的订购信息，包括客户名称、联系人姓名、订购的商品名称、订购的数量和订购日期。

语句：
```
SELECT C.CompanyName,C.Contactname,P.productName,
       S.sellOrderNumber,S.SellOrderDate
FROM   customer C,sell_order S,Product  P
Where  C.customerID = S.customerID and P.productID = S.productID
```

执行结果如图 3-51 所示。

(4) 嵌套查询

【例题 35】　查找员工"姚安娜"所在的部门名称。

语句：
```
SELECT departmentName 部门名称
FROM department
WHERE departmentID =
  (SELECT departmentID FROM employee   WHERE employeeName = '姚安娜')
```

改为连接查询：

语句：
```
SELECT departmentName 部门名称
FROM department  d,employee  e
WHERE d.departmentID = e.departmentID and EmployeeName = '姚安娜'
```

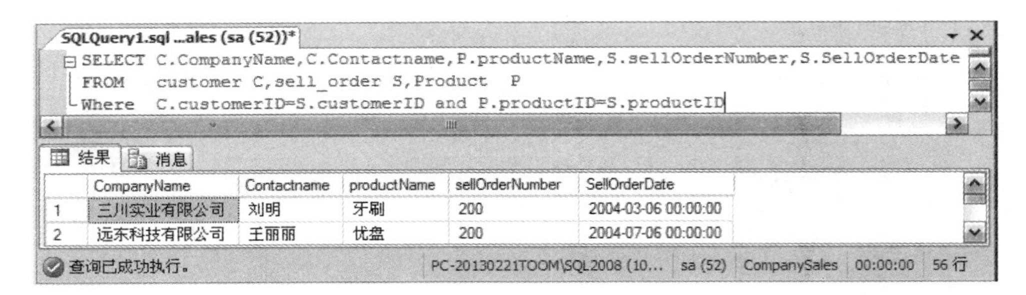

图 3-51　执行结果

执行结果如图 3-52 所示。

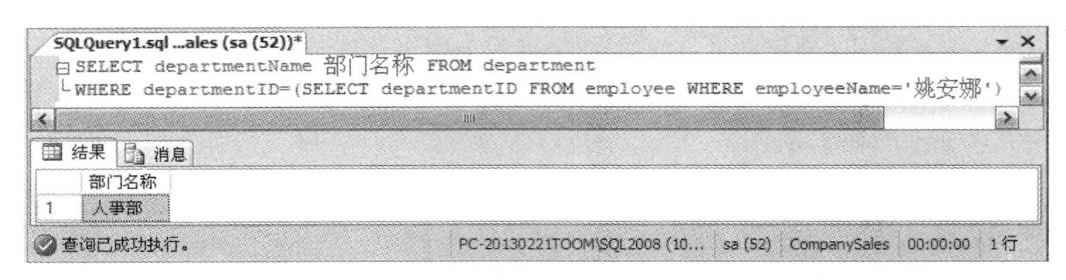

图 3-52　执行结果

说明：很多嵌套查询也可以用连接查询实现。

【例题 36】　查找年龄最小的员工姓名、性别和工资。

语句：SELECT employeeName 姓名,sex 性别,BirthDate 出生年月,salary 工资
　　FROM employee
　　WHERE BirthDate = (SELECT MAX(BirthDate) FROM employee)

改为连接查询：

```
SELECT employeeName 姓名,sex 性别,BirthDate 出生年月,salary 工资
FROM employee ,(SELECT MAX(BirthDate) bd FROM employee) m
WHERE BirthDate = bd
```

执行结果如图 3-53 所示。

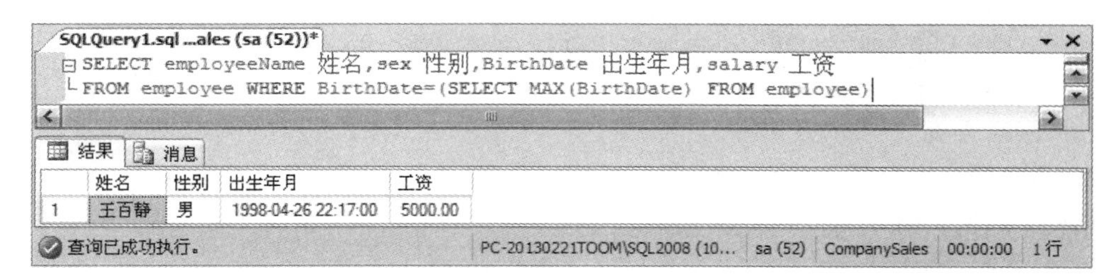

图 3-53　执行结果

【例题 37】　查询比平均工资高的员工的姓名和工资。

语句：SELECT employeeName 姓名,salary 工资
　　FROM employee

```
    WHERE salary>(SELECT avg(salary) FROM employee)
```

改为连接查询：

```
SELECT employeeName 姓名,salary 工资
FROM employee,(SELECT avg(salary) sa FROM employee) ss
WHERE salary> sa
```

执行结果如图 3-54 所示。

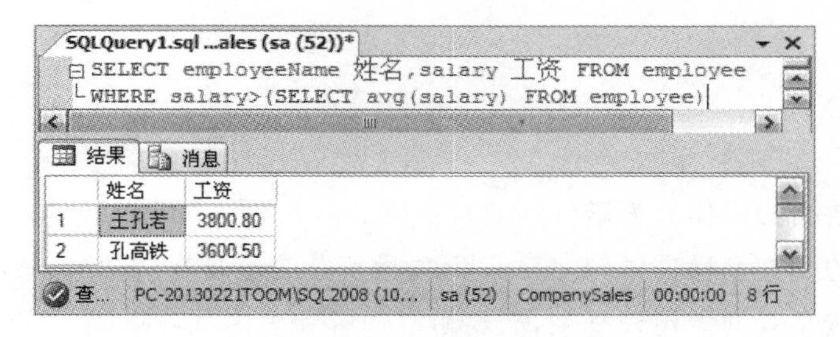

图 3-54 执行结果

【例题 38】 查询已经接收销售订单的员工姓名和工资信息。

语句：
```
SELECT EmployeeName 姓名,salary 工资
FROM employee
WHERE employeeID IN(SELECT employeeID FROM sell_order)
```

【例题 39】 查询目前没有接收销售订单的员工姓名和工资信息。

语句：
```
SELECT EmployeeName 姓名,salary 工资
FROM employee
WHERE employeeID NOT IN(SELECT employeeID FROM sell_order)
```

【例题 40】 查询订购牛奶的客户的名称和联系地址。

语句：
```
SELECT companyName 公司名称,address 地址
FROM customer
WHERE customerID in (SELECT customerID FROM sell_Order
WHERE productID = (SELECT productID FROM product WHERE productName = '牛奶'))
```

【例题 41】 利用相关查询,查询已经接收销售订单的员工姓名和工资信息。

语句：
```
SELECT employeeName, salary
FROM employee
WHERE exists (SELECT * FROM sell_order WHERE
              sell_order.employeeID = employee.employeeID)
```

或

```
SELECT employeeName, salary
FROM employee
WHERE employeeID in (SELECT employeeID FROM sell_order
    WHERE sell_order.employeeID = employee.employeeID )
```

或

```
SELECT employeeName, salary
FROM employee, sell_order
WHERE sell_order.employeeID = employee.employeeID
```

【例题 42】 查询所有订购了“鼠标”的公司名称和联系方式。

语句：
```
USE CompanySales
GO
select companyName 公司名称,contactName 联系人姓名,phone 电话
from customer
where customerID in (select customerID from sell_order
where productID = (select productID from product where productName = '鼠标'))
```

数据库中对数据的操作分为增(insert)、删(delete)、改(update)、查(select)4 种操作，其中使用频率最高的是查询操作语句 select，语法最复杂的也是查询语句。select 语句功能强大，但连接查询、嵌套查询语句较复杂，需要耐心理解和多多练习巩固。

一、增删改数据

1. 请使用 T_SQL 语句为 stuDB 数据库中的三个表添加数据，数据如表 3-15～表 3-17 所示。

表 3-15 Student 学生表

学 号	学生姓名	性 别	民 族	出生日期
1001	张海波	男	汉族	1996-1-1
1002	李华华	女	汉族	1997-1-4
1003	周杰伦	男	回族	1995-8-14
1004	欧阳苗苗	男	满族	1996-10-10
1005	吴怡雯	女	汉族	1998-11-1

表 3-16 Course 课程表

课 程 号	课 程 名	学 时	学 分	开课学期
1	C 语言程序设计	64	2	1
2	数据库原理	64	2	2
3	软件工程	32	1	2
4	算法分析与设计	64	2	3
5	微机组成原理	60	2	3

表 3-17　成绩表(SC)

课　程　号	学　　号	成　　绩
1	1001	98
1	1002	56
2	1001	89
3	1001	77

2. 在 bookDB 数据库中,编号为 2 的读者今天借阅编号为 5 的图书,请在 borrow 表中插入数据记录借阅信息。

3. 在 bookDB 数据库中,编号为 3 的读者今天借阅了《细节决定成败》,请在 borrow 表中插入数据记录借阅信息。

4. 在 bookDB 数据库中,编号为 2 的读者将 5 号图书归还,同时又借了一本《C# 程序设计教程》,请在 borrow 表中予以记载。

5. 在 bookDB 数据库中,2013 级学生书已全部归还,请将该年级全体学生的借书数目置零。

6. 2012 级学生已全部毕业,请在读者表中将该年级学生删除。

7.《射雕英雄传》这本书已经损坏无法借阅,请在图书表中删除该书(书全部归还才可删除)。

二、数据查询

以下为基于 bookDB 数据库的查询题。

简单查询:

1. 查询所有读者的信息。
2. 查询所有图书的信息。
3. 查询 2015 级学生读者的姓名、电话、借书数目,并显示汉字列名。
4. 查询所有图书的书名、作者、库存量,并显示汉字列名。
5. 统计每个年级的读者数量,显示为:年级、读者数量。
6. 查找借书数量在前两名的读者,显示汉字名称为:读者姓名,借书数量。
7. 查询前 5%的图书信息。
8. 统计所有图书的总册数和种类数量。
9. 在读者表中查询姓"田",且名字为两个汉字的读者全部信息。
10. 查询名字中含有"杰"字的读者的全部信息。
11. 查询 books 表中的图书有多少类别,显示出这些类别的名称,不显示重复信息。

连接嵌套查询:

12. 查询每种类型有多少种图书,显示:图书类型名称,图书数量。
13. 查询《射雕英雄传》这本书的借阅信息,显示:书名、读者姓名、借书日期。
14. 查询所有 2014 年级学生所借阅的图书信息,显示:年级、图书名、借阅日期。
15. 查询库存量最多和最少的图书信息,显示为:书名、作者和库存量。
16. 查询每位读者借过几本书,显示出读者的姓名和借书数量。

17. 查询哪些读者至今未借过一本书，查询出读者的读者编号、姓名、年级。

18. 查询借阅了编号为 2 的书的人还曾借过哪本书，显示这些书的全部信息。（不显示编号为的图书信息。）

19. 查询 2016 年 12 月份有哪本书被借阅。

理论题

一、选择题

1. 查询表 stock 中每个交易所的平均单价的 SQL 语句是(　　)。
   A. SELECT 交易所,AVG(单价)FROM stock GROUP BY 单价
   B. SELECT 交易所,AVG(单价)FROM stock ORDER BY 单价
   C. SELECT 交易所,AVG(单价)FROM stock GROUP BY 交易所
   D. SELECT 交易所,AVG(单价)FROM stock ORDER BY 交易所
2. 查询表 Employee 员工表中每个部门员工平均工资的 SQL 语句是(　　)。
   A. select DepartmentID,avg(Salary) from Employee group by Salary
   B. select DepartmentID,avg(Salary) from Employee order by Salary
   C. select DepartmentID,avg(Salary) from Employee group by DepartmentID
   D. select DepartmentID,avg(Salary) from Employee order by DepartmentID
3. 使用 SQL 语句进行分组检索，为了去掉不满足条件的分组，应当(　　)。
   A. 使用 WHERE 子句
   B. 先使用 WHERE 子句，再使用 HAVING 子句
   C. 先使用 HAVING 子句，再使用 WHERE 子句
   D. 先使用 GROUP BY 子句，再使用 HAVING 子句
4. 关于查询语句中 ORDER BY 子句使用正确的是(　　)。
   A. 如果未指定排序字段，则默认按递增排序
   B. 如果降序排列，则必须使用 ASC 关键字
   C. 连接查询不允许使用 ORDER BY 子句
   D. ORDER BY 子句后面可以是一个字段，也可以是多个字段
5. 设 A、B 两个表的记录数分别为 3 和 5，对两个表执行交叉连接查询，查询结果中最多可获得(　　)条记录。
   A. 3　　B. 4　　C. 12　　D. 15
6. 查询员工工资信息时，结果按工资降序排列，正确的是(　　)。
   A. ORDER BY 工资　　B. ORDER BY 工资 desc
   C. ORDER BY 工资 asc　　D. ORDER BY 工资 dictinct
7. 模式查找 like '_a%'，下面哪个结果是可能的？(　　)
   A. aili　　B. bai　　C. bba　　D. cca
8. 模式查找 like '_b%'，下面哪个结果是可能的？(　　)
   A. aili　　B. bai　　C. bba　　D. cca
9. SQL 中，条件年龄 BETWEEN 15 AND 35 表示年龄在 15～35 之间，且(　　)。

A. 包括15岁和35岁　　　　B. 不包括15岁和35岁

C. 包括15岁但不包括35岁　　　　D. 包括35岁但不包括15岁

10. 现有书目表book,包含字段：价格price (float),类别type(char);现在查询各个类别的平均价格、类别名称,以下语句正确的是(　　)。(选择一项)

A. select avg(price),type from book group by type

B. select count(price),type from book group by price

C. select avg(price),type from book group by price

D. select count (price),type from book group by type

11. 通过SQL,如何从Persons表中选取FirstName列的值以“a”开头的所有记录？(　　)

A. SELECT * FROM Persons WHERE FirstName LIKE 'a%'

B. SELECT * FROM Persons WHERE FirstName='a'

C. SELECT * FROM Persons WHERE FirstName LIKE '%a'

D. SELECT * FROM Persons WHERE FirstName='%a%'

12. SQL Server 提供了一些字符串函数,以下说法错误的是(　　)。(选择一项)

A. select right('hello',3)返回值为：hel

B. select ltrim(rtrim('hello'))返回值为：hello(前后都无空格)

C. select replace('hello','e','o')返回值为：hollo

D. select len('hello')返回值为：5

13. 现有表book1,主键bookid设为标识列。若执行语句：select * into book2 from book1,以下说法正确的是(　　)。(选择两项)

A. 若数据库中已存在表book2,则会提示错误

B. 若数据库中已存在表book2,则语句执行成功,并且表book2中的bookid自动设为标识

C. 若数据库中不存在表book2,则语句执行成功,并且表book2中的bookid自动设为主键

D. 若数据库中不存在表book2,则语句执行成功,并且表book2中的bookid自动设为标识

14. 下面哪两个是用于SQL Server中模糊查询的通配符？(　　)

A. _　　B. *　　C. ?　　D. %

15. 用于求系统日期的函数是(　　)。

A. YEAR()　　B. GETDATE()　　C. COUNT()　　D. SUM()

16. 以下(　　)语句从表TABLE_NAME中提取前10条记录。(选择一项)

A. select * from TABLE_NAME where rowcount=10

B. select TOP 10 * from TABLE_NAME

C. select TOP percent 10 * from TABLE_NAME

D. select * from TABLE_NAME where rowcount<=10

17. 现有书目表book,包含字段：price (float);现在查询一条书价最高的书目的详细信息,以下语句正确的是(　　)。(选择一项)

A. select top 1 * from book order by price asc

B. select top 1 * from book order by price desc(降序)

C. select * from book where price= max(price)

D. select top 1 * from book where price= max(price)

18. 在SQL查询时,使用WHERE子句指出的是(　　)。

A. 查询目标　　B. 查询条件　　C. 查询视图　　D. 查询结果

19. 下列聚合函数中正确的是(　　)。

A. SUM(*)　　B. MAX(*)

C. COUNT(*)　　D. AVG(*)

20. 查找student表中所有电话号码(列名：telephone)的第一位为8或6,第三位为0的电话号码(　　)。(选择一项)

A. SELECT telephone FROM student WHERE telephone LIKE '[8,6]%0*'

B. SELECT telephone FROM student WHERE telephone LIKE '(8,6)*0%'

C. SELECT telephone FROM student WHERE telephone LIKE '[8,6]_0%'

D. SELECT telephone FROM student WHERE telephone LIKE '[8,6]_0*'

21. 通过SQL,如何从Persons表中选取所有的列?(　　)

A. SELECT [all] FROM Persons　　B. SELECT Persons

C. SELECT * FROM Persons　　D. SELECT *.Persons

22. 通过SQL,如何从Persons表中选取FirstName列的值等于Peter的所有记录?(　　)

A. SELECT [all] FROM Persons WHERE FirstName='Peter'

B. SELECT * FROM Persons WHERE FirstName LIKE 'Peter'

C. SELECT [all] FROM Persons WHERE FirstName LIKE 'Peter'

D. SELECT * FROM Persons WHERE FirstName='Peter'

23. 通过SQL,如何返回Persons表中记录的数目?(　　)

A. SELECT COLUMNS() FROM Persons

B. SELECT COLUMNS(*) FROM Persons

C. SELECT COUNT() FROM Persons

D. SELECT COUNT(*) FROM Persons

24. SQL是(　　)的语言,易学习。

A. 过程化　　B. 非过程化　　C. 格式化　　D. 导航式

25. SQL是(　　)语言。

A. 层次数据库　　B. 网络数据库　　C. 关系数据库　　D. 非数据库

26. SQL具有(　　)的功能。

A. 关系规范化、数据操纵、数据控制

B. 数据定义、数据操纵、数据控制

C. 数据定义、关系规范化、数据控制

D. 数据定义、关系规范化、数据操纵

27. SQL的数据操纵语句包括SELECT、INSERT、UPDATE和DELETE等。其中最

重要的也是使用最频繁的语句是(　　)。

A. SELECT　　B. INSERT　　C. UPDATE　　D. DELETE

28. SQL 具有两种使用方式,分别称为交互式 SQL 和(　　)。

A. 提示式 SQL　　B. 多用户 SQL　　C. 嵌入式 SQL　　D. 解释式 SQL

29. SQL 中,实现数据检索的语句是(　　)。

A. SELECT　　B. INSERT　　C. UPDATE　　D. DELETE

30. 下列 SQL 语句中,修改表结构的是(　　)。

A. ALTER　　B. CREATE　　C. UPDATE　　D. INSERT

以下 2 题基于这样的三个表即学生表 S、课程表 C 和学生选课表 SC,它们的结构如下。

```
S(S＃,SN,SEX,AGE,DEPT)
C(C＃,CN)
SC(S＃,C＃,GRADE)
```

其中,S＃为学号,SN 为姓名,SEX 为性别,AGE 为年龄,DEPT 为系别,C＃为课程号,CN 为课程名,GRADE 为成绩。

31. 检索所有比“王华”年龄大的学生姓名、年龄和性别。正确的 SELECT 语句是(　　)。

A. SELECT SN,AGE,SEX FROM S
WHERE AGE＞(SELECT AGE FROM S WHERE SN＝'王华')

B. SELECT SN,AGE,SEX FROM S WHERE SN＝'王华'

C. SELECT SN,AGE,SEX FROM S WHERE AGE＞(SELECT AGE WHERE SN＝'王华')

D. SELECT SN,AGE,SEX FROM S WHERE AGE＞王华. AGE

32. 检索学生姓名及其所选修课程的课程号和成绩。正确的 SELECT 语句是(　　)。

A. SELECT S. SN,SC. C＃,SC. GRADE
FROM S WHERE S. S＃＝SC. S＃

B. SELECT S. SN,SC. C＃,SC. GRADE
FROM SC WHERE S. S＃＝SC. GRADE

C. SELECT S. SN,SC. C＃,SC. GRADE
FROM S,SC WHERE S. S＃＝SC. S＃

D. SELECT S. SN,SC. C＃,SC. GRADE
FROM S,SC

33. 假定学生关系是 S(S＃,SNAME,SEX,AGE),课程关系是 C(C＃,CNAME,TEACHER),学生选课关系是 SC(S＃,C＃,GRADE)。要查找选修“COMPUTER”课程的“女”学生姓名,将涉及关系(　　)。

A. S　　B. SC,C　　C. S,SC　　D. S,C,SC

34. 若用如下 SQL 语句创建一个 student 表:

```
CREATE TABLE student(NO C(4) NOT NULL,
NAME C(8) NOT NULL,
SEX C(2),
```

```
AGE N(2))
```

可以插入到student表中的是(　　)。

A. ('1031','曾华',男,23)　　B. ('1031','曾华',NULL,NULL)

C. (NULL,'曾华','男','23')　　D. ('1031',NULL,'男',23)

35. 若要删除book表中所有数据,以下语句正确的是(　　)。

A. delete table book　　B. delete * from book

C. drop book　　D. delete from book

36. SQL中,删除一个表中所有数据,但保留表结构的命令是(　　)。

A. DELETE　　B. DROP　　C. CLEAR　　D. REMORE

二、填空题

1. 在表中插入数据的命令关键字是(　　　　)。
2. 修改表中数据的命令关键字是(　　　　)。
3. 删除表中数据的命令关键字是(　　　　)或(　　　　)。
4. 在表中查询数据的命令关键字是(　　　　)。

三、判断题

1. Select语句用于查询数据。(　　)
2. SQL Server聚合函数有最大、最小、求和、平均和计数等,它们分别是max、min、sum、avg和count。(　　)
3. 默认排序方式为升序排序。(　　)
4. 通配符"_"表示某单个字符。(　　)
5. 语句select day('2013-12-26')的执行结果是26。(　　)
6. 语句select len('新年快乐!')的执行结果是5。(　　)
7. 降序排序关键字是asc。(　　)
8. 在SQL语句中,分组用order by子句,排序用group by子句。(　　)
9. 通配符"%"表示某单个字符。(　　)
10. 如果当前日期是2013年12月26日,那么year(getdate())-year('1998-1-1')的执行结果是'15-11-15'。(　　)

四、简答题

1. 简述下列三条SQL语句的异同。

```
Drop table  aa
Delete aa
Truncate table aa
```

2. 举例说明什么时候使用外连接查询。
3. SELECT查询语句中两个必不可少的子句是什么?

任务 4　视图的使用

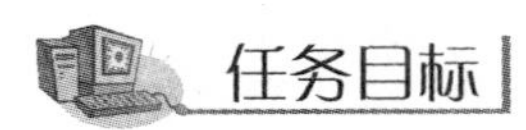

了解视图的基本知识；

熟练使用 SSMS 进行视图的操作及管理；

熟练使用 T-SQL 语句创建和维护视图；

熟练使用视图修改基表中的数据；

能够使用存储过程查看视图信息。

1. 在 SSMS 中创建和管理视图

1）创建视图

题目：在 bookDB 数据库中创建一个图书借阅视图 view_borrow，内容包括读者编号、读者姓名、图书编号、图书名、借阅日期、归还日期。

创建步骤如下。

如图 4-1 所示，在【对象资源管理器】窗口中打开 bookDB 数据库，右击【视图】选项，在弹出的快捷菜单中选择【新建视图】选项，打开【添加表】对话框。

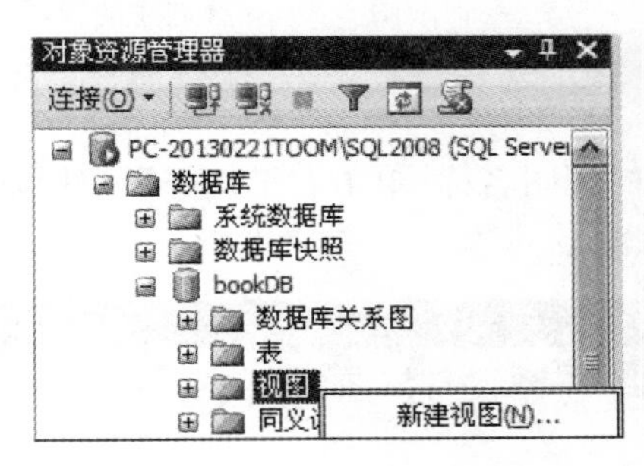

图 4-1　创建视图

题目中要求的“读者姓名”在 readers 表中，“图书名”在 books 表中，而借阅情况在 borrow 表中，所以视图内容涉及三个表，在【添加表】对话框中将三个表全部添加之后关闭【添加表】对话框。

如图 4-2 所示，在创建视图窗口中看到三个表自动根据外键进行了关联。按题目要求的顺序依次单击表中读者编号、读者姓名、图书编号、图书名、借阅日期、归还日期相应的字段，并给字段录入别名，窗口下方自动显示对应的 T_SQL 语句。

单击工具栏上的 按钮，在弹出的【选择名称】对话框中输入视图名字“View_

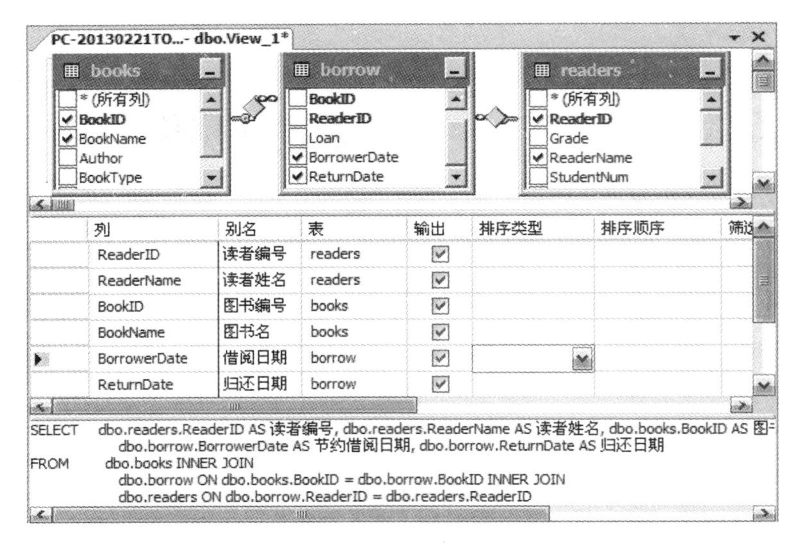

图 4-2　创建视图窗口

borrow”,单击【确定】按钮(如图 4-3 所示)。

关闭创建视图窗口,在【对象资源管理器】窗口中刷新,可以看到新建的视图(如图 4-4 所示)。

图 4-3　输入视图名称

图 4-4　查看创建的视图

2) 修改视图

在【对象资源管理器】窗口中单击要修改的视图名称,单击右键选择【设计】命令,可以打开如图 4-5 所示的视图修改窗口,进行视图修改。

图 4-5　修改视图窗口

3）删除视图

在【对象资源管理器】窗口中单击要删除的视图名称，单击右键选择【删除】命令即可。

2. 用 T_SQL 语句创建和管理视图

1）创建视图

（1）创建视图语法

```
CREATE  VIEW  视图名  [ ( column [ ,…n ] ) ]
   [ WITH ENCRYPTION ]
AS
 select_statement
 [ WITH  CHECK  OPTION ]
```

参数说明如下。

column：表示视图中的列名，需要全部指定或者全部省略。

WITH ENCRYPTION：对包含 CREATE VIEW 语句文本加密。

AS：关键字，后面接视图要执行的操作。

select_statement：定义视图的 SELECT 语句。

WITH CHECK OPTION：强制针对视图执行的所有数据修改语句都必须符合在 select_statement 中设置的条件。

（2）创建视图例题

【例题 1】 建立所有少数民族学生的信息视图。

语句：
```
use stuDB
go
CREATE VIEW v_Student_ssmz
AS
SELECT *
FROM   Student
WHERE  nation <> '汉族'
```

【例题 2】 建立所有少数民族学生的信息视图，并要求进行修改和插入操作时仍需保证该视图只有少数民族的学生。

语句：
```
use stuDB
go
drop VIEW v_Student_ssmz
go
CREATE VIEW v_Student_ssmz
AS
SELECT *
FROM   Student
WHERE  nation <> '汉族'
WITH CHECK OPTION
```

说明： 创建视图时加入 WITH CHECK OPTION 选项，在通过视图插入、修改数据时会自动检查数据是否符合定义视图的条件：nation <> '汉族'，不符合则拒绝操作。

判断视图是否存在，可以查询系统视图 INFORMATION_SCHEMA. VIEWS，将删除视图的语句改为：
```
if exists (select * from INFORMATION_SCHEMA.VIEWS
           where table_name = 'v_Student_ssmz')
   drop view v_Student_ssmz
```

【例题 3】 基于多个基表的视图。建立学生的成绩视图(包括学号、姓名、民族、课程名、成绩)。

语句：
```
use stuDB
go
CREATE VIEW v_grade
AS
SELECT SC.Sno as 学号,name as 姓名,nation as 民族,
       Cname as 课程名,Grade as 成绩
FROM   Student,Course,SC
WHERE  Student.Sno = SC.Sno and Course.Cno = SC.Cno
```

【例题 4】 基于视图的视图。建立少数民族学生的成绩视图(包括学号、姓名、课程名、成绩)。

语句：
```
use stuDB
go
CREATE VIEW v_grade_ssmz
AS
SELECT 学号,姓名,课程名,成绩
FROM   v_grade
where 民族<> '汉族'
```

说明：例题 3 中已经创建了全体学生成绩情况的视图,本题的视图内容是例题 3 视图的子集,视图上还可以再建视图。

【例题 5】 带表达式的视图。定义一个反映学生年龄的视图。

语句：
```
create view v_studentNL(Sno,name,Sex,Nation,nl)
as
SELECT Sno,name,Sex,Nation,year(GETDATE()) - year(Birthday)
  FROM Student
GO
```

查看视图中数据如图 4-6 所示。

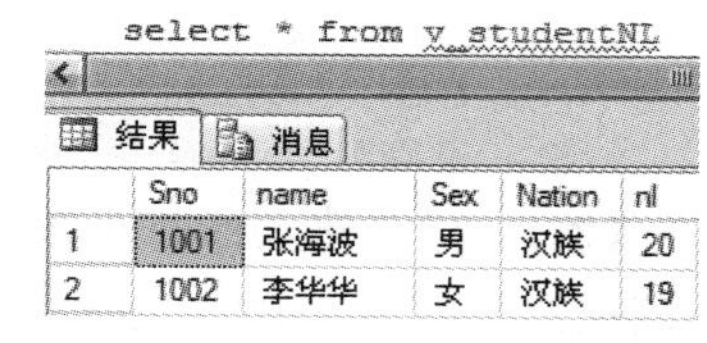

	Sno	name	Sex	Nation	nl
1	1001	张海波	男	汉族	20
2	1002	李华华	女	汉族	19

图 4-6　查看视图中的数据

说明：前面例题中都没有给出视图中的列名,表示用 select 查询语句中的列名作为视图的列名。本题目 SELECT 语句中有一个计算学生年龄的计算列,而且没有给计算列别名,就必须在视图名字后面给出视图的列名。

【例题 6】 分组视图。将学生的学号及他的平均成绩定义为一个视图。

语句：
```
CREATE  VIEW v_G
AS
SELECT Sno,AVG(Grade) as Gavg
FROM   SC
GROUP BY Sno
```

说明：本题目 SELECT 语句中平均成绩列是计算列,在语句中给出了列的别名,此时视图可以省略列名,表示使用 SELECT 语句中的列名作为视图列名。

【例题 7】 不指定属性列。将 Student 表中所有女生记录定义为一个视图。

语句：
```
use stuDB
go
CREATE VIEW v_Student(Sno,name,sex,nation,birthday)
```

```
AS
SELECT *
FROM  Student
WHERE sex = '女'
```

说明：本例题给出了视图的列名，但SELECT语句中没有写具体列名，用*号查询表中所有列，这样写语句的缺点是如果修改基表Student的结构，Student表与视图v_Student的列不对应，映像关系被破坏，导致该视图不能正确工作。

2）修改视图

（1）修改视图语法

```
ALTER  VIEW  视图名 [(column[,...n])]
[WITH  ENCRYPTION]
AS
select_statement
[ WITH CHECK OPTION ]
```

说明：修改视图需要给出视图的完整定义，此操作可以用删除视图，然后再重新创建该视图的操作替代。视图中不存数据，数据都是存在基本表中，删除视图不会造成数据丢失。

（2）修改视图例题

【例题】 修改视图v_Student_ssmz，改为查询所有汉族的学生。

语句：
```
ALTER VIEW v_Student_ssmz
AS
SELECT *
FROM  Student
WHERE  nation = '汉族'
WITH CHECK OPTION
```

3）删除视图

（1）删除视图语法

```
DROP  VIEW 视图名[,…n]
```

说明：该语句从数据字典中删除指定的视图定义，删除基表时，由该基表导出的所有视图依旧存在，只是不可用，等基表重新建好，视图继续可用。

（2）删除视图例题

【例题】 删除视图v_Student_ssmz。

语句：`DROP  VIEW  v_Student_ssmz`

3. 使用视图

1）使用视图查询数据例题

【例题1】 在V_G视图中查询平均成绩在90分以上的学生学号和平均成绩。

语句：`SELECT *  FROM  v_G  WHERE  Gavg>=90`

说明：使用视图可以简化查询操作。

查询平均成绩在90分以上的学生学号和平均成绩的操作也可以用如下SQL语句完成。

语句：
```
SELECT *
FROM  (SELECT  Sno,AVG(Grade) AS Gavg
```

```
          FROM  SC
          GROUP BY Sno )  A
WHERE  Gavg>=60
```

说明：如果没有事先创建视图，用这个语句能够查出同样的结果，但语句复杂得多，查询语句的数据源是另一个查询语句的查询结果，也叫作查询表。

2）使用视图更新数据例题

【例题2】 利用少数民族学生的信息视图v_Student_ssmz修改学生数据，将学号为1003的学生姓名改为“晴空万里”。

语句：
```
use stuDB
go
UPDATE  v_Student_ssmz
SET  name='晴空万里'
WHERE  Sno= 1003
```

说明：视图并不存储数据，系统中只为视图存储视图的定义。修改视图中的数据，实际上是修改视图对应的基本表的数据。执行修改视图数据的语句时系统已经自动根据视图的定义将语句转换为对基本表数据的修改，此转换过程称为“视图消解”，转换后的语句如表4-1所示。

表4-1　视图消解后的语句

转换后的语句	视图定义语句
UPDATE Student SET name='晴空万里' WHERE Sno= 1003 and nation<>'汉族'	CREATE VIEW v_Student_ssmz AS SELECT * FROM Student WHERE nation<>'汉族' WITH CHECK OPTION

【例题3】 向少数民族学生的信息视图v_Student_ssmz中插入一个新的学生记录：张亮，男，鄂伦春族，生日为1997.10.10。

语句：
```
use stuDB
go
INSERT INTO v_Student_ssmz
VALUES('张亮','男','鄂伦春族','1997.10.10')
```

【例题4】 向少数民族学生的信息视图v_Student_ssmz中插入一个新的学生记录：赵凯，男，汉族。

语句：
```
INSERT INTO v_Student_ssmz(name,Sex,Nation)
VALUES('赵凯','男','汉族')
```

说明：同样都是插入数据的语句，例题3的语句执行成功，例题4的语句执行失败。因为视图创建语句中有WITH CHECK OPTION选项，限制只能插入民族不是“汉族”的数据。

【例题5】 删除少数民族学生信息视图v_Student_ssmz中学号为1001的学生信息。

语句：
```
DELETE
FROM  v_Student_ssmz
WHERE Sno=1001
```

说明：此语句能够正确执行，但并未删除学号为1001的学生信息。因为视图不存储数据，通过视图删除数据是删除基本表的数据，删除语句由系统自动转换为对基本表数据的删除语句：DELETE FROM Student WHERE Sno＝1001 AND nation<>'汉族'，表中无此数据。

【例题6】 通过视图v_G修改学号为1001学生的平均成绩为90分。

语句：
```
UPDATE  V_G
SET     Gavg = 90
WHERE   Sno =  1001
```

说明：此语句执行失败，因为该语句无法通过视图的定义转为对基本表数据修改的语句。实际上不是所有的视图都是可更新的，一般DBMS只允许对行列子集视图进行更新，行列子集视图就是从单个基本表导出的，并且只是去掉了基本表的某些行和某些列，但保留了主码的视图。

4. 查看视图信息

使用系统存储过程可以查看视图相关信息，常用于查询视图信息的存储过程有以下几个。

(1) 系统存储过程sp_help [<对象名>]：用来返回有关数据库对象的详细信息，如果不针对某一特定对象，则返回数据库中所有对象信息。

(2) 系统存储过程sp_depends <对象名>：返回系统表中存储的任何信息，该系统表指出该对象所依赖的对象。

(3) 系统存储过程sp_helptext <对象名>：检索出视图、触发器、存储过程、触发器的文本。

说明：如果数据库对象定义时使用了[WITH ENCRYPTION]选项，则无法通过Sp_helptext查看源代码。常用系统存储过程见附录E。

任务小结

视图是一种常用的数据库对象，是由一张或多张基本表或视图导出的一个虚拟表，系统中只存储视图的定义，并不存视图的数据，数据都存在基本表中。RDBMS(关系数据库管理系统)执行CREATE VIEW语句时只是把视图定义存入数据字典，并不执行其中的SELECT语句。在使用视图查询时，按视图的定义从基本表中将数据查出。当基本表端数据发生变化时，视图的数据随之改变；修改视图中的数据，基本表数据也随之变化。

视图一经定义后，就可以像基本表一样可以被查询、修改和删除。视图为查看和存取数据提供了另外一种途径。

视图的主要作用：①简化操作；②提高数据安全性；③屏蔽数据库的复杂性；④使用户能以多种角度看待同一数据；⑤对重构数据库提供了一定程度的逻辑独立性。

若一个视图是从单个基本表导出的，并且只是去掉了基本表中的某些行和某些列，但保留了主码，称这类视图为行列子集视图。一般RDBMS都允许对行列子集视图进行更新，对其他类型视图的更新不同系统有不同限制。

定义视图时，组成视图的属性列名或者全部省略或者全部指定，如果全部省略，则由子查询 SELECT 目标列中诸字段组成；如果子查询中 SELECT 某目标列是聚集函数或表达式，并且没有给出别名，则视图的列名不可省略。

操作题

基于 bookDB 数据库完成下列题目。

1. 创建视图 v_borrow，视图内容为：读者姓名，年级，电话，书名，借阅日期，应还日期，借阅状态。
2. 从 v_borrow 视图中查看谁借了《细节决定成败》这本书。
3. 从 v_borrow 视图中查询与“邹陈”借过同一本书的其他学生信息，显示：姓名，年级，电话。
4. 从 v_borrow 视图中查询图书的借阅次数，从多到少排序，显示：书名，借阅数。
5. 视图 v_borrow 不再使用，请用 SQL 语句删除。

理论题

一、选择题

1. Transact-SQL 中，删除一个视图的命令是(　　)。
   A. delete view　　B. drop view　　C. clear view　　D. remove view
2. 下列哪项在物理存储上并不存在？(　　)
   A. 数据库　　B. 本地表　　C. 视图　　D. 自由表
3. Transact-SQL 中，创建视图的命令是(　　)。
   A. create table　　B. create view　　C. create index　　D. create proc

二、填空题

1. (　　　　)是由一个或多个(　　　　)或视图导出的虚拟表。
2. 视图是一种常用的(　　　　)。
3. 数据库中只存放视图的(　　　　)，而不存放视图对应的(　　　　)，数据存放在原来的基本表中，当基本表发生变化时，从视图查询出的数据也会(　　　　)。
4. 创建视图 v_cj 的语句是(　　　　)。

三、判断题

1. 因为通过视图可以插入、修改或删除数据，因此视图也是一个实在表，SQL Server 将它保存在 syscommens 系统表中。　　(　　)
2. 视图是由一个或多个数据表(基本表)或视图导出的虚拟表。　　(　　)

任务 5　T-SQL 程序设计

理解常量、变量与数据类型的用法；掌握流程控制语句的运用。

1. 流程控制相关语句

SQL Server 中常用的流程控制相关语句如表 5-1 所示。

表 5-1　SQL Server 中常用的流程控制相关语句

语　　句	说　　明
BEGIN…END	块语句，在 T_SQL 中用 BEGIN…END 将多条语句封装成一个语句块，作为一个整体一起处理。单条语句可以省略 BEGIN…END。BEGIN…END 一般和 WHILE 或 IF…ELSE 语句配合使用，允许多层嵌套
IF…ELSE	分支语句，用于实现程序的选择结构，有两个分支，满足条件执行 IF 后面的语句或语句块，不满足条件执行 ELSE 后面的语句或语句块，语句格式为： IF <逻辑表达式> 　　语句块 1 [ELSE 　　语句块 2]
IF EXISTS 语句	检测语句，用于检测数据是否存在，而不考虑与之匹配的总行数，一般用在创建数据库、创建表或其他数据库对象之前判断对象是否存在，比使用 count(*)>0 效率高，具体语法格式如下： IF [NOT] EXISTS (SELECT 子查询) 　　< SQL 命令行或语句块> [ELSE 　　< SQL 命令行或语句块>]
CASE 语句	多分支语句，用于实现程序的选择结构，可以有多个分支，有两种格式：简单格式和搜索格式。 简单格式： Case 输入表达式 　When 表达式 1　then 结果 1 　When 表达式 2　then 结果 2 　[…n] 　[else 其他结果] end 示例 1 select grade, 　年级 = case grade 　　when 2014 then '14 级' 　　when 2015 then '15 级' 　　when 2016 then '16 级' 　　else '老生' 　end from readers

续表

语　句	说　明
CASE 语句	搜索格式： Case 　When 逻辑表达式 1　then 结果 1 　When 逻辑表达式 2　then 结果 2 　[…n] 　[else 其他结果] end 示例 2 select grade, 　年级 = case 　　when grade = 2014 then '14 级' 　　when grade = 2015 then '15 级' 　　when grade = 2016 then '16 级' 　　else '老生' end 　from readers 示例 1 和示例 2 运行结果： 结果　消息 　　grade　年级 1　2015　15级 2　2014　14级 3　2013　老生 4　2016　16级
WHILE 语句（BREAK 语句、CONTINUE 语句）	循环控制语句，用于实现循环结构，如果 WHILE 后面的条件为真，就重复执行语句块，直到条件为假退出循环。循环语句块中可以嵌入 BREAK 或 CONTINUE 语句，改变正常循环流程，含义如下。 BREAK：强制退出 WHILE 循环，执行循环语句块后面的语句。 CONTINUE：循环短路语句，结束本次循环，进入下一个循环，忽略 CONTINUE 后面的语句，判断循环条件是否满足，如满足，从循环语句块第一条语句开始执行
RETURN 语句	用于实现从查询或过程中无条件退出的功能。RETURN 之后的语句不执行
TRY…CATCH 语句	类似于 C# 和 C++语言中的异常处理和错误处理语句，TRY 中包含所有要监控的语句块，CATCH 捕捉异常并进行处理。语句格式为： BEGIN TRY 　程序语句块 END TRY BEGIN CATCH 　异常处理语句块 END CATCH
WAITFOR 语句	延时语句，暂停程序执行，直到所设定的时间已过，或所设定的时间已到才继续往下执行，格式为：WAITFOR DELAY <延时时间>| TIME <到达时间>
DECLARE 语句	声明语句，可用于声明变量，格式为：declare @变量名　变量类型和长度[＝默认值][,…] 声明的变量为局部变量，需要用一个@符号开头，两个@符号开头的是系统全局变量，如@@ERROR
SET 语句	SET 语句有两种用法，一种是在执行 T_SQL 命令时进行选项设定，格式为：SET 选项 ON|OFF；另一种是为变量赋值语句，一次只能给一个变量赋值，格式为：set @变量名＝值 使用 select 语句可同时为多个变量赋值

续表

语　　句	说　　明
PRINT 语句	输出信息语句，结果在屏幕上显示，格式为：PRINT 表达式 PRINT 只可以输出常量、表达式、变量，不允许输出表中的字段值，一次只能输出一个值。使用 select 语句可同时输出多个值，也可以输出表中字段值
GO 语句	批处理结束标志，一批语句开始执行，GO 后面开始一个新的批处理
注释语句	T_SQL 中注释有两种：单行注释--和多行注释/*　*/。 单行注释用两个半角连字符构成，多行注释与 C 语言程序注释相同。程序中适当添加注释说明语句的含义，可以增强程序的可读性，注释不参与编译，不被执行
GO TO 语句	跳转语句，无条件跳转到标签处继续执行。格式为：GO TO 标签名 标签可以在程序的任意位置，应尽量避免使用 GO TO 语句

2. 顺序结构例题

【例题 1】 查找田亮同学借了哪些书，查找条件用变量传递。

代码：
```
use bookDB                                -- 打开数据库
go
declare @xm varchar(8)                    -- 声明变量
set @xm = '田亮'                           -- 为变量赋值
select bookname
from books,readers,borrow
where books.BookID = borrow.BookID
  and readers.ReaderID = borrow.ReaderID
  and ReaderName = @xm
```

说明：顺序结构就是指语句按照先后顺序一条条执行的语句结构，前面任务中建库、建表、操作数据的语句多数是顺序结构语句。

T_SQL 中使用 declare 关键字声明变量，用户声明的变量是局部变量，用一个@开头。set 语句用于为变量赋值，一个 set 语句只可以为一个变量赋值。T_SQL 中单行注释用两个半角连字符“--”构成，注释用于说明语句的含义，不参与编译，不被执行。

【例题 2】 查找读者表中读者的姓名和性别。

代码：
```
use bookDB                                -- 打开数据库
go
declare @xm varchar(8),@xb char(2)        -- 定义变量
select @xm = readername,@xb = Sex from readers        -- 将子查询结果赋值给变量
print @xm                                 -- 显示变量中的值
print @xb                                 -- 显示变量中的值
```

说明：使用 SELECT 语句可以一次为多个变量赋值，可以用查询功能从表中查询数据赋值给变量，如果查询功能一次返回多个值，则赋值给变量的是最后一个值；如果查询没有结果，则变量赋值为 null。Print 语句用于输出信息，一个 Print 语句只能输出一个值。

【例题 3】 使用全局变量@@ROWCOUNT 输出上一条 T_SQL 语句受影响的行数。

代码：
```
use bookDB                                -- 打开数据库
go
declare @xm varchar(8),@xb char(2)        -- 定义变量
select @xm = readername,@xb = Sex from readers        -- 将子查询结果赋值给变量
print @@ROWCOUNT
```

运行结果：5 （说明：readers 表中现有 5 条记录）

说明：全局变量是 SQL Server 系统定义并赋值的变量，以@@开头，用户不可以定义和修改全局变量，可以当作系统函数一样使用。

【例题 4】 查找读者表的数量，并在屏幕上输出“一共有读者？人”。

代码：
```
use bookDB                                  -- 打开数据库
go
declare @sl int                             -- 定义变量
select @sl = count( * ) from readers        -- 将子查询结果赋值给变量
print '一共有读者' + ltrim(str(@sl)) + '人'        -- 字符串连接显示变量中的值
```

运行结果：一共有读者 5 人

说明：本题使用 count()函数统计人数，统计的结果存在整型变量中，因为数值型与字符串型数据不能直接运算，所以用 str()函数将数值型转换为字符型，又用 ltrim()函数去掉左侧空格。有关函数的用法见附录 A。

【例题 5】 用 GETDATE()函数取出系统日期，并显示为“今天是???? 年?? 月?? 日”。

代码：
```
declare @y int,@m int,@d int
declare @xs varchar(20) = ''
select @y = YEAR(GETDATE()),@m = MONTH(GETDATE()),@d = DAY(GETDATE())
set @xs = @xs + '今天是' + str(@y,4) + '年'
set @xs = @xs + right('0' + ltrim(str(@m,2)),2) + '月'
set @xs = @xs + right('0' + ltrim(str(@d,2)),2) + '日'
select @xs
```

运行结果：今天是 2016 年 08 月 03 日 （说明：显示日期因运行时间的不同而改变）

说明：declare 语句声明变量，可以用一个 declare 语句声明多个变量，也可以用多个 declare 语句进行变量声明。Select 和 set 语句都可以为变量赋值，一个 Select 语句可以为多个变量赋值，而一个 set 语句只可以为一个变量赋值。Print 和 Select 语句可以输出信息，一个 Print 语句只能输出一个值，而一个 Select 语句可以输出多个值。

第一条语句声明了三个整数变量，分别用于存放当前日期中的年、月、日，第二条语句又声明一个字符型变量@xs，用于存储要输出的结果，并给变量@xs 赋初值为空格。本题目中使用多个日期型函数和字符串函数，有关函数使用见附录 A。

【例题 6】 用随机数函数 RAND()生成 1～100 之间的随机数，并输出。

代码：
```
declare @sjs float,@s int
set @sjs = RAND()
set @s = 1 + FLOOR(@sjs * 100)
print @s
```

说明：随机数函数 RAND()返回 float 类型的随机数，该数的值在 0～1 之间。将生成的随机数乘以 100，数值范围就是(0,100)，用 FLOOR()函数取小于或等于该数值的最大整数，则可能的最小整数是 0，最大整数是 99，加上 1 之后的范围就是[1,100]之间的整数。

【例题 7】 使用 waitfor 语句，延迟要执行的语句。

代码 1：
```
use bookDB
go
waitfor delay '00:00:30'
select * from readers
```

执行效果如图 5-1 所示。

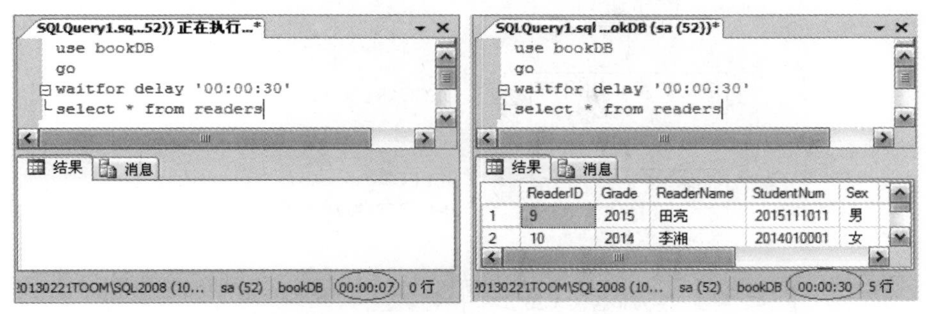

图 5-1　执行结果

代码 2：
```
use bookDB
go
waitfor time '10:34:00'
select * from readers
```

执行效果如图 5-2 所示。

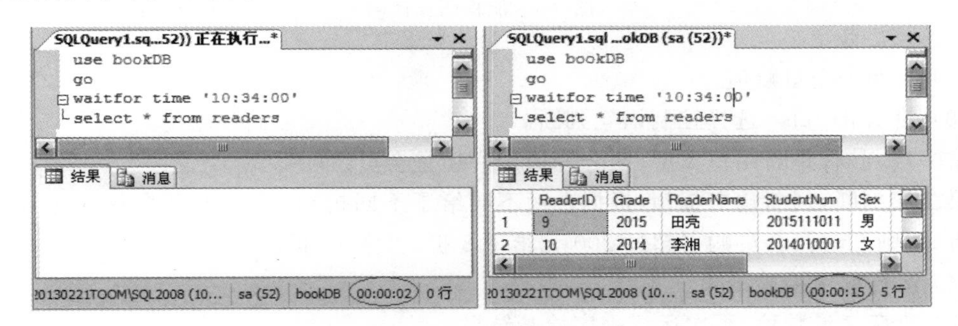

图 5-2　执行结果

说明：waitfor 语句是延时语句，分为相对延时和绝对延时，waitfor delay <延时时间>语句是相对延时，如语句 1，延时 30s，系统就计时等待，到 30s 开始执行后面的语句；waitfor time <延时时间>语句是绝对延时，如语句 2，系统计时等待，直到系统时间到了设定的时间，开始执行后面的语句，状态栏上的计时也不再跳动。

3. 选择结构例题

【例题 1】 在 stuDB 数据库的 student 学生表中查找学生最大年龄，如果年龄大于 20，屏幕显示“有年龄大于 20 的学生”，否则显示“没有年龄大于 20 的学生”。

流程图及代码如图 5-3 所示。

说明：本题目使用 IF…ELSE 语句实现两分支选择结构，顺序结构语句遇到 IF 进行条件判断，根据判断结果决定走哪一个分支，两个分支，一次只能走一条。

【例题 2】 购书折扣。某书店根据用户类别和购书金额不同，给予不同的折扣，具体规则如下：普通用户购书超过 100 元给予 9 折，否则 95 折；会员购书超过 200 元给予 8 折，否则 85 折，请编写程序，自动计算应付金额，并提示用户享受的折扣信息。

实现思路：

(1) 定义两个变量，一个存储用户类型，一个存储购书金额。

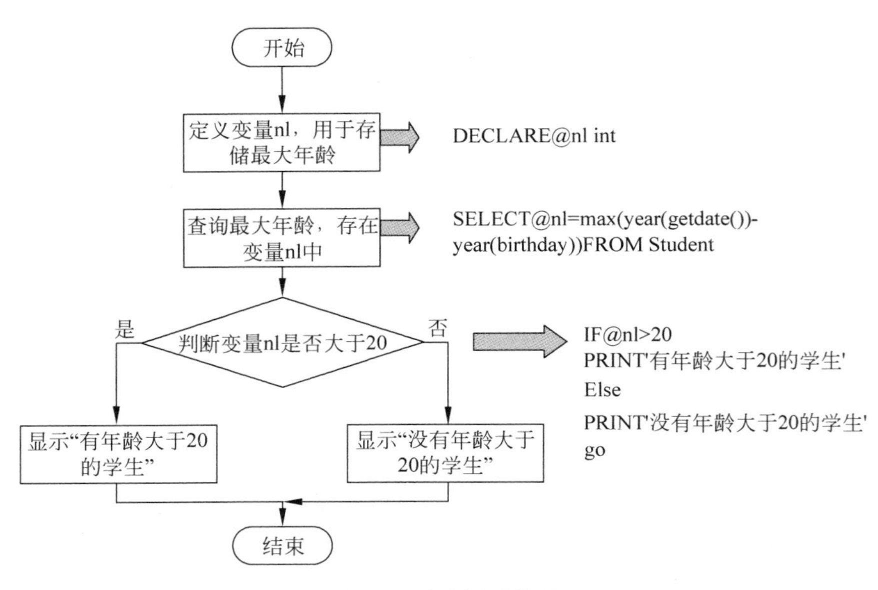

图 5-3 流程图及代码

(2) 为两个变量赋值。

(3) 使用 if…else 选择控制语句判断。

第一层判断，判断用户类型，区分普通用户还是会员。

第二层判断，判断购书金额，根据金额不同给予不同折扣，普通用户购书超过 100 元给予 9 折，否则 95 折，会员购书超过 200 元给予 8 折，否则 85 折。

(4) 运行程序检验结果。

(5) 改变变量数值，再次运行程序检验结果。

流程图如图 5-4 所示。

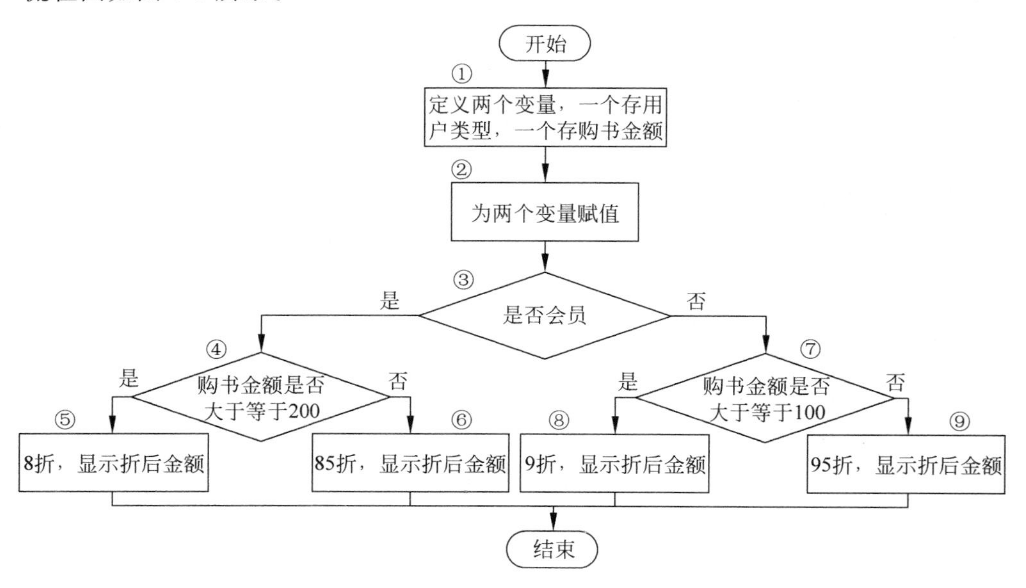

图 5-4 流程图

代码：

```
1  declare @yhlx varchar(8),@gsje decimal(6,2)
2  select @yhlx='会员',@gsje=100.1
3  if @yhlx='会员'
      begin
4       if @gsje>=200
5          begin
               set @gsje=@gsje*0.8
               select '会员购物超200元8折优惠,实付金额为:'+ltrim(str(@gsje))
            end
        else
6          set @gsje=@gsje*0.85
           select '会员85折优惠,实付金额为:'+ltrim(str(@gsje))
       end
    else
      begin
7       if @gsje>=100
8          begin
               set @gsje=@gsje*0.9
               select '普通用户购物超过100元9优惠,实付金额为:'+ltrim(str(@gsje))
            end
9        else
            begin
               set @gsje=@gsje*0.95
               select '普通用户购物不足100元95折优惠,实付金额为:'+ltrim(str(@gsje))
          end
      end
```

说明：本题目使用两层IF…ELSE语句进行嵌套，实现多个分支结构。每个分支中需要执行的多条语句构成了语句块，多条语句的语句块需要用BEGIN…END语句封装起来，否则只能正常执行其中的第一条语句。本题有一处错误，请找到错误处并予以改正。

【例题3】 stuDB数据库中成绩表存储的成绩都是分数，请根据分数给出"优秀、良好、中等、及格、不及格"的5个等级，90分及以上为优秀，80～89分为良好，70～79分为中等，60～69分为及格，低于60分为不及格。输出显示学生姓名、课程名、分数、等级。

代码：

```
select name as 学生姓名,Cname as 课程名,grade as 分数,
    case
      when grade>=90 then '优秀'
      when grade<90 and grade>=80 then '良好'
      when grade<80 and grade>=70 then '中等'
      when grade<70 and grade>=60 then '及格'
      else '不及格'
    end as 等级
from Student,Course,SC
where Student.Sno=SC.Sno and Course.Cno=SC.Cno
```

运行结果如图5-5所示。

	学生姓名	课程名	分数	等级
1	张海波	C语言程序设计	98	优秀
2	张海波	数据库原理	89	良好
3	张海波	软件工程	77	中等
4	李华华	C语言程序设计	56	不及格

图5-5　运行结果

说明：将CASE语句嵌套在T_SQL语句中，可以实现多分支的结构，避免使用复杂的多层嵌套IF…ELSE语句。

4. 循环结构例题

【例题 1】 计算并输出 1+2+3+4+…+100 表达式的和。

代码：

```
1  DECLARE @i int,@sum int              --定义两个变量,一个存加数,一个存和
2  SELECT @sum = 0                      --给存和的变量赋初值 0
3  SELECT @i = 1                        --第一个加数是 1
4  WHILE @i<= 100                       --判断是否达到最大加数
5  BEGIN
6     SET @sum = @sum + @i              --把加数累加到@sum 中
7     SET @i = @i + 1                   --加数加 1
8  END
9  PRINT @sum                           --输出结果
```

运行结果：5050

说明： SQL Server 中使用 WHILE 语句实现循环结构，WHILE 后面接循环条件，当条件为真时执行循环语句块中的内容（本题第 6、7 行语句），执行完毕再判断循环条件，重复执行此过程，直到条件不满足则退出循环，执行循环语句后面的第一条语句（本题第 9 行语句）。

【例题 2】 给出数字 m，计算并输出 1+2+3+4+…+m 的和。

代码：

```
1  DECLARE @i int,@sum int,@m int       --定义三个变量
2  SELECT @sum = 0                      --给和变量@sum 赋初值 0
3  SELECT @m = 50                       --赋值@m,决定循环截止条件
4  SELECT @i = 1                        --循环变量赋初值
5  WHILE @i<= @m                        --判断是否达到最大值
6  BEGIN
7     SET @sum = @sum + @i              --把加数累加到@sum 中
8     SET @i = @i + 1                   --加数加 1
9  END
10 PRINT @sum                           --输出结果
```

运行结果：1275

说明： 本题循环截止条件可动态给出，比例题 1 灵活。本题在第 1 行比例题 1 多定义一个变量@m int，在第 3 行语句给@m 赋值。通过修改第 3 行语句赋不同的值，可计算出不同的数字的和。写程序都是要尽量灵活，让一个程序可以完成多个任务，而不是只为完成一个任务就编写一个程序。

【例题 3】 编程计算 1×2×3×4×…×20。

代码：

```
1  DECLARE @i int,@product bigint       --乘积超过了 int 范围需用 bigint
2  SELECT @product = 1                  --存乘积的变量赋初值
3  SELECT @i = 1                        --循环变量赋初值 1,也是第一个乘数
4  WHILE @i<= 20                        --判断是否达到最大值
5  BEGIN
6     SET @product = @product * @i      --循环变量乘入乘积
7     SET @i = @i + 1                   --下一个乘数
```

```
8  END
9  PRINT @product                                  --输出结果
```

运行结果：2432902008176640000

说明：存和的变量赋初值应为 0,存乘积的变量赋初值必须是 1,这样赋值不会影响计算的数值。多个数连乘的结果数字很大,超过了 int 类型的最大范围,所以本题使用了 bigint 数据类型。

【例题 4】 求 1～200 之间偶数的和(多种方法)。

方法一代码：

```
1  DECLARE @i int,@sum int                         --定义两个变量
2  SELECT @sum = 0                                 --给存和的变量赋初值 0
3  SELECT @i = 2                                   --循环变量赋初值 2
4  WHILE @i <= 200                                 --判断是否达到最大加数
5  BEGIN
6     SET @sum = @sum + @i                         --累加到@sum 中
7     SET @i = @i + 2                              --循环变量每次增加 2
8  END
9  PRINT @sum                                      --输出结果
```

方法二代码：

```
1  DECLARE @i int,@sum int                         --定义两个变量
2  SELECT @sum = 0                                 --给存和的变量赋初值 0
3  SELECT @i = 1                                   --循环变量赋初值 1
4  WHILE @i <= 200                                 --判断是否达到最大加数
5  BEGIN
6     if @i % 2 = 0                                --判断余数为 0 时才累加
7          SET @sum = @sum + @i                    --累加到@sum 中
8     SET @i = @i + 1                              --循环变量每次增加 1
9  END
10 PRINT @sum                                      --输出结果
```

方法三代码：

```
1  DECLARE @i int,@sum int                         --定义两个变量
2  SELECT @sum = 0                                 --给存和的变量赋初值 0
3  SELECT @i = 0                                   --循环变量赋初值,从 0 开始
4  WHILE @i < 200                                  --判断是否达到最大加数
5  BEGIN
6     SET @i = @i + 1                              --循环变量累加,先累加后求和
7     if @i % 2 = 1                                --判断余数为 1 结束本次循环,不累加
8         continue                                 --循环短路
9     SET @sum = @sum + @i                         --累加到@sum 中
10 END
11 PRINT @sum                                      --输出结果
```

方法四代码：

```
1  DECLARE @i int,@sum int                         --定义两个变量
2  SELECT @sum = 0                                 --给存和的变量赋初值
```

```
3  SELECT @i = 1                                        -- 循环变量赋初值,从 0 开始
4  WHILE @i > = 0                                       -- 判断是否大于,永远满足
5  BEGIN
6    SET @i = @i + 1                                    -- 循环变量累加,先累加后求和
7    if @i > 200                                        -- 判断是否达到最大值
8      begin
9        select '1 - 200 之间偶数和为' = @sum           -- 输出结果
10       break                                          -- 强制终止循环
11      end
12    if @i % 2 = 1                                     -- 判断为奇数
13      continue                                        -- 循环短路,不做累加操作
14    else
15      SET @sum = @sum + @i                            -- 累加到@sum 中
16 END
```

方法一至方法三运行结果如图 5-6 所示。

方法四运行结果如图 5-7 所示。

消息
10100

图 5-6　运行结果

	1-100之间偶数和为
1	10100

图 5-7　运行结果

说明：一个问题可以用多种编程方法实现,方法一是代码最简单的,方法三演示了 CONTINUE 语句的用法,CONTINUE 语句称为循环短路语句,就是结束本次循环,进入下一个循环,忽略 CONTINUE 后面的所有语句。方法四又演示了 break 语句的用法,方法四没有像其他方法那样有确定的循环终止条件,而是在程序中判断,满足条件时用 break 语句强制终止循环。

【例题 5】 编程计算 1＋(1＋3)＋(1＋3＋5)＋(1＋3＋5＋7)＋…＋(1＋3＋…＋101)。

代码：

```
1  DECLARE @i int,@sum int ,@sum0 int                  -- 定义变量
2  SELECT @sum = 0,@sum0 = 0                            -- 给两个存和的变量赋初值
3  SELECT @i = 1                                        -- 赋循环初值
4  WHILE @i < = 101                                     -- 判断是否达到最大值
5  BEGIN
6    SET @sum0 = @sum0 + @i                             -- 累加中间和变量
7    SET @sum = @sum + @sum0                            -- 将中间和累加到最终结果
8    SET @i = @i + 2                                    -- 累加循环变量
9  END
10 PRINT @sum                                           -- 输出结果
```

运行结果：45526

说明：本题目定义了两个存和的变量,借助中间和变量@sum0 求出最后和@sum。

【例题 6】 利用 GO TO 语句实现循环,计算 6 的阶乘。

代码：

```
1  DECLARE @i int,@jiecheng int                        -- 定义变量
2  SELECT @jiecheng = 1                                 -- 给存阶乘的变量赋初值
```

```
3  SELECT @i = 1                              -- 赋循环初值
4  lablejc:                                   -- 加标签,冒号结束
5  BEGIN
6    SET @jiecheng = @jiecheng * @i           -- 计算阶乘
7    SET @i = @i + 1                          -- 累加循环变量
8    if @i <= 6                               -- 判断条件
9       goto lablejc                          -- goto 跳转到标签处
10 END
11 select '6 的阶乘为:' + ltrim(str(@jiecheng))      -- 输出结果
```

运行结果如图 5-8 所示。

	(无列名)
1	6的阶乘为:720

图 5-8　运行结果

说明：本题目没有使用 WHILE 控制循环，而是用 goto 语句跳转达到循环的效果。本题目只为演示 goto 语句的使用，实际开发过程中应尽量少使用 goto 语句。在程序比较简单时用 goto 语句是比较灵活的，但是当程序比较复杂时很容易造成程序流程的混乱，而且会使调试程序困难，代码可读性差。

【例题 7】　判断"C 语言程序设计"课程的平均成绩，如果平均成绩不及格，给每个学生加 1 分，之后再次判断，如果依旧不及格继续增加，直到平均成绩及格为止。最后输出加分的次数。

代码：

```
1  SET NOCOUNT ON                             -- 设置不返回受 T - SQL 语句影响的行数
2  declare @pjcj int,@jfcs int                -- 定义变量
3  select @jfcs = 0                           -- 输出变量赋初值 0
4  select @pjcj = AVG(grade) from SC          -- 嵌套查询取课程的平均成绩
      where Cno = (select Cno from Course where Cname = 'C 语言程序设计')
5  while @pjcj < 60                           -- 判断循环条件: 成绩不及格
6  begin
7    update SC set grade = grade + 1          -- 所有学生本门课程成绩加分
        where Cno = (select Cno from Course where Cname = 'C 语言程序设计')
8    select @pjcj = AVG(grade) from SC        -- 加分后再计算平均成绩
        where Cno = (select Cno from Course where Cname = 'C 语言程序设计')
9    set @jfcs = @jfcs + 1                    -- 累加加分次数
10 end
11 print '加分次数为: ' + ltrim(str(@jfcs))    -- 输出加分次数
```

任务小结

程序设计有三种基本结构：顺序结构，选择结构，循环结构。

顺序结构：程序按语句顺序先后执行，在程序流程图中，顺序结构用方框表示。

选择结构：程序出现了分支，满足某个条件选择其中一个分支执行。

循环结构：程序反复执行某个或某些操作，直到某条件为假(或为真)时才可终止循环。在循环结构中最主要的是：什么情况下执行循环，哪些操作需要循环执行。

SQL Server 中变量分为用户自己定义的局部变量和系统提供的全局变量，局部变量由@开头，全局变量用@@开头，用户不可以定义全局变量，也不可以修改全局变量。

变量定义：declare @变量名　变量类型和长度[,…]

变量赋值：select @变量名＝值　或　set @变量名＝值

两种变量赋值语句的区别：①select 语句可同时为多个变量赋值，而 set 语句一次只能给一个变量赋值；②select 语句可以从数据库中查询数据为变量赋值，而 set 语句不可以。

输出语句：select 和 print

两种输出语句的区别：①select 语句可同时输出多个值，而 print 语句一次只能输出一个值；②print 语句只可以输出常量、表达式、变量，不允许输出表中字段值，而 select 语句可以。

操作题

1. 超市购物有礼：某商城举行 10 年店庆活动，优惠信息如下：购物金额达到 500 元赠送一个电熨斗；购物金额达到 1000 元，赠送一个电磁炉；购物金额达到 3000 元，赠送一台电风扇。编写程序，根据购物金额提示所赠奖品。

实现思路：

(1) 定义一个变量用于存储购物金额。

(2) 为变量赋值，赋值实际购物金额。

(3) 使用 if…else 选择控制语句判断。

金额小于 500，提示“没有赠品”；

金额大于等于 500，小于 1000，提示“赠送一个电熨斗”；

金额大于等于 1000，小于 3000，提示“赠送一个电磁炉”；

金额大于等于 3000，提示“赠送一台电风扇”。

(4) 运行程序检验结果。

(5) 改变变量数值，再次运行程序检验结果。

2. 求三个整数的最大值。

提示：首先定义三个整数变量，并赋初值。然后使用嵌套 IF 语句进行比较大小。

3. 计算并输出 $1^2+2^2+3^2+4^2+\cdots+100^2$ 表达式的和。

4. 编程计算 S＝1！＋2！＋3！＋…＋4！。

5. 输出 100～200 之间既能被 5 整除，又能被 7 整除的数。

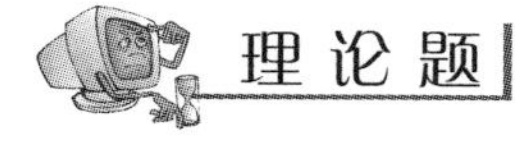

理论题

一、选择题

1. 对列或表达式计算平均值的函数是(　　)。

　A. max 和 min　　B. sum　　C. count　　D. avg

2. 表达式‘123’＋‘446’的结果是(　　)

　A. ‘579’　　B. 569　　C. ‘123446’　　D. ‘445123’

3. 表达式 Datepart(yy,‘2004-3-13’)＋2 的结果是(　　)。

　A. ‘2004-3-15’　　B. 2004　　C. ‘2006’　　D. 2006

4. 下列哪个不是数据库对象？（　　）

A. 数据模型　　B. 视图　　C. 表　　D. 存储过程

二、填空题

1. 在 SQL Server 2005 中，数据库对象包括（　　　）、视图、存储过程、触发器、用户自定义函数、索引、约束、规则、默认等。
2. 数据定义语言是指用来创建、修改和删除各种对象的语句，如 create、alter 和（　　　）。
3. 在 Transact-SQL 中变量分为（　　　）和（　　　）。
4. 某标识符的首字母为@时，表示该标识符为（　　　）变量名。
5. 以（　　　）符号开头的变量为全局变量。
6. 语句 select day（'2014-1-6'），len（'我们快放假了.'）的执行结果是：（　　　）和 7。
7. 数据库操作语句就是指 insert、（　　　）、delete 和 select 语句。
8. SQL Server 聚合函数有最大、最小、求和、平均和计数等，它们分别是（　　　）、min、sum、avg 和 count。
9. 如果当前日期是 2014 年 1 月 6 日，那么 year（getdate（））-year（'1998-1-1'）的执行结果是（　　　）。
10. T-SQL 内置函数功能很强大，利用函数不需要写很多代码就能够完成很多案例。根据函数的作用进行分类，包括聚合函数、字符串函数、（　　　）、（　　　）和系统函数。

三、判断题

1. 在 SQL Server 中用户可以定义全局变量。（　　）
2. 某标识符的首字母为@时，表示该标识符为全局变量名。（　　）
3. 某标识符的首字母为@@时，表示该标识符为局部变量名。（　　）
4. 在 SQL Server 中用户不能建立局部变量。（　　）

任务 6　存储过程的创建和使用

任务目标

了解存储过程的基本概念和作用；
掌握存储过程的创建和使用方法；
学会管理和维护存储过程。

1. 存储过程语法

1）创建存储过程

```
CREATE PROC[EDURE] 存储过程名
      [ { @参数名称 参数数据类型} [ = 参数的默认值]
      [ OUTPUT ] ]
      [ ,...n ]
      [ WITH ENCRYPTION]
      [WITH RECOMPILE ]
AS
      sql_statement
```

参数说明如下。

PROC[EDURE]：存储过程的关键字，可以写全称 PROCEDURE，也可以缩写为 4 个字母 PROC。

存储过程名：自命名，必须符合数据库命名规则，而且在当前数据库唯一，最好有个统一的前缀，表明是存储过程，后面的命名也最好和内容相关，如 pro_login 表示登录验证存储过程；SQL Server 系统中有很多系统创建好的存储过程供用户使用，系统存储过程统一使用 sp_前缀命名。

参数：存储过程可以没有参数，也可以定义一个或多个参数，参数名必须以@开头，之后是类型和长度的说明，类似变量定义格式。多个参数之间以逗号分隔。SQL Server 2008 增加了新功能，在存储过程参数定义时可以直接给出默认值。

OUTPUT：输出参数后面需加 OUTPUT 关键字，输出参数必须位于所有输入参数之后。存储过程的返回值需要通过输出参数传递出来。

WITH ENCRYPTION：对存储过程语句加密，加密后任何用户无法查看存储过程的定义。

WITH RECOMPILE：每次执行存储过程时都要重新编译。重新编译会影响执行速度，一般不用此选项。

AS：定义存储过程必需的关键字之一，后面才是存储过程的具体语句。

sql_statement：存储过程语句体，定义存储过程的编程语句，如果是单条语句直接写即可，多条语句需要用 BEGIN…END 语句组合成语句块。

2）执行存储过程

按参数位置传递参数值：

```
EXEC[UTE] 存储过程名 [参数值 1,参数值 2, … ,参数值 n]
```

使用参数名传递参数值：

```
EXEC[UTE] 存储过程名 [@参数名 = 参数值][DEFAULT][, … ,n]
```

说明：执行存储过程有两种方法，一种是按参数位置传递参数，另一种是使用参数名传递参数，按参数位置传递参数时，如果存储过程有多个参数，参数传递的个数和顺序必须与参数定义的一致，使用参数名传递参数时，参数的前后顺序可以改变。参数传递时要注意参数的数据类型，对于字符型和日期型参数要用引号引起来。传递输出参数，后面一定要加 output 关键字。

如果执行存储过程的语句是批处理的第一条语句，可以省略 EXEC 或 EXECUTE 命令，直接写存储过程的名字进行执行。

3）修改存储过程

```
ALTER PROC[EDURE] 存储过程名
        [ { @参数名称 参数数据类型} [ = 参数的默认值]
        [ OUTPUT ] ]
        [ ,...n ]
        [ WITH ENCRYPTION]
        [WITH RECOMPILE ]
AS
        sql_statement
```

说明：修改存储过程也需要给出存储过程的完整定义，此操作可以用删除存储过程然后再重新创建的操作替代。数据库、表创建好后不能随意删除，因为会造成数据丢失，但存储过程不涉及数据丢失问题，可以随意删除重新创建。

4）删除存储过程

```
DROP PROC[EDURE] 存储过程名 [, … ,n]
```

5）查看存储过程

查看存储过程的参数及数据类型：

```
Sp_help 存储过程名
```

查看存储过程的源代码：

```
Sp_helptext 存储过程名
```

说明：使用系统存储过程可以查看存储过程的信息，但如果创建存储过程时使用了[WITH ENCRYPTION]选项，则无法通过 Sp_helptext 查看存储过程的源代码。常用系统存储过程见附录 E。

2. 存储过程例题

1）无参数存储过程

【例题 1】 创建简单的不带参数的存储过程，创建一个名为 pro_readersInfor 的存储过程，用于查询 bookDB 数据库中读者的信息。

代码：

```
use bookDB
go
CREATE PROCEDURE pro_readersInfor                --定义过程名
AS
  SELECT * FROM readers                          --过程体
```

查看创建的存储过程如图 6-1 所示。

bookDB
数据库关系图
表
视图
同义词
可编程性
存储过程
系统存储过程
dbo.pro_readersInfor

图 6-1 查看创建的存储过程

说明：前面进行 T_SQL 编程，程序执行可以实现功能操作，但程序没有存在数据库服务器上，下次使用还要重复写代码。创建了存储过程，程序就会永久存在数据库服务器上，在【对象资源管理器】窗口中刷新可以看到创建好的存储过程，存储过程可多次重复执行。执行此存储过程的语句：

```
EXEC pro_readersInfor
```

存储过程是创建在某个数据库中的，存储过程体的语句中不可以有打开数据库的语句。

【例题 2】 创建简单的不带参数的存储过程，创建一个名为 pro_readerInforBorr 的存储过程，用于查询 bookDB 数据库中读者周杰伦的借书信息，查询结果包括读者姓名、所借图书名称、借书日期、还书日期。

代码：
```
CREATE PROCEDURE pro_readerInforBorr
AS
  SELECT readers.ReaderName as 读者姓名,
         books.BookName as 所借图书名称,
         borrow.BorrowerDate as 借书日期,
         borrow.ReturnDate as 还书日期
  FROM readers,books,borrow
  where readers.ReaderID = borrow.ReaderID
     and books.BookID = borrow.BookID
     and readers.ReaderName = '周杰伦'
```

查看创建的存储过程如图 6-2 所示。

执行存储过程语句：

```
execute pro_readerInforBorr
```

执行结果如图 6-3 所示。

说明：本题目的存储过程体中只有一条语句，是三表连接查询的 select 语句，只一条语句可以省略 BEGIN…END。

图 6-2 查看创建的存储过程

图 6-3　执行结果

2）只有输入参数存储过程

【例题 3】　创建带输入参数的存储过程，修改例题 2 中创建的名为 pro_readerInforBorr 的存储过程，使之可以查询任意读者的借书信息，读者姓名通过输入参数传递，查询结果包括读者姓名、所借图书名称、借书日期、还书日期。

代码：

```
ALTER PROCEDURE pro_readerInforBorr
@NAME VARCHAR(8)                    -- 定义输入参数
AS
SELECT readers.ReaderName as 读者姓名,
  books.BookName as 所借图书名称,
  borrow.BorrowerDate as 借书日期,
  borrow.ReturnDate as 还书日期
FROM readers,books,borrow
where readers.ReaderID = borrow.ReaderID
  and books.BookID = borrow.BookID
  and readers.ReaderName = @NAME   -- 使用参数
```

执行存储过程查找不同人的借书信息：

```
execute pro_readerInforBorr '周杰伦'

execute pro_readerInforBorr '田亮'

execute pro_readerInforBorr '王海涛'
```

说明： 修改后的存储过程不是把要查询的人名固定写在程序里，而是通过输入参数@NAME 传递进去，每次执行存储过程时传递不同的参数可以查询不同人的借书信息，修改后的存储过程功能强大多了。关于参数定义，如果参数是用于和数据库表中信息交互的，参数的类型和长度应尽量与表中字段定义一致，参数的名称不一定和表中字段一致。

【例题 4】　创建名为 pro_booksInfor 的存储过程，其功能为：在 bookDB 数据库的图书表 books 中查找指定图书类别，并且库存数量小于一定数量的图书信息，显示图书编号、图书名称、作者、图书类别、库存量，查询结果按库存量降序排列。

代码：

```
use bookDB
go
create PROCEDURE pro_booksInfor
@booktype VARCHAR(50),
@kucunliang int                 -- 定义两个输入参数，传入指定的图书类型和库存量
AS
  SELECT bookid as 图书编号,bookname as 图书名称,author as 作者,
        booktype as 图书类别,kucunliang as 库存量
  FROM books
  where booktype = @booktype and kucunliang < = @kucunliang
  order by kucunliang DESC
```

（1）执行创建的 pro_booksInfor 存储过程，查询图书类别为“计算机类”，库存量小于 10 本的图书信息。

方法 1：按参数位置传递参数

```
exec pro_booksInfor '计算机类',10
```

方法 2：按参数名传递参数

```
exec pro_booksInfor @booktype = '计算机类',@kucunliang = 10
```

方法 3：按用变量传递参数

```
declare @lx VARCHAR(50)
set @lx  = '计算机类'
exec pro_booksInfor @lx,10
```

（2）执行创建的 pro_booksInfor 存储过程，查询图书类别为“综合类”，库存量小于 5 本的图书信息。

方法 1：按参数位置传递参数

```
exec pro_booksInfor '综合类',5
```

方法 2：按参数名传递参数

```
exec pro_booksInfor @kucunliang = 5,@booktype = '综合类'
```

方法 3：按用变量传递参数

```
declare @lx VARCHAR(50),@sl int
set @lx  = '综合类'
set @sl = 5
exec pro_booksInfor @lx,@sl
```

说明：执行存储过程传递输入参数可以直接传递常量也可以定义变量传递，存储过程嵌入在前端程序中使用时，一般都是通过变量传递参数，变量的值由人机交互输入。

3）有输入和输出参数存储过程

【例题 5】 创建存储过程 pro_borCount，输入任意读者的姓名，统计该读者借书的数量，借书数量通过存储过程的输出参数传递出来。

代码：
```
use bookDB
GO
CREATE PROCEDURE pro_borCount
@NAME VARCHAR(8),                    -- 定义输入参数
@sl int = 0 output                   -- 定义输出参数
AS
begin
  declare @reaID int                 -- 定义中间变量
  select @reaID = readerID from readers where ReaderName = @NAME
  select @sl = COUNT( * ) from borrow where readerID = @reaID
end
```

执行存储过程：

```
declare @sl int
exec pro_borCount '周杰伦',@sl output
```

```
print '周杰伦的借书数量是：' + ltrim(str(@sl ))
```

执行结果如图 6-4 所示。

说明：定义存储过程输出参数要加 OUTPUT 关键字，输出参数必须定义在所有输入参数之后。执行存储过程时，对输出参数必须定义变量进行传递，而且也必须加 OUTPUT 关键字；输入参数可以用变量传递，也可以用常量传递。输出参数传递出来后，可以随意使用，可以在平台上显示值，也可以应用到前台程序中。

消息
周杰伦的借书数量是：1

图 6-4　执行结果

本例题存储过程中没有使用连接查询语句，而是用两条单表简单查询语句，先通过传入的读者姓名在读者表中查找该读者的读者编号，将读者编号存在一个中间变量中，然后通过读者编号在 borrow 表中统计该读者的借书数量，统计结果存在输出参数@sl 中。带输出参数的存储过程体中必须有为输出参数赋值的语句。

【例题 6】 编写存储过程调整 stuDB 数据库成绩表 Sc 中的成绩，计算"C 语言程序设计"课程的不及格人数，如果不及格人数如果多于 5 人，给每个不及格学生加 3 分，再次计算不及格人数，如果不及格人数还是超出标准，继续增加，直到达到要求。

代码 1：创建无参数存储过程

```
use stuDB
go
drop procedure pro_grade1
go
create procedure pro_grade1
as
begin
  /* 定义变量@cc 用于存储不及格人数，变量@cno 用于存课程号 */
  declare @cc int,@cno int
  /* 先根据课程名查出课程号，后面用简单查询，避免连接或嵌套查询语句比较长 */
  select @cno = Cno from Course where Cname = 'C 语言程序设计'
  /* 统计该课程号的不及格人数，存入变量@cc */
  select @cc = COUNT( * ) from SC WHERE GRADE < 60 AND Cno = @cno
  while @cc > 5  --循环，如果不及格人数大于 5，重复执行
    begin
      update SC set Grade = Grade + 3 where Grade < 60 and Cno = @cno
      /* 更新成绩之后一定不要忘了重新统计平均成绩 */
      select @cc = COUNT( * ) from SC WHERE GRADE < 60 AND Cno = @cno
    end
end
```

执行存储过程：exec pro_grade1

说明：代码 1 编写的存储过程只能为"C 语言程序设计"课程提成绩，显示的条件也固定是不及格人数不能超过 5 人，程序用处不广。

代码 2：创建带输入参数的存储过程，将课程名和不及格人数的限制作为输入参数传入。

```
drop procedure pro_grade2
go
```

```
create procedure pro_grade2
@cname varchar(50) ,                                    -- 输入参数: 课程名
@rs int                                                 -- 输入参数: 不及格人数限制
as
begin
  declare @cc int,@cno int
  select @cno = Cno from Course where Cname = @cname       -- 条件改为输入的变量
  select @cc = COUNT( * ) from SC WHERE GRADE < 60 AND Cno = @cno
  while @cc >@rs                                        -- 循环条件改为输入的变量
    begin
      update SC set Grade = Grade + 3 where Grade < 60 and Cno = @cno
      select @cc = COUNT( * ) from SC WHERE GRADE < 60 AND Cno = @cno
    end
end
```

执行存储过程：

限制“C 语言程序设计”课程只能少于 10 人不及格。

```
execute pro_grade2 'C 语言程序设计',10
```

限制“数据库原理”课程不及格人数不可超过 5 人。

```
execute pro_grade2 '数据库原理',5
```

说明：代码 2 为存储过程增加了两个输入参数，将课程名称和不及格人数的限制都作为输入参数传入，这个存储过程比代码 1 的存储过程用处大了很多。但遗憾的是没有看到执行结果的反馈。

代码 3：创建既有输入参数，也有输出参数的存储过程。不仅灵活地将课程名称和不及格人数的限制作为输入参数传入，也能将更新的次数、更新之后的不及格人数作为参数返回。

```
use stuDB
go
drop procedure pro_grade3
go
create procedure pro_grade3
@cname varchar(50) ,                                    -- 输入参数: 课程名
@rs int            ,                                    -- 输入参数: 不及格人数限制
@gxcs int output,                                       -- 输出参数:更新次数
@cc int output                                          -- 输出参数:不及格人数
as
begin
  declare @cno int                                      -- 去掉@cc 的变量定义
  select @gxcs  = 0,@cc  = 0
  select @cno = Cno from Course where Cname = @cname       -- 条件改为输入的变量
  select @cc = COUNT( * ) from SC WHERE GRADE < 60 AND Cno = @cno
  while @cc >@rs                                        -- 循环条件改为输入的变量
    begin
      update SC set Grade = Grade + 3 where Grade < 60 and Cno = @cno
      select @cc = COUNT( * ) from SC WHERE GRADE < 60 AND Cno = @cno
```

```
            set @gxcs = @gxcs + 1                          -- 更新次数累计
        end
    end
```

执行存储过程：

限制“C语言程序设计”课程不及格人数不可超过5人。

```
declare @cname varchar(50),@gxcs int,@cc int
set @cname = 'C语言程序设计'
execute pro_grade3 @cname,3,@gxcs output,@cc output
select @cname + '不及格人数:' + STR(@cc,1) + ',更新次数:' + LTRIM(STR(@gxcs))
```

运行结果如图6-5所示。

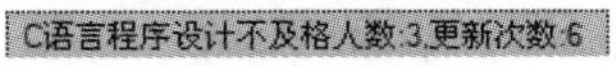

C语言程序设计不及格人数:3,更新次数:6

图6-5　运行结果

说明：代码3创建的存储过程既有输入参数，也有输出参数，不仅灵活地将课程名称和不及格人数的限制作为输入参数传入，也能返回执行的结果、及时了解执行的状态。本例题用三段代码演示了存储过程的创建、执行的过程，也演示了参数的效果，但也不是有参数就一定好，实际开发时要根据具体问题具体分析。

任务小结

存储过程是一组完成特定功能的T_SQL语句集，经编译后存储在数据库中，用户通过存储过程名和给出参数来调用它们。存储过程中也可以再调用存储过程。

存储过程的参数分为输入参数和输出参数，输入参数用来向存储过程中传入(输入)值，输出参数则从存储过程中返回(输出)值，输出参数后面加OUTPUT关键字，并且输出参数要定义在所有输入参数之后。

存储过程是数据库端编程的一种方式，它具有执行速度快、提高数据库安全性、降低网络流量等优点，可以独立于前端程序进行编程和维护。

存储过程分为系统存储过程、用户自定义存储过程、扩展存储过程三种。系统存储过程是系统创建的，是以SP_前缀命名的存储过程，常用的系统存储过程见附录E。本章学习的是如何创建和使用用户自定义存储过程。

操作题

1. 创建带返回参数的存储过程求两个整数的和。

2. 在stuDB数据库中，数据库课程平均成绩如果低于80分，给每个人加5分，计算平均成绩是否达到标准，如没有达到，继续增加5分，直到达到为止。(特殊情况：分数不能超过100分。)

3. 在stuDB数据库的SC表中增加一个dj(等级)字段，定义为6位可变长字符串型，允许为空。编写存储过程，判断grade字段分数的范围，分数大于等于90分为“优秀”，小于90且大于等于80为“良好”，小于80且大于等于70为“中等”，小于70且大于等于60为“及格”，60以下为“不及格”，将确定的5个等级结果存入dj字段中。执行存储过程检验效果。

理论题

一、选择题

1. 创建存储过程的命令是(　　)。
   A. create proc　　B. create function
   C. create procedure　　D. create view
2. 修改用户自定义函数的命令是(　　)。
   A. alter table　　B. alter view　　C. alter function　　D. alter view
3. 删除存储过程的命令是(　　)。
   A. drop view　　B. drop function
   C. drop database　　D. drop procedure
4. 为使程序员编程时既可使用数据库语言又可使用常规的程序设计语言,数据库系统需要把数据库语言嵌入到(　　)中。
   A. 编译程序　　B. 操作系统　　C. 中间语言　　D. 宿主语言
5. SQL 具有两种使用方式,分别称为交互式 SQL 和(　　)。
   A. 提示式 SQL　　B. 多用户 SQL
   C. 嵌入式 SQL　　D. 解释式 SQL

二、填空题

1. 在 SQL Server 2005 中,存储过程分为三类:系统存储过程、(　　　　)和扩展存储过程。
2. 在 SQL Server 2005 中,许多管理活动都是通过系统存储过程实现的,系统存储过程以(　　　　)为前缀命名。
3. 创建存储过程的命令是(　　　　)。
4. 定义存储过程的输出参数,需要在参数变量定义之后加(　　　　)关键字。
5. 执行存储过程的命令是(　　　　),可以简写为(　　　　)。
6. 删除存储过程的命令是(　　　　)。
7. 修改存储过程的命令是(　　　　)。
8. create、alter、drop 命令的作用分别为(　　　　)、(　　　　)、(　　　　)数据库对象。
9. database、table、procedure、function、view 关键字在数据库系统中的含义分别为(　　　　)、(　　　　)、(　　　　)、(　　　　)、(　　　　)。
10. 创建存储过程 p_proc1 的语句是(　　　　)。
11. 在 SQL Server 的基本数据类型 char、varchar 和 text 中,不能用作存储过程参数的数据类型是(　　　　)。
12. 存储过程(Stored Procedure)是一组完成特定功能的 Transact-SQL 语句集,经编译后存储在数据库中,用户通过(　　　　)和给出(　　　　)来调用它们。

三、判断题

1. 参数化存储过程有助于保护程序不受 SQL 注入式攻击。　　(　　)

2. 在存储过程中不可以调用存储过程。 ( )

3. 用户自定义存储过程是指由用户创建的,能完成某一特定功能的可重用代码的模块或例程。 ( )

4. 存储过程独立于应用程序源代码,而且可以单独修改,可以提高应用程序的可维护性。 ( )

5. 存储过程必须有参数。 ( )

6. 存储过程的输出参数可以在任意位置定义,可以写在输入参数的前面。 ( )

7. 存储过程的输出参数有且只能有一个。 ( )

四、简答题

1. 请说明以下语句的功能,并写出使用它的语句。

```
create procedure xsbm
@name varchar(8),
@bm varchar(10) output
as
begin
  declare @bmh char(4)
  select @bmh = Department_ID from employee where employee_name = @name
  select @bm = Department_name from department where Department_ID = @bmh
end
```

语句的功能:

使用它的语句:

2. 请把以下程序补充完整,并说明它的功能。

```
CREATE PROCEDURE PRO_SUM
@N1 INT,@N2 INT,
@RESULT INT OUTPUT
AS
    SET (          ) = @N1 + @N2
```

程序功能:

3. 请把以下程序补充完整,并说明它的功能。

```
CREATE (          ) listEmployee
@sex varchar(2),
@salary money
AS
SELECT * FROM employee WHERE sex = @sex and salary >@salary
```

程序功能:

4. 创建存储过程时使用 WITH ENCRYPTION 关键字的作用是什么?

任务7 函数的创建和使用

任务目标

熟练使用常用函数,包括聚合函数、字符串函数、日期时间函数、数学函数、类型转换函数等;

了解用户自定义函数的基本概念和作用;

了解用户自定义函数的分类和用途;

熟练编写和使用用户自定义函数。

1. 用户自定义函数语法

1)创建用户自定义函数

SQL Server 2008 支持用户自定义标量函数和表值函数,表值函数又分为内联表值函数和多语句表值函数。

(1)用户自定义标量函数语法格式:

```
CREATE FUNCTION 函数名
( [{@函数参数名 参数数据类型[ = default]}[ ,...n ] ] )
RETURNS 返回值数据类型
[ WITH ENCRYPTION ]
AS
BEGIN
    function_body
    RETURN   表达式或变量
END
```

(2)用户自定义内嵌表值函数语法格式:

```
CREATE FUNCTION 函数名
( [{@函数参数名 参数数据类型[ = default]}[ ,...n ]] )
RETURNS TABLE
[ WITH ENCRYPTION ]
[ AS ]
RETURN (select 语句 )
```

(3)用户自定义多语句表值函数语法格式:

```
CREATE FUNC[TION] 函数名
( [{@函数参数名 参数数据类型[ = default]}[ ,...n ]] )
```

```
RETURNS 表变量名 ( 表变量字段定义 )
[ WITH ENCRYPTION ]
[ AS ]
BEGIN
  SQL 语句
  Return
END
```

参数说明如下。

FUNCTION：用户自定义函数的关键字。

函数名：自命名，必须符合数据库命名规则，而且在当前数据库唯一。最好有个统一的前缀，表明是用户自定义函数过程，后面的命名也最好和内容相关，如 f_jiamii 表示加密函数；SQL Server 系统中提供了很多内置系统函数，常用函数见附录 A。

参数：函数可以没有参数，也可以定义一个或多个参数，不管有没有参数，一对小括号不可省略，如果有参数，参数名必须以@开头，之后是类型和长度的说明，类似变量定义格式，多个参数之间以逗号分隔。

RETURNS：函数必须有返回值，而且只能有一个返回值，返回值的类型写在 RETURNS 关键字的后面，无须定义变量。标量函数可返回的数据类型为基本数据类型，不包括 TEXT、NTEXT、IMAGE、CURSOR、TIMESTAMP 和 TABLE 数据类型。表值函数返回的数据类型一定是 TABLE 数据类型。

WITH ENCRYPTION：对函数语句加密，加密后任何用户无法查看函数的定义。

AS：定义函数的关键字之一，后面接函数体具体语句。

标量函数函数体：可以是一条语句，也可以是多条语句，用 BEGIN…END 括起来的语句块，不管几条语句，最后一条语句必须是 return 语句，return 语句后面返回的数据必须与函数头 RETURNS 语句后定义的数据类型相符。注意：函数体里的 return 没有 s，函数头的 returns，有个 s。

表值函数函数体：同样必有 return 语句，内联表值函数是 return 直接返回一个 SELECT 查询语句的查询结果，也就是查询表，内联表值函数函数体只有一条语句，不使用 BEGIN…END 语句，其功能相当于一个参数化的视图。而多语句表值函数返回值是新定义的一个表，表中的数据由函数体中的语句插入，多语句表值函数函数体内有多条语句，需用 BEGIN…END，多语句表值函数可以看作标量函数和内嵌表值函数的结合体。

2）执行用户自定义函数

（1）用户自定义标量函数的使用

用户自定义标量函数可以像系统提供的函数一样，在 T-SQL 语句中允许使用标量表达式的任何位置调用，与系统提供的函数用法不同的是，使用系统提供的函数直接用函数名调用，使用用户自定义标量函数必须使用至少由两部分组成名称来调用，即模式名. 对象名，如：

使用系统函数：select getdate()

使用用户自定义标量函数：select dbo. f_jiami()

（2）用户自定义表值函数的使用

使用表值函数与标量函数不同：第一个不同，表值函数是作为一个表在使用，需要放在

SQL 语句 FROM 关键字的后面；第二个不同，使用表值函数，函数名前面可以不加模式名，如 select * from f_student()。

说明：不管使用什么函数，函数名后面的一对小括号不可省略。

3）修改用户自定义函数

```
ALTER   FUNC[TION]      用户自定义函数名
```

说明：修改用户自定义函数也需要给出函数的完整定义，此操作可以用删除用户自定义函数然后再重新创建的操作替代。

4）删除用户自定义函数

```
DROP   FUNC[TION]     用户自定义函数名
```

5）查看用户自定义函数

查看用户自定义函数的参数及数据类型：

```
Sp_help 用户自定义函数名
```

查看用户自定义函数的源代码：

```
Sp_helptext 用户自定义函数名
```

说明：使用系统存储过程可以查看存储过程的信息，同样可以查询用户自定义函数的信息，但如果创建函数时使用了[WITH ENCRYPTION]选项，则无法通过 Sp_helptext 查看函数的源代码。

2. 用户自定义函数例题

【例题 1】 创建一个用户定义函数标量函数 DatetoQuarter，将输入的日期数据转换为该日期对应的季度值。如输入“2016-8-5”，返回“3Q2016”，表示 2016 年 3 季度。

代码：
```
drop FUNCTION DatetoQuarter
go
CREATE FUNCTION DatetoQuarter(@dd datetime)  -- 输入参数写在括号里
RETURNS char(6)                              -- 函数必须有此语句
AS
BEGIN
  RETURN(datename(qq,@dd) + 'Q' + datename(yyyy,@dd))
END
```

使用创建的用户定义函数 DatetoQuarter 的语句：

```
select dbo.DatetoQuarter('2006 - 8 - 5')
```

运行结果为：3Q2006

说明：本例题是为了演示如何创建标量函数，函数调试过程中需要删除再重新创建，所以删除函数的语句也保留在这里。本函数与数据库中内容无关，可以创建在任意数据库中，示例是创建在 stuDB 数据库中，创建完毕在【对象资源管理器】中刷新可以在【标量值函数】位置看到此函数（如图 7-1 所示）。

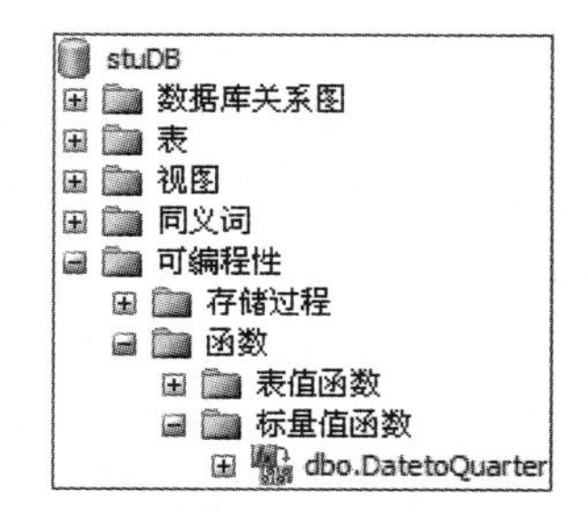

图 7-1 查看创建的标量函数

【例题 2】 创建一个简单的加密函数 f_jiami(),使用 ASCII()和 CHAR()函数,实现加密功能。加密算法:将密码转换为 ASCII 码表中后两位的字符。

代码:
```
create function f_jiama(@ym varchar(10))
returns varchar(10)
as
begin
  declare @ll int = len(rtrim(@ym))              -- 取原码长度
  declare @c char(1),@mm varchar(10) = ''        -- @mm 存加密后的密码
  declare @i int = 1                             -- 循环变量
  while @i <= @ll
  begin
    set @c = substring(@ym,@i,1)                 -- 每次取出密码中的一位字符
    set @mm = @mm + char(ascii(@c) + 2)          -- 加密,转换为 ASCII 码表中后两位的字符
    set @i = @i + 1                              -- 循环变量加,取后面一位字符
  end
  return @mm                                     -- 返回加密结果
end
```

使用创建的加密函数 f_jiami()进行加密:

```
select dbo.f_jiama('1234a')                      结果:3456c
select dbo.f_jiama('qwee15')                     结果:sygg37
```

说明:此算法为最简单的一种加密算法,程序中也是简单转换,没有进行异常判断和处理。

【例题 3】 改进加密函数 f_jiami(),同样使用 ASCII()和 CHAR()函数,实现加密功能。加密算法:根据密码字母所在位数进行不同的转化。

代码:
```
create function f_jiama2(@ym varchar(10))
returns varchar(10)
as
begin
  declare @ll int = len(rtrim(@ym))              -- 取原码长度
  declare @c char(1),@mm varchar(10) = ''        -- @mm 存加密后的密码
  declare @i int = 1                             -- 循环变量赋初值
  while @i <= @ll
  begin
    set @c = substring(@ym,@i,1)                 -- 每次取出密码中的一位字符
    /* 加密算法:按字符在第几位转换为 ASCII 码表中后几位字符 */
    set @mm = @mm + char(ascii(@c) + @i)
    set @i = @i + 1                              -- 循环变量加,取后面一位字符
  end
  return @mm                                     -- 返回加密结果
end
```

使用创建的加密函数,比较两个函数加密结果:

```
select dbo.f_jiama('1234a')                      结果:3456c
select dbo.f_jiama2('1234a')                     结果:2468f
```

【例题 4】 创建内联表值函数。例题 3 存储过程创建了带输入参数的存储过程 pro_readerInforBorr,可以查询任意读者的借书信息,读者姓名通过输入参数传递,查询结果包

括读者姓名、所借图书名称、借书日期、还书日期。现将该存储过程改为函数，将查询结果作为一个表返回。

代码：

```
use bookDB
go
CREATE FUNCTION f_readerInforBorr(@NAME VARCHAR(8))     --输入参数写在括号里
RETURNS TABLE                                          --函数必须有此语句
AS
  return(SELECT readers.ReaderName as 读者姓名,
         books.BookName as 所借图书名称,
         borrow.BorrowerDate as 借书日期,
         borrow.ReturnDate as 还书日期
  FROM readers,books,borrow
  where readers.ReaderID = borrow.ReaderID
     and books.BookID = borrow.BookID
   and readers.ReaderName = @NAME )
```

执行此用户自定义表值函数的语句：

```
select * from f_readerInforBorr('周杰伦')
```

执行结果如图 7-2 所示。

	读者姓名	所借图书名称	借书日期	还书日期
1	周杰伦	数据库系统概论	2016-08-05 10:33:50.200	NULL
2	周杰伦	C语言程序设计	2016-08-04 12:49:44.547	NULL

图 7-2　执行结果

比较存储过程代码和存储过程运行语句：

存储过程代码：

```
Create PROCEDURE pro_readerInforBorr
@NAME VARCHAR(8)                --定义输入参数
AS
  SELECT readers.ReaderName as 读者姓名,
         books.BookName as 所借图书名称,
         borrow.BorrowerDate as 借书日期,
         borrow.ReturnDate as 还书日期
  FROM readers,books,borrow
  where readers.ReaderID = borrow.ReaderID
     and books.BookID = borrow.BookID
   and readers.ReaderName = @NAME  --使用参数
```

执行存储过程查找不同人的借书信息：

```
execute pro_readerInforBorr '周杰伦'

execute pro_readerInforBorr '田亮'

execute pro_readerInforBorr '王海涛'
```

说明：本例题创建了表值函数，表值函数使用时放在 SELECT 语句的 FROM 关键字后面，作为数据的来源。在【对象资源管理器】中刷新可以在【表值函数】位置看到此函数(如图 7-3 所示)。再次强调，在使用函数时，不管有没有参数，函数名后面的小括号都不能省略。

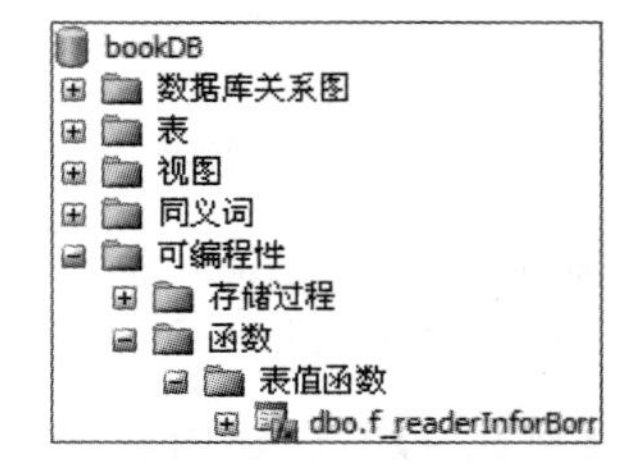

图 7-3　查看创建的表值函数

【例题 5】　创建多语句表值函数，查询每门课程的平均成绩，返回课程号和平均成绩。

代码：
```
use stuDB
go
drop function f_cpjcj
go
create function f_cpjcj()
returns @Tb table(课程号 int,平均成绩 int)
as
begin
  insert into @Tb
   select cno ,avg(grade) from sc group by cno
  return
end
```

执行此多语句表值函数的语句：

```
select * from f_cpjcj()
```

执行结果如图 7-4 所示。

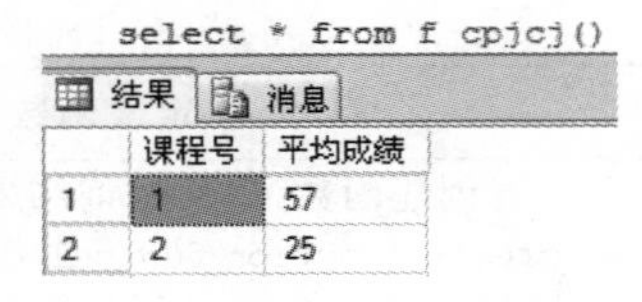
select * from f cpjcj()

结果 消息

	课程号	平均成绩
1	1	57
2	2	25

图 7-4　执行结果

任务小结

用户自定义函数和存储过程一样，都是数据库端编程，是将一组完成特定功能的 T_SQL 语句集，经编译后存储在数据库中，实现代码的封装和重用。SQL Server 2008 支持用户自定义标量函数和表值函数，表值函数又分为内联表值函数和多语句表值函数。

用户自定义函数与用户自定义存储过程既有相同点，也有区别，对比如下。

相同点：

(1) 都是用 creare 创建语句创建的 T_SQL 语句集。

(2) 创建后都作为数据库对象一直存储在数据库中，直到人为删除。

(3) 都是通过名字和参数调用，可重复无限次数执行。

(4) 输入参数的个数都是 0～n 个，可以没有，也可以多个。

不同点：

(1) 关键字不同。函数关键字 function；存储过程关键字 procedure。

(2) 输入参数定义不同。函数的输入参数需写在函数名后面的小括号里，即使没有参数也不能省略小括号；存储过程的输入参数直接写在存储过程名字后面，不写小括号。

示例：
```
CREATE FUNCTION f_jiama(@ym varchar(10))
CREATE PROCEDURE pro_readerInforBorr @NAME VARCHAR(8)
```

(3) 输出不同。函数没有输出参数，是以返回值形式反馈结果，返回值必须有，而且只能有一个，定义的格式为 returns <返回值类型>，函数体内最后一条语句必须是 return 语句；存储过程没有返回值，可以定义输出参数，输出参数可以有多个，也可以没有。定义输出参数必须加 output 关键字，格式示例：@RESULT VARCHAR(10) OUTPUT。如果存储过程中定义了输出参数，过程体中必须有为输出参数赋值的语句。

(4) 调用方法不同。函数可以在 T_SQL 语句中调用，嵌入到语句中；存储过程必须单独调用。

(5) 输入参数传递方式不同。函数的输入参数写在函数名后面的小括号里,存储过程的输入参数在存储过程名后面,空一格依次写入。

示例:
```
select dbo.f_jiama('1234a')
select * from f_readerInforBorr('周杰伦')
exec pro_borCount '周杰伦',@sl output
```

(6) 其他区别。函数限制比较多,实现的功能针对性比较强;而存储过程的限制相对比较少,实现的功能要复杂一点儿。

(7) 对比函数和存储过程的小程序:在 stuDB 数据库中查询所有学生的信息,如表 7-1 所示。

表 7-1　函数和存储过程对比

自定义函数	存 储 过 程
-- 创建函数,返回查询结果 create function fun_select() returns table as return select * from Student -- 使用函数 select * from fun_select()	-- 创建无参数存储过程 create proc pro_select as select * from Student -- 使用存储过程 exec pro_select

操 作 题

1. 将计算 N 个整数和的功能编写为函数,输入参数为 n,反馈的结果是 1+2+…+n 的和。

2. 在 bookDB 数据库中创建一个计算图书借阅数量的函数 f_borCount,该函数接受输入的图书编号,通过查询图书借阅表 borrow,统计该本书被借阅的次数,将该书借阅次数作为输出参数返回。

3. 设计加密算法,编写加密函数。

4. 熟悉内联表值函数的创建和使用,在 stuDB 数据库中创建用户自定义函数 f_Sgrade,输入学生姓名,返回该学生姓名、选修的课程名和成绩。

5. 熟悉多语句表值函数的创建和使用,在 bookDB 数据库中创建用户自定义函数 f_count,输入学生学号,返回该学生姓名借阅过的每本图书的被借次数,输出图书编号、图书名、借阅次数。

6. 修改 borrow 表,增加超期罚款字段 fk money。编写计算罚款的函数,如果借阅天数超过 20 天,每超过一天罚款 0.5 元。改写还书的存储过程,将计算的罚金存入 borrow 表。

理 论 题

一、填空题

1. 在 SQL Server 的基本数据类型 char、varchar 和 text 中,不能用作用户自定义函数参数的数据类型是(　　　　)。

2. 如果函数的返回值是 int 等类型，称为(　　　　)，如果函数返回值是 table 类型，称为(　　　　)。

3. 创建函数 f_fun1 的语句是(　　　　)。

二、判断题

1. 函数可以没有返回值也可以有多个。(　　)
2. 执行用户自定义函数的语句是：exec 函数名。(　　)
3. 函数体中可以写也可以不写 RETURN 语句。(　　)
4. 定义和使用函数时，函数名后面必须有括号，不论有没有输入参数。(　　)
5. 可以用以下方式使用函数：select DatetoQuarter(getdate())。(　　)
6. 函数可以用在 FROM 关键字的后面。(　　)

三、简答题

1. 请说明以下语句的功能，并写出使用它的语句。

```
drop function fnc
go
create function fnc(@s varchar(20))
returns varchar(20)
as
begin
  declare @cstr2 varchar(20) = '',@c1 varchar(2)
  while 1 = 1
  begin
    set @c1 = left(@s,1)
    if ascii(@c1)> 127
        set @c1 = left(@s,2)
    set @cstr2 = @c1 + @cstr2
    set @s = right(@s,len(@s) - len(@c1))
    if len(@s)<= 0
     BREAK
  end
  return @cstr2
end
```

功能：

使用的语句：

2. 请说明以下语句的功能，并写出使用它的语句。

```
create function f_aa(@yy varchar(10))
returns varchar(10)
as
begin
  declare @ll int = len(rtrim(@yy))
  declare @c char(1),@mm varchar(10) = ''
  declare @i int = 1
  while @i<= @ll
```

```
    begin
      set @c = substring(@yy,@i,1)
      set @mm = @mm + char(ascii(@c) + @i)
      set @i = @i + 1
    end
    return @mm
  end
```

语句的功能：

使用它的语句：

3. 请说明以下语句的功能，并写出使用它的语句。

```
create function f_xsbm(@name varchar(8)) returns varchar(10)
as
begin
  declare @bmh char(4),@bm varchar(8)
  select @bmh = DepartmentID from employee where employeename = @name
  select @bm = Departmentname from department where DepartmentID = @bmh
  return @bm
end
```

语句的功能：

使用它的语句：

4. 请把以下程序补充完整，并说明它的功能。

```
create function fun_select()
returns (          )
as
  return select * from employee
```

程序功能：

5. 请把以下程序补充完整，并说明它的功能。

```
CREATE (           ) getYear (@dqdate datetime)
RETURNS char(4)
AS
BEGIN
     RETURN (datename(yyyy,@dqdate))
END
```

程序功能：

任务 8 触发器的创建和使用

任务目标

了解触发器的概念和分类；

掌握触发器的创建和使用方法；

掌握 INSERTED 和 DELETED 表的使用；

掌握触发器的管理和维护方法。

1. 触发器语法

1）创建触发器

SQL Server 2008 提供了两大类触发器：DML 触发器和 DDL 触发器，常用的是 DML 触发器。

（1）创建 DML 触发器的语法格式：

```
CREATE TRIGGER <触发器名>
ON <表名|视图名>
[WITH ENCRYPTION ]
{FOR | AFTER | INSTEAD OF }
    {[INSERT][,] [ UPDATE][,] [DELETE] }
AS
[BEGIN]
    [IF UPDATE (列名) [{AND | OR } UPDATE(列名)[ …n]
    sql_statements
[END]
```

参数说明如下。

TRIGGER：触发器的关键字。

<触发器名>：为触发器起的名字，必须符合数据库命名规则，而且在当前数据库中唯一，最好有个统一的前缀，也最好和内容相关。

ON <表名|视图名>：DML 触发器是创建在具体的某个表或视图上。

WITH ENCRYPTION：语句加密。

AFTER：后触发，在 T_SQL 语句操作执行完才触发，是默认值。只写 FOR 就是后触发。注意视图上不可以定义后触发。可以为一个表的同一操作定义多个后触发器。

INSTEAD OF：前触发，指定此 DML 触发器“替代”引起触发器执行的 T_SQL 语句，也就是先执行触发器的操作，然后再执行 T_SQL 语句。在表和视图上，每个 INSERT、

UPDATE、DELETE 语句最多可以定义一个 INSTEAD OF 触发器。

AS：定义触发器必需的关键字之一。

[IF UPDATE（列名）]：当只需要对某一列的值变化而触发操作时，使用此选项。

sql_statement：触发器具体操作语句。

（2）创建 DDL 触发器的语法格式：

```
CREATE TRIGGER <触发器名>
ON < ALL SERVER|DATABASE >
[WITH ENCRYPTION ]
< FOR | AFTER >
    < DDL 事件> [, … ,n]
AS
[BEGIN]
    sql_statements
[END]
```

参数说明如下。

TRIGGER：触发器的关键字。

<触发器名>：为触发器起的名字。

ALL SERVER：DDL 触发器的作用域是当前服务器。

DATABASE：DDL 触发器的作用域是当前数据库。

WITH ENCRYPTION：语句加密。

AFTER：后触发，在 T_SQL 语句操作执行完才触发。

AS：定义触发器必需的关键字之一。

DDL 事件：执行之后将导致 DDL 触发器的 T_SQL 语句事件的名称，例如 CREATE_TABLE、CREATE_PROCEDURE、DROP_TABLE、DROP_ PROCEDURE、ALTER_TABLE 等。

sql_statement：触发器具体操作语句。

2）修改触发器

```
ALTER   TRIGGER    <触发器名>
```

说明：修改触发器也同修改存储过程或函数一样，需要给出完整定义，此操作可以用删除触发器然后再重新创建触发器的操作替代。

3）删除触发器

```
DROP   TRIGGER    <触发器名>
```

判断触发器存在再删除的语句：

```
IF  EXISTS  (SELECT   *   FROM  SYSOBJECTS
            WHERE  TYPE = 'TR'  AND NAME = '<触发器名>')
  DROP   TRIGGER    <触发器名>
GO
```

4）禁用与启用触发器

禁用触发器语法：

```
DISABLE TRIGGER <触发器名>
ON 对象名|DATABASE|ALL SERVER
```

启用触发器语法：

```
ENABLE TRIGGER <触发器名>
ON 对象名|DATABASE|ALL SERVER
```

在 SSMS【对象资源管理器】中选择触发器单击右键也可以进行禁用和启用切换。

5）查看触发器

查看触发器的参数及数据类型：Sp_help <触发器名>

查看触发器的源代码：Sp_helptext <触发器名>

查看触发器所依赖的表，或者查看表上创建的所有触发器、自定义函数、存储过程等：Sp_dependS <触发器名|表名>

说明：使用系统存储过程同样可以查看触发器的信息，但如果触发器使用了[WITH ENCRYPTION]选项，则同样无法通过 Sp_helptext 查看触发器的源代码。

2. Inserted 表和 Deleted 表

DML 触发器的执行过程中，SQL Server 建立和管理两个临时的虚拟表：Deleted 表和 Inserted 表，它们的表结构与创建触发器的表结构完全相同，如表 8-1 所示。这两个表包含在激发触发器的操作中变化的数据。

表 8-1 Inserted 和 Deleted 表

操 作 类 型	临时表中数据变化	
	Inserted 表	Deleted 表
insert	插入的记录	空
delete	空	删除的记录
update	修改后的记录	修改前的记录

说明：从表 8-1 中可以看出，对具有触发器的表进行 INSERT、UPDATE、DELETE 操作时，两个临时变量中的变化如下。

INSERT 操作：Inserted 表中存插入的新数据，Deleted 表中无数据。

UPDATE 操作：Inserted 表中存修改后的数据行，Deleted 表中存修改前的数据行。

DELETE 操作：Deleted 表中存被删除的数据行，Inserted 表中无数据。

3. 触发器例题

【例题 1】 进行触发器实验，了解 inserted 表和 deleted 表的作用。

实验提示：

第一步：在 bookDB 数据库的 books 表上创建 tr_test 触发器，功能是执行增、删、改操作时查询两个临时表 inserted 表和 deleted 表的内容。

第二步：在 books 表中增加一条数据，检查增加数据时 inserted 表和 deleted 表中的内容。

第三步：修改刚增加的数据，检查修改数据时 inserted 表和 deleted 表中的内容。

第四步：删除新增加的这条记录，检查删除数据时 inserted 表和 deleted 表中的内容。

实验过程如下。

第一步：在 books 表上创建触发器

(1) 如图 8-1 所示，在 SSMS 平台【对象资源管理器】窗口中打开 bookDB 数据库，找到需要创建触发器的 books 表，在 books 表的【触发器】项目上单击右键选【新建触发器】命令，打开一个查询窗口，在此窗口上显示了创建 DML 触发器的相关代码，窗口中的注释语句和环境设置语句 set 命令可以忽略，关键代码如下。

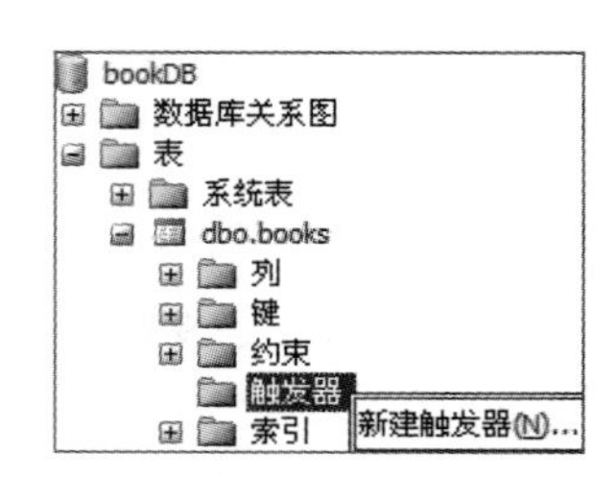

图 8-1　新建触发器

```
CREATE TRIGGER <Schema_Name, sysname, Schema_Name>.<Trigger_Name, sysname, Trigger_Name>
   ON <Schema_Name, sysname, Schema_Name>.<Table_Name, sysname, Table_Name>
   AFTER <Data_Modification_Statements, , INSERT,DELETE,UPDATE>
AS
BEGIN
     -- SET NOCOUNT ON added to prevent extra result sets from
     -- interfering with SELECT statements.
    SET NOCOUNT ON;
     -- Insert statements for trigger here
END
GO
```

(2) 按题目要求修改语句，修改后的语句如下。

```
CREATE TRIGGER tr_test
  ON books                                        -- 在 BOOKS 表上建触发器
  AFTER INSERT,UPDATE,DELETE                      -- 后触发，响应三个操作
AS
BEGIN
  SELECT * FROM inserted                          -- 查询 inserted 临时表
  SELECT * FROM deleted                           -- 查询 deleted 临时表
END
```

(3) 执行语句，在【对象资源管理器】中刷新，可以看到新创建的触发器，如图 8-2 所示。

第二步：在 books 表中增加数据

(1) 先查看表结构，看 books 表中有哪些列，有什么约束，如图 8-3 所示。为了简化操作，我们忽略表中允许为空的 BookType 列和 KuCunLiang 列，只给非空列赋值即可。

图 8-2　tr_test 触发器

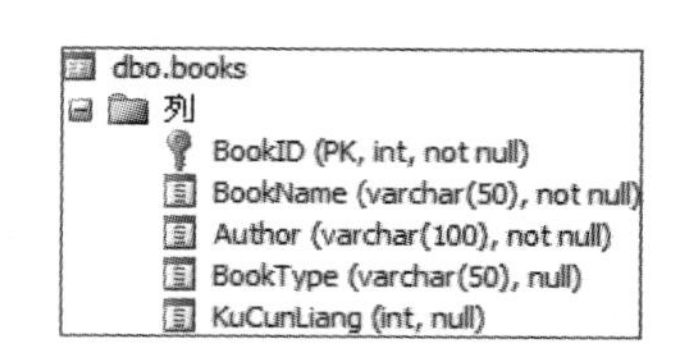

图 8-3　查看 books 表结构

(2) 在【对象资源管理器】上选择 books 表，导出 insert 脚本如下。

```
INSERT INTO [bookDB].[dbo].[books]
```

```
            ([BookName]
            ,[Author]
            ,[BookType]
            ,[KuCunLiang])
      VALUES
            (<BookName, varchar(50),>
            ,<Author, varchar(100),>
            ,<BookType, varchar(50),>
            ,<KuCunLiang, int,>)
GO
```

(3) 将脚本修改为简单的插入数据语句：

```
INSERT INTO [bookDB].[dbo].[books] ([BookName],[Author])
     VALUES('SQL 数据库实用案例教程','王雪梅')
GO
```

(4) 执行语句，屏幕上显示如图 8-4 所示运行结果。

	BookID	BookName	Author	BookType	KuCunLiang
1	5	SQL数据库实用案例教程	王雪梅	NULL	5

	BookID	BookName	Author	BookType	KuCunLiang

图 8-4　运行结果

(5) 查看 books 表中数据变化，如图 8-5 所示。

```
select * from books
```

	BookID	BookName	Author	BookType	KuCunLiang
1	1	数据库系统概论	王珊	计算机类	12
2	2	细节决定成败	汪中求	综合类	4
3	3	C语言程序设计		NULL	7
4	5	SQL数据库实用案例教程	王雪梅	NULL	5

新增加的数据

图 8-5　查看 books 表中数据变化

说明：执行插入数据操作时，INSERTED 表中存入新插入的数据，DELETED 表中无数据，INSERTED 表和 DELETED 表的表结构都与 books 表相同。创建一个触发器，可以响应多个操作，也可以只响应一个操作。

第三步：在 books 表中修改数据。修改刚增加的数据，查看触发器效果。

(1) 在【对象资源管理器】上选择 books 表，导出 update 脚本如下。

```
UPDATE [bookDB].[dbo].[books]
   SET [BookName] = <BookName, varchar(50),>
      ,[Author] = <Author, varchar(100),>
      ,[BookType] = <BookType, varchar(50),>
      ,[KuCunLiang] = <KuCunLiang, int,>
   WHERE <搜索条件,,>
GO
```

(2) 修改脚本，将刚增加的 bookID=5 的图书的图书类型 bookType 修改为“计算机类”。

```
UPDATE [bookDB].[dbo].[books]
   SET [BookType] = '计算机类'
 WHERE BookID = 5
GO
```

(3) 执行语句，屏幕上显示如图 8-6 所示运行结果。

结果 消息

	BookID	BookName	Author	BookType	KuCunLiang
1	5	SQL数据库实用案例教程	王雪梅	计算机类	5

inserted表中内容

	BookID	BookName	Author	BookType	KuCunLiang
1	5	SQL数据库实用案例教程	王雪梅	NULL	5

deleted表中内容

图 8-6　运行结果

(4) 查看 books 表中数据变化，如图 8-7 所示。

select * from books

结果 消息

	BookID	BookName	Author	BookType	KuCunLiang
1	1	数据库系统概论	王珊	计算机类	12
2	2	细节决定成败	汪中求	综合类	4
3	3	C语言程序设计		NULL	7
4	5	SQL数据库实用案例教程	王雪梅	计算机类	5

图书类型已经修改

图 8-7　查看 books 表中数据变化

说明：执行修改数据操作时，INSERTED 表中存入修改后的数据，DELETED 表存入修改前的数据，INSERTED 表和 DELETED 表的表结构都与 books 表相同。

第四步：删除 books 表中刚增加的数据，查看触发器效果。

(1) 在【对象资源管理器】上选择 books 表，导出 delete 脚本如下。

```
DELETE FROM [bookDB].[dbo].[books]
      WHERE <搜索条件,,>
GO
```

(2) 修改脚本，删除刚增加的 bookID=5 的图书信息。

```
DELETE FROM [bookDB].[dbo].[books]
      WHERE BookID = 5
GO
```

(3) 执行语句，屏幕上显示如图 8-8 所示运行结果。

结果 消息

BookID	BookName	Author	BookType	KuCunLiang

inserted表中内容

	BookID	BookName	Author	BookType	KuCunLiang
1	5	SQL数据库实用案例教程	王雪梅	计算机类	5

deleted表中内容

图 8-8　运行结果

(4) 查看 books 表中数据变化，如图 8-9 所示。

	BookID	BookName	Author	BookType	KuCunLiang
1	1	数据库系统概论	王珊	计算机类	12
2	2	细节决定成败	汪中求	综合类	4
3	3	C语言程序设计		NULL	7

5号图书信息已经删除

图 8-9　查看 books 表中数据变化

说明：执行删除数据操作时，INSERTED 表中无数据，DELETED 表存入删除的数据，INSERTED 表和 DELETED 表的表结构都与 books 表相同。

【例题 2】 在 bookDB 数据库的 books 表上创建一个 insert 触发器 tr_booksIn，当在 books 表中插入数据时，判断书名和作者都相同的图书不可以重复录入。

(1) 创建触发器

```
CREATE TRIGGER tr_booksIn
   ON books                                           -- 在 books 表上建触发器
   AFTER INSERT                                       -- 后触发，只响应 INSERT 一个操作
AS
BEGIN
  declare @nn int                                     -- 声明变量@nn
  select @nn = count( * )                   -- 两表连接查询统计记录数，书名作者相同但 ID 不同
  from books, inserted
  where books.bookName = inserted.bookName
    and books.author = inserted.author
    and books.bookID = inserted.bookID
  if @nn > 0
    begin
      print '此图书信息已经录入，不可重复录入'
      rollback
    end
END
```

(2) 插入数据检测新建的触发器

```
INSERT INTO [bookDB].[dbo].[books] ([BookName],[Author])
     VALUES('数据库系统概论','王珊')
```

语句执行效果如图 8-10 所示。

图 8-10　执行效果

(3) 查看 books 表中数据变化,如图 8-11 所示。

结果 | 消息

	BookID	BookName	Author	BookType	KuCunLiang
1	1	数据库系统概论	王珊	计算机类	12
2	2	细节决定成败	汪中求	综合类	4
3	3	C语言程序设计		NULL	7

数据没有变化，没有重复插入

图 8-11　查看 books 表中数据变化

说明：使用 DML 触发器可以对表中数据的增加、删除、修改操作进行及时响应,既可以实现表中“约束”可以实现的所有功能,还可以实现“约束”无法实现的功能。

【例题 3】　在 bookDB 数据库的 readers 表上创建一个 delete 删除触发器 tr_readersDe,当在 readers 表中删除数据时,显示提示“有??? 条读者信息被删除”。

创建触发器代码:

```
CREATE TRIGGER tr_readersDe
   ON readers                                        -- 在 readers 表上建触发器
   AFTER DELETE                                      -- 后触发,只响应 DELETE 操作
AS
BEGIN
  declare @MESS VARCHAR(50)                          -- 声明变量@MESS
  select @MESS = STR(@@ROWCOUNT) + '条读者信息被删除'       -- 使用全局变量
  select @MESS                                       -- 输出信息
END
```

测试触发器效果如图 8-12 所示。

说明：通过全局变量@@ROWCOUNT 可以知道受影响语句的行数。

图 8-12　测试触发器效果

【例题 4】　在 BookDB 数据库 book 表上定义一个 UPDATE 触发器,当修改图书数量字段时触发,图书数量小于 3 本时提示“? 图书数量已经小于三本”,其中“?”为书名。

代码 1:

```
create trigger tr_bookKuCunLiang
on books                                             -- 在 books 表上建触发器
for update                                           -- 后触发,响应修改数据操作
as
if update(KuCunLiang)
begin
  declare @sl int,@sm varchar(30)
  -- inserted 表只有一条记录,查询不用加 where 条件
  select @sl = KuCunLiang,@sm = bookname from inserted
  if @sl < 3
    print '《' + @sm + '》图书数量已经小于三本'             -- 字符串拼接输出
end
```

代码 2:只定义一个变量@sl,图书名直接从 inserted 表中查询

```
drop trigger tr_bookKuCunLiang
```

```
go
create trigger tr_bookKuCunLiang
on books                                      -- 在 books 表上建触发器
for update                                    -- 后触发,响应修改数据操作
as
if update(KuCunLiang)
begin
  declare @sl int
  -- inserted 表只有一条记录,查询不用加 where 条件
  select @sl = KuCunLiang from inserted
  if @sl < 3
     select '《' + bookname + '》图书数量已经小于三本' from inserted
end
```

测试触发器效果如图 8-13 所示。

图 8-13 测试触发器效果

说明:update 触发器中加 if update(列名)语句,表示只在修改这一列的值时才触发,修改其他列不触发。

【例题 5】 创建一个 DDL 触发器,用于防止用户删除或更改 bookDB 数据库中的任一数据表。

(1) 创建触发器代码:

```
use bookDB
go
create trigger cant_drop
-- 创建数据库级的触发器,建在当前打开的 bookDB 数据库中
on database
-- 响应的操作是删除表的操作,后触发
for drop_table
as
begin
  print '禁止删除或修改该数据表'
  rollback                                    -- 数据回滚,取消操作
end
```

触发器创建完成,在【对象资源管理器】上刷新,可以看到此 DDL 触发器是数据库级的,而不是表级的,在 bookDB 数据库的【可编程性】中可以看到该触发器,如图 8-14 所示。

(2) 删除 bookDB 数据库的 borrow 表,检测触发器的效果代码:

```
drop table borrow
```

执行效果如图 8-15 所示。

图 8-14 数据库级 DDL 触发器

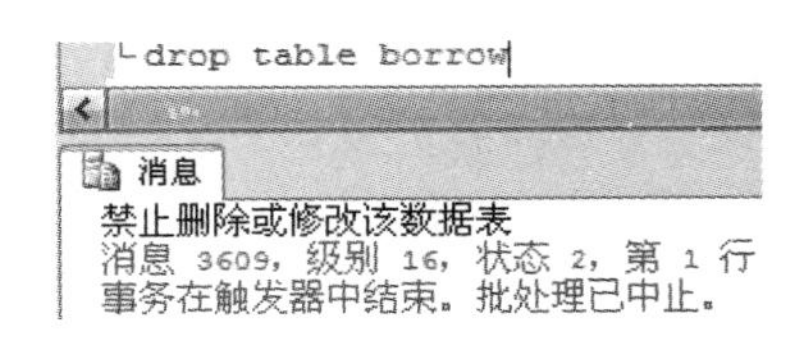

图 8-15 执行结果

【例题 6】 在服务器上创建 DDL 触发器，防止服务器上任意一个数据库被修改或删除。

代码：
```
create trigger tr_protectDB
--创建服务器级的触发器
on ALL SERVER
--响应的操作是：删除数据库和修改数据库，后触发，DDL 都是后触发
for drop_database,alter_database
as
begin
  print '要修改或删除数据库，必须先禁止 tr_protectDB 触发器'
  rollback                                    --数据回滚，取消操作
end
```

说明： 如图 8-16 所示，DDL 触发器是 SQL Server 2005 以后版本新增的功能，使用 DDL 触发器可以防止或记录对数据库架构的修改。DDL 触发器主要响应以 CREATE、ALTER、DROP 开头的语句。

图 8-16 服务器级 DDL 触发器

【例题 7】 禁用服务器上创建的 DDL 触发器 tr_protectDB，以便修改数据库信息，修改完毕再启用。

代码：

```
--禁用触发器 tr_protectDB
DISABLE TRIGGER tr_protectDB
ON ALL SERVER

--启用触发器 tr_protectDB
ENABLE TRIGGER tr_protectDB
ON ALL SERVER
```

【例题 8】 禁用 books 表上的触发器 tr_booksIn，查看该触发器图标表的变化。

代码：

```
DISABLE TRIGGER tr_booksIn on book
```

说明： 触发器被禁用后就不再工作，在【对象资源管理器】上刷新后可以看到该触发器的图表上增加一个红色向下的箭头。如图 8-17 所示。也可以在 SSMS 上选择该触

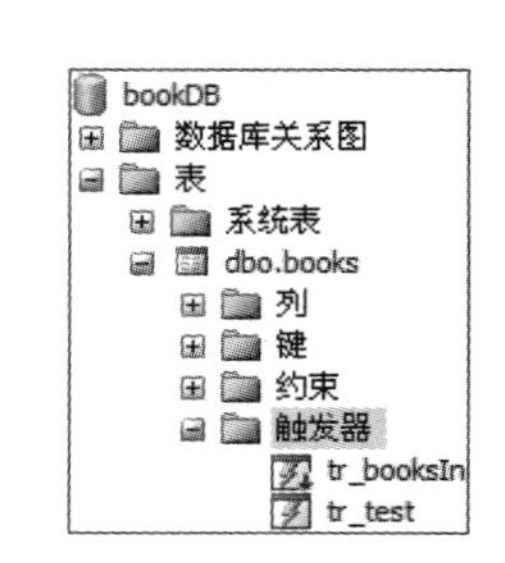

图 8-17 禁用触发器

发器后单击右键进行禁用和启用。

任务小结

SQL Server 提供了两种机制来强制业务规则和数据完整性：约束和触发器。用触发器可以实现约束的限制，也可以实现比 CHECK 约束更为复杂的约束，还可以实现数据的级联修改。触发器是特殊的存储过程，但不能用 EXECUTE 主动调用，而是在满足一定条件时自动执行。触发器不可以定义参数，当表删除时，表上建的触发器一同删除。

SQL Server 2008 提供了两大类触发器：DML 触发器和 DDL 触发器。常用的是 DML 触发器。

DML 触发器是对 INSERT、UPDATE、DELETE 数据操纵语句进行响应，可以定义一个触发器响应多个操作，也可以定义一个触发器只响应一个操作。表的所有者具有创建触发器的默认权限，且不可将权限传给其他用户。触发器只能创建在当前数据库，并且一个触发器只能对应一个表。DML 触发器可以在两个临时表 INSERTED、DELETED 中快速地找到变化的数据。

DDL 响应的操作是 CREATE、ALTER、DROP 等数据定义事件。每一个 DDL 事件都对应一个 T_SQL 语句，DDL 事件名由 T_SQL 语句中的关键字以及关键字之间的下画线构成。如删除表事件为 DROP_TABLE，修改索引事件为 ALTER_INDEX 等。

触发器分为后触发和前触发。后触发 AFTER 触发器的执行顺序是：表中约束检查→修改表中数据→激活触发器。前触发 INSTEAD OF 触发器的执行顺序是：激活触发器→若触发器涉及数据修改，则检查表中约束→修改表中数据。可以为一个表的同一操作定义多个后触发器，但每个 INSERT、UPDATE、DELETE 语句最多可以定义一个前触发器。

触发器暂时不需要发挥作用时可以进行禁用操作，需要的时候再启用，彻底不使用了再删除。

操作题

1. 在 bookDB 数据库的 books 表上创建一个 insert 触发器，当增加图书信息时，提示该类图书的数量。

2. 在 bookDB 数据库的 books 表上创建一个 UPDATE 触发器，当修改图书名时自动查找在 books 表中是否有和此书同名同作者的书，如果有，拒绝修改。

3. 在 bookDB 数据库的 readers 表上创建一个删除触发器，当删除读者信息之前，先到借阅表 borrow 中查询该读者是否有未归还的图书，有则予以提示不能删除。

4. 在 bookDB 数据库的 books 表上创建一个删除触发器 tr_delBooks，当删除 books 表中图书信息时，将 borrow 表中该图书的借阅信息一同删除。

5. 使用系统存储过程查看触发器 tr_delBooks 的文本。

6. 删除触发器 tr_delBooks。

7. 在 bookDB 数据库上创建 DDL 触发器，以免数据库中的触发器被删除。

8. 在 stuDB 数据库的 SC 表中增加一个 dj(等级)字段，定义为 6 位可变长字符串型，允许为空。编写存储过程 p_dj，判断 grade 字段分数的范围，分数大于等于 90 分为“优秀”，小于 90 且大于等于 80 为“良好”，小于 80 且大于等于 70 为“中等”，小于 70 且大于等于 60 为“及格”，60 以下为“不及格”，将确定的 5 个等级结果存入 dj 字段中。在 SC 表中创建插入触发器 tri_sc_insert，调用存储过程 p_dj，然后在 SC 表中增加数据查看效果。

9. 定义 sc 表的更新触发器 tri_sc_update，使成绩有修改时自动更新等级，然后更新数据查看效果。

理论题

一、填空题

1. SQL Server 2005 提供了两种类型的触发器，分别为(　　　　)和(　　　　)。
2. 在 SQL Server 中，DML 触发器可以对三个事件触发，执行特定的功能，分别为 insert、update 和(　　　　)。
3. 触发器定义在一个表中，当在该表中执行(　　　　)、update 或 delete 操作时被触发自动执行。
4. SQL Server 2005 数据库在进行数据更新时会产生两个临时表，用于记录更改前后变化的信息，这两个临时表是(　　　　)和(　　　　)。它们的表结构与创建触发器的表结构(　　　　)。
5. 执行 insert 操作时，新插入的数据被存储到(　　　　)临时表中。(　　　　)表中没有数据。
6. 执行 delete 操作时，被删除的数据被存储到(　　　　)临时表中。(　　　　)表中没有数据。
7. 执行 UPDATE 操作时，(　　　　)临时表中存储修改后的新数据。(　　　　)表中存储修改前的旧数据。
8. 创建触发器的命令是(　　　　)。
9. 删除名为 tr_delete 的触发器语句是(　　　　)。

二、判断题

1. 创建的触发器只能响应一个事件，也就是如下语法中 INSERT、UPDATE、DELETE 三个选项只能写一个。(　　)
2. 创建触发器语法中的 AFTER 选项代表触发器在相应操作执行前触发。(　　)
3. 创建触发器语法中的 INSTEAD OF 选项代表触发器在相应操作执行后触发。(　　)
4. UPDATE 触发器可以判断在修改某个执行列时才触发，用到了函数 update()，该函数的参数是创建触发器的表名，如在 employee 表中创建触发器，判断不允许修改 employeeID 字段，触发器中要写 If UPDATE(employee)。(　　)

三、简答题

1. 请说明以下语句的功能。

```
CREATE TRIGGER employee_Update
ON employee
FOR UPDATE
```

```
AS
IF UPDATE (departmentID)
BEGIN
   print '禁止修改员工的部门编号!'
   ROLLBACK
END
```

2. 请说明以下语句的功能。

```
CREATE TRIGGER employee_deleted
ON Employee
FOR DELETE
AS
DECLARE @departmentName varchar(50)
SELECT @departmentName = departmentName
    FROM department JOIN deleted
       ON department.departmentID = deleted.departmentID
IF (@departmentName = '人事部')
BEGIN
     PRINT '此为人事部门的员工,无法删除记录'
     ROLLBACK
END
```

任务 9　游标的管理与使用

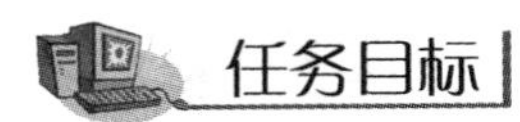

任务目标

了解游标种类、游标的作用；

掌握游标基本操作：定义游标、打开游标、读取游标、关闭与释放游标；

能使用与管理游标。

1. T_SQL 游标语法

1）定义游标

```
DECLARE <游标名> [SCROLL] CURSOR
FOR statement
[FOR {READ ONLY|UPDATE [OF column_name[,...n]]}]
```

参数说明如下。

游标名：自命名的游标名称，要遵守命名规则。

SCROLL：表示可以循环提取，所有提取操作(FIRST 第一行、LAST 最后一行、NEXT 下一行、PRIOR 上一行)都可用，不使用该关键字只能执行 NEXT。

Statement：定义游标的 SQL 语句。

READ ONLY：表示游标为只读，是默认值。

UPDATE [OF column_name[,...n]]：定义游标内可修改的列，如果指定了 OF 子句，则只能修改所列出的列。默认是 FOR READ，只读游标。

2）打开游标

```
OPEN <游标名|变量名>
```

参数说明如下。

打开游标可以直接写游标名，也可以通过变量传递。定义好的游标必须打开才可以使用。

3）读取游标

```
FETCH [NEXT| LAST|FIRST|PRIOR]
FROM <游标名|变量名>
[INTO 变量名]
```

参数说明如下。

NEXT：返回游标当前行的下一行数据，是默认值。

LAST：返回游标最后一行数据，定义游标时加[SCROLL]选项才有此功能。

FIRST：返回游标第一行的数据，定义游标时加[SCROLL]选项才有此功能。

PRIOR：返回游标当前行的上一行数据，定义游标时加[SCROLL]选项才有此功能。

INTO 变量名：将提取的一行数据存到局部变量中。

4）关闭游标

```
CLOSE   <游标名|变量名>
```

说明：游标用完要立即关闭，关闭后就不能检索结果集中的数据，使用时可以再次 open 打开。关闭游标并没有释放该游标占用的所有资源。

5）释放游标

```
DEALLOCATE <游标名|变量名>
```

说明：释放游标所占资源，释放后不可以再用 OPEN 语句打开游标，如还需使用此游标，必须重新用 DECLARE 语句声明。

6）查看游标

使用系统存储过程 sp_describe_cursor 可以查看服务器游标的属性信息。

```
sp_describe_cursor   声明的游标变量 output,global,要查看的游标名
```

【例题】 查看已定义的游标 c_stud 的属性信息。

代码：

```
declare @a cursor                              --定义一个游标变量,作系统存储过程的输出参数
exec sp_describe_cursor @a output,global,c_stud
fetch from @a
```

结果如图 9-1 所示。

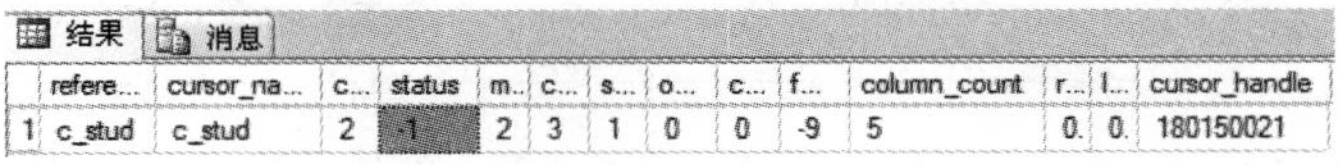

结果 | 消息

	refere...	cursor_na...	c...	status	m..	c...	s...	o...	c...	f...	column_count	r...	l...	cursor_handle
1	c_stud	c_stud	2	-1	2	3	1	0	0	-9	5	0.	0.	180150021

图 9-1　执行结果

2. 游标例题

【例题 1】 定义一个查询 stuDB 数据库中学生信息的游标 c_stud，并使用。

1）定义游标 c_stud

代码：
```
declare c_stud scroll cursor                     --定义可循环读取的游标
for
SELECT Sno,name,Sex,Nation,Birthday
 FROM stuDB.dbo.Student
```

2）打开游标 c_stud

代码：
```
open c_stud
```

说明：游标定义完成后必须打开才可以使用，游标刚打开时游标记录指针指向第一条记录之前的游标头部。此时读取第一条和读取下一条的结果是一样的。

3）读游标 c_stud 中的数据

方法一：游标结果在平台直接显示

准备：事先查询 Student 表中数据，比对数据理解游标执行效果，Student 表中数据如图 9-2 所示。

```
SELECT Sno,name,Sex,Nation,Birthday    FROM stuDB.dbo.Student
```

结果 | 消息

	Sno	name	Sex	Nation	Birthday
1	1001	张海波	男	汉族	1996-01-01
2	1002	李华华	女	汉族	1997-01-04
3	1003	周杰伦	男	回族	1995-08-14
4	1004	欧阳苗苗	男	满族	1996-10-10
5	1005	吴怡雯	女	汉族	1998-11-01

图 9-2　Student 表数据

通过游标读取的数据结果如表 9-1 所示。

表 9-1　各种游标操作的结果

读取游标语句	结　　果
fetch FROM c_stud　　--读下一条	Sno | name | Sex | Nation | Birthday 1001 | 张海波 | 男 | 汉族 | 1996-01-01
fetch first FROM c_stud　　--读第一条	Sno | name | Sex | Nation | Birthday 1001 | 张海波 | 男 | 汉族 | 1996-01-01
fetch FROM c_stud　　--读下一条	Sno | name | Sex | Nation | Birthday 1002 | 李华华 | 女 | 汉族 | 1997-01-04
fetch last FROM c_stud　　--读最后一条	Sno | name | Sex | Nation | Birthday 1005 | 吴怡雯 | 女 | 汉族 | 1998-11-01
fetch PRIOR FROM c_stud　　--读上一条	Sno | name | Sex | Nation | Birthday 1004 | 欧阳苗苗 | 男 | 满族 | 1996-10-10
fetch FROM c_stud　　--读下一条	Sno | name | Sex | Nation | Birthday 1005 | 吴怡雯 | 女 | 汉族 | 1998-11-01

方法二：游标结果存入变量并显示

```
/* 定义局部变量，用于存游标中数据，
变量的数据类型必须与要存储的数据类型一致，长度最好也一致。 */
declare @xh int,@xm varchar(8),@sex char(2)
declare @mz varchar(20),@sr date
fetch first from c_stud
into @xh,@xm,@sex,@mz,@sr                    --读游标第一条数据存入变量
select @xh,@xm,@sex,@mz,@sr                  --显示变量中存储的内容
```

运行结果如图 9-3 所示。

	(无列名)	(无列名)	(无列名)	(无列名)	(无列名)
1	1001	张海波	男	汉族	1996-01-01

图 9-3　运行结果

说明：游标查询结果集中会有多条记录，变量每次只能存一个值。

方法三：循环读取游标数据

```
/* 定义局部变量，用于存游标中数据，
变量的数据类型必须与要存储的数据类型一致，长度最好也一致。*/
    declare @xh int,@xm varchar(8),@sex char(2)
    declare @mz varchar(20),@sr date
    fetch first from c_stud                          -- 读游标第一条数据存入变量
    into @xh,@xm,@sex,@mz,@sr
    WHILE @@FETCH_STATUS = 0                         -- 用全局变量判断是否数据全部读完
    BEGIN
      select @xh,@xm,@sex,@mz,@sr                    -- 显示变量中存储的内容
      fetch next from c_stud into @xh,@xm,@sex,@mz,@sr               -- 读游标下一条
    END
```

运行结果如图 9-4 所示。

	(无列名)	(无列名)	(无列名)	(无列名)	(无列名)
1	1001	张海波	男	汉族	1996-01-01

	(无列名)	(无列名)	(无列名)	(无列名)	(无列名)
1	1002	李华华	女	汉族	1997-01-04

	(无列名)	(无列名)	(无列名)	(无列名)	(无列名)
1	1003	周杰伦	男	回族	1995-08-14

	(无列名)	(无列名)	(无列名)	(无列名)	(无列名)
1	1004	欧阳苗苗	男	满族	1996-10-10

	(无列名)	(无列名)	(无列名)	(无列名)	(无列名)
1	1005	吴怡雯	女	汉族	1998-11-01

图 9-4　运行结果

说明：全局变量@@FETCH_STATUS 作为循环条件，判断游标提取数据是否成功，返回值 0 为成功，−1 为失败，表示数据全部读完。读取游标数据一般都要用到循环语句，配合全局变量@@FETCH_STATUS 判断，读取每条数据进行处理。

4）关闭游标 c_stud

```
close c_stud
```

说明：关闭游标并没有释放游标占用的所有内存资源，关闭后还可以再次用 open 命令打开，重新打开游标，游标指针又恢复到第一条之前。关闭游标可以起到指针复原的作用。

5）释放游标 c_stud

```
deallocate  c_stud
```

说明：释放游标也就释放了游标所占用的内存，释放后不可以再打开，如果想再次使用

此游标,需要用 DECLARE 语句重新声明。

【例题 2】 使用游标实现报表形式显示未归还图书的信息,显示为读者号,读者姓名、图书名、借书日期。

代码:
```
use bookDB
go
declare c_readerNoRe scroll cursor                   -- 定义游标
for
SELECT readers.readerID, readerName, bookName, borrowerDate
 FROM readers, books, borrow
 where readers.readerID = borrow.readerID and books.bookID = borrow.bookID
open c_readerNoRe                                    -- 打开游标
declare @rID int, @rName varchar(50)
declare @bName varchar(50), @boDate date
fetch from c_readerNoRe into @rID, @rName, @bName, @boDate        -- 读游标
while @@FETCH_STATUS = 0
begin
  print '读者号:' + str(@rID,2) + ', 读者姓名:' + @rName + ', 图书名:'
       + @bName + ' 借书日期' + CONVERT(CHAR(10), @boDate)
  fetch from c_readerNoRe into @rID, @rName, @bName, @boDate      -- 读游标
end
close c_readerNoRe                                   -- 关闭游标
DEALLOCATE c_readerNoRe                              -- 释放游标
```

运行结果如图 9-5 所示。

```
消息
读者号: 9, 读者姓名:田亮, 图书名:数据库系统概论 借书日期2015-10-01
读者号:11, 读者姓名:周杰伦, 图书名:数据库系统概论 借书日期2016-08-05
读者号:10, 读者姓名:李湘, 图书名:细节决定成败 借书日期2016-08-01
读者号:11, 读者姓名:周杰伦, 图书名:C语言程序设计 借书日期2016-08-04
```

图 9-5 运行结果

说明: 读取游标的语句一般都是写两条,先读一次游标,然后用@@FETCH_STATUS 作判断条件进行循环,循环体语句中必须有再次读取游标的语句。

【例题 3】 使用游标修改数据。使用游标将 bookDB 数据库的 books 表中图书类型为空的 bookType 字段赋值为“待分类”。

代码:
```
use bookDB                                           -- 打开数据库
go
-- 定义一个可修改游标,取图书类型为空的数据
declare Cur_Books CURSOR
FOR SELECT bookType FROM books WHERE bookType is null
for update
open Cur_Books                                       -- 打开游标
declare @ty varchar(50)                              -- 声明变量存游标数据
fetch from Cur_Books into @ty                        -- 读游标数据
while @@FETCH_STATUS = 0                             -- 判断是否全读完
begin
    -- 用游标修改数据的条件是 where CURRENT of 游标名,只改当前行
    update books set bookType = '待分类' where CURRENT of Cur_Books
    fetch from Cur_Books into @ty                    -- 读游标数据
```

```
end
CLOSE Cur_Books                                  -- 关闭游标
DEALLOCATE Cur_Books                             -- 释放游标
```

说明：使用游标修改数据需要在定义游标时用[FOR UPDATE]选项，只写 FOR UPDATE 表示可修改任意列，后面用 OF 子句精确到只可修改哪些列。使用游标修改数据 update 语句中的条件固定是 where CURRENT of 游标名，表示修改的是当前行。用游标修改数据功能很少使用，多数用只读游标。

【例题 4】 使用游标修改指定列。使用游标修改 stuDB 数据库 SC 表中"数据库原理"课程的成绩，如果学生成绩小于 60 分，将成绩修改增加 10 分，否则将成绩增加二分之一的(100-成绩)。

代码：
```
use stuDB
go
declare c_UpGrade cursor                         -- 定义游标
for
SELECT Grade
 FROM stuDB.DBO.SC
 where Cno = (select Cno from stuDB.DBO.Course where cNAME = '数据库原理')
for update of Grade
open c_UpGrade                                   -- 打开游标
declare @cj int
fetch from c_UpGrade into @cj                    -- 读取游标
while @@FETCH_STATUS = 0
begin
   if @cj < 60
      update SC set Grade = Grade + 10 where CURRENT of c_UpGrade
   else
      update SC set Grade = Grade + (100 - Grade)/2 where CURRENT of c_UpGrade
   fetch from c_UpGrade into @cj                 -- 读取游标
end
close c_UpGrade                                  -- 关闭游标
DEALLOCATE c_UpGrade                             -- 释放游标
```

说明：本题目定义游标时用到"update of 列名"子句，限制通过游标只能修改这些列。SELECT 语句中用到了嵌套查询，IF…ELSE 语句中每个分支只有一条语句，没有使用 BEGIN…END 语句。

【例题 5】 使用游标删除数据。

代码：
```
use bookDB                                       -- 打开数据库
go
 -- 定义一个可修改游标,取图书类型为空的数据
declare Cur_Books2 CURSOR
FOR SELECT bookType FROM books WHERE bookType is null
for update
open Cur_Books2                                  -- 打开游标
declare @ty varchar(50)                          -- 声明变量存游标数据
fetch from Cur_Books2 into @ty                   -- 读游标数据
while @@FETCH_STATUS = 0                         -- 判断是否全读完
begin
     -- 用游标修改数据的条件是 where CURRENT of 游标名,只改当前行
```

```
        delete from books where CURRENT of Cur_Books2
        fetch from Cur_Books into @ty               -- 读游标数据
    end
    CLOSE Cur_Books2                                -- 关闭游标
    DEALLOCATE Cur_Books2                           -- 释放游标
```


说明：使用游标删除数据的语句是：delete from 表名 where CURRENT of 游标名，删除的是当前行。

【例题 6】 使用游标变量操作游标。

代码：
```
declare c_books cursor                          -- 定义游标
for
SELECT bookNAME FROM books

declare @cur_var cursor                         -- 定义游标变量
DECLARE @BN VARCHAR(20)
set @cur_var = c_books                          -- 设置游标与游标变量关联
open @cur_var                                   -- 通过游标变量打开游标
fetch from @cur_var INTO @BN                    -- 读取游标
while @@FETCH_STATUS = 0
BEGIN
  PRINT @BN                                     -- 输出
  fetch from @cur_var INTO @BN                  -- 读取游标
END
close @cur_var                                  -- 关闭游标
DEALLOCATE @cur_var                             -- 释放游标
```

说明：此题目游标语句很简单，只为演示游标变量的使用。代码中的 BEGIN…END 语句如果被省略，会出现死循环，为什么？

【例题 7】 定义一个游标变量，使用系统存储过程 sp_cursor_list 查看游标属性。

代码：
```
declare @c_readerNoRe cursor
exec sp_cursor_list @c_readerNoRe output ,2
fetch from @c_readerNoRe
while @@FETCH_STATUS = 0
    fetch from @c_readerNoRe
```

运行结果如图 9-6 所示。

结果 | 消息

	reference_name	cursor_name	cursor_scope	status	model	concurrency	scrollable	open_status	cursor_rows	fetch_status	column_count	row_count	last_operation	cursor_handle
1	Cur_Books2	Cur_Books2	2	1	3	3	0	1	-1	-9	1	0	1	180150005

	reference_name	cursor_name	cursor_scope	status	model	concurrency	scrollable	open_stat...	cursor_rows	fetch_status	column_count	row_count	last_operation	cursor_handle
1	c_readerNoRe	c_reader...	2	1	2	3	1	1	4	-9	4	0	1	180150007

	reference_name	cursor_name	cursor_sco...	status	model	concurrency	scrolla...	open_status	cursor_rows	fetch_status	column_count	row_count	last_operation	cursor...

图 9-6 运行结果

说明：当前有两个游标被打开，所以查询结果返回的是这两个游标的信息。系统存储过程 sp_cursor_list 有两个参数，第一个参数是一个游标变量作为输出参数，第二个参数是一个输入参数，表示游标的作用范围，有三种值：1 表示返回所有 LOCAL 游标，2 表示返回所有 GLOBAL 游标，3 表示 LOCAL、GLOBAL 游标都返回。本例题使用了 2。

任务小结

游标是系统为用户开设的一个数据缓冲区，存放 SQL 语句的执行结果，是一种能从包括多条数据记录的结果集中每次提取一条记录的机制。游标可以用在 T_SQL 脚本、存储过程和触发器中。游标类似于 C 语言中的指针数据结构。

游标总是与一条 select 语句相关联，因为游标由 select 结果集和结果集中指向特定记录的游标位置组成，结果集中数据可以是零条、一条或多条记录。

游标允许应用程序对查询语句 select 返回的结果集中每一行进行相同或不同的操作，而不是一次对整个结果集进行同一种操作。

游标还提供对基于游标位置对表中数据进行删除或更新的能力。如果需要用游标修改与删除数据，在声明游标时需要使用 FOR UPDATE 选项，然后在修改或删除语句中用“WHERE CURRENT OF 游标名”定位游标。

通过系统存储过程@@CURSOR_ROWS 可以获取当前打开游标的可使用数据行数，通过系统存储过程@@FETCH_STATUS 判断读取数据是否成功。

游标有三种类型：T-SQL 游标、API 服务器游标、客户端游标，前两种又统称为服务器游标。本章主要介绍的是 T-SQL 游标。T-SQL 游标是基于 declare cursor 语法，主要用于 T-SQL 脚本、存储过程、函数、触发器中；API 服务器游标是支持 OLE DB 和 ODBC 数据源，API 服务器游标在服务器上实现，并由 API 游标函数进行管理，由应用程序调用；客户端游标也称为前台游标，在客户端程序实现。

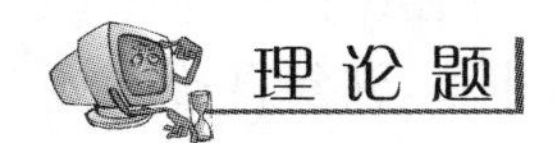

操作题

使用游标编一段小程序，统计 bookDB 数据库中某类图书的数量。

理论题

一、填空题

1. 使用游标的语句一般是(　　　　)结构。
2. 使用游标的步骤是：定义游标、打开游标、使用游标读取数据、(　　　　)、释放游标。
3. 定义游标的语句是(　　　　)，打开游标的语句是(　　　　)，读取游标中下一条记录的语句是(　　　　)。
4. 关闭游标的语句是(　　　　)，释放游标的语句是(　　　　)。
5. 使用游标时必须要用到的全局变量是(　　　　)。

二、判断题

1. 游标释放后可以再次打开使用。　(　　)
2. 定义一个游标可以多次使用，可以多次打开和关闭。　(　　)
3. 游标使用完毕必须关闭，以便释放占用的资源。　(　　)

三、简答题

使用游标访问数据包括哪些步骤？

任务 10 事务的创建和使用

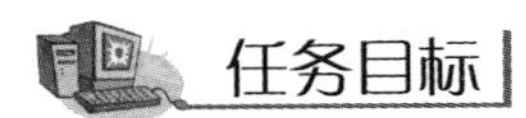

了解事务的概念、事务的种类、事务的特点；
能够进行事务的基本操作：启动事务、保存事务、提交事务、回滚事务；
理解事务的并发控制。

1. 事务语法

SQL Server 系统中事务有三种模式，分别为自动提交事务模式、显式事务模式、隐式事务模式。SQL Server 默认是自动提交事务模式。

1）开始事务

```
BEGIN TRAN[SACTION]  [ 事务名 ]
```

功能：定义一个显式事务，执行事务时，SQL Server 会根据系统设置的隔离级别，锁定其访问资源直到事务结束。

```
SET  IMPLICIT_TRANSACTIONS  ON
```

功能：启动隐式事务，语句不再自动提交，需要用 COMMIT 或 ROLLBACK 提交或回滚。执行 SET IMPLICIT_TRANSACTIONS OFF 命令可以取消隐式事务，恢复自动提交事务模式。

2）结束事务

```
COMMIT TRAN[SACTION]  [ 事务名 ]
```

功能：提交事务，事务自开始以来对数据库的所有修改永久化，标记一个事务结束。

```
ROLLBACK TRAN[SACTION]  [事务名|保存点名]
```

功能：回滚事务，事务自开始以来或自保存点以来对数据库的所有修改全部取消，也标记一个事务结束。

3）设置保存点

```
SAVE TRAN[SACTION]  [检查点名]
```

功能：在事务内部设置保存点，定义事务可以返回的位置。

2. 事务处理例题

【例题 1】 定义显式事务实现 9 号读者借 8 号图书的借书操作。借书操作涉及三个表中数据变化：借阅表 borrow 中插入一条借书记录，books 表相应图书的库存量减 1，readers 表中该读者的借书数量加 1。请定义一个事务，保证这三个操作或者同时成功，或者同时失败。

代码：
```
BEGIN TRANSACTION                               -- 开始显式事务
    insert into borrow (BookID,ReaderID) values(8,9)
    if @@error!= 0                              -- 全局变量@@error = 0 表示语句执行成功
    begin
      rollback TRANSACTION                      -- 回滚事务
      return                                    -- 强制退出，不再执行后面的语句
    end

    update books set KuCunLiang = KuCunLiang - 1 where BookID = 8
    if @@error!= 0                              -- 判断语句执行不成功则回退
    begin
      rollback TRANSACTION                      -- 回滚事务
      return                                    -- 强制退出，不再执行后面的语句
    end

    update readers set BorrowBookNum = BorrowBookNum + 1 where ReaderID = 9
    if @@error!= 0                              -- 判断语句执行不成功则回退
    begin
      rollback TRANSACTION                      -- 回滚事务
      return                                    -- 强制退出，不再执行后面的语句
    end

commit TRANSACTION                              -- 提交事务
```

查看数据库中变化的语句如下。

```
select * from books
select * from readers
select * from borrow
```

说明： 本题目只是为简单演示事务的使用，对每一条数据操纵语句都进行判断，语句不成功就回滚所有操作，退出程序，语句执行成功就继续下一个操作，每一条语句都成功，最后进行统一提交。实际在借书时还要判断图书是否有库存，读者借书数量是否最大等。

【例题 2】 将例题 1 改写为存储过程，读者编号和图书编号作为存储过程的输入参数。无输出参数，在数据库表中看执行效果。存储过程中定义显式事务实现保证数据一致。借书操作涉及三个表中的数据变化，借阅表 borrow 中插入一条借书记录，books 表相应图书的库存量减 1，readers 表中该读者的借书数量加 1。

代码：
```
create proc p_borr
@rID INT,@bID INT
AS
BEGIN
  BEGIN TRANSACTION                             -- 开始显式事务
  insert into borrow (BookID,ReaderID) values(@bID,@rID)
  if @@error!= 0                                -- 全局变量@@error = 0 表示语句执行成功
```

```
        begin
        rollback TRANSACTION                          -- 回滚事务
        return                                        -- 强制退出,不再执行后面的语句
        end

        update books set KuCunLiang = KuCunLiang - 1 where BookID = @bID
        if @@error!= 0                                -- 判断语句执行不成功则回退
        begin
        rollback TRANSACTION                          -- 回滚事务
        return                                        -- 强制退出,不再执行后面的语句
        end

        update readers set BorrowBookNum = BorrowBookNum + 1 where ReaderID = @rID
        if @@error!= 0                                -- 判断语句执行不成功则回退
        begin
        rollback TRANSACTION                          -- 回滚事务
        return                                        -- 强制退出,不再执行后面的语句
        end

        commit TRANSACTION                            -- 提交事务
    END                                               -- 存储过程定义结束
```

执行存储过程,为 11 号读者借 9 号图书:

代码:
```
exec p_borr 11,8
 --- 查看数据库中变化的语句
```

代码:
```
select * from books
select * from readers
select * from borrow
```

执行结果如图 10-1 所示。

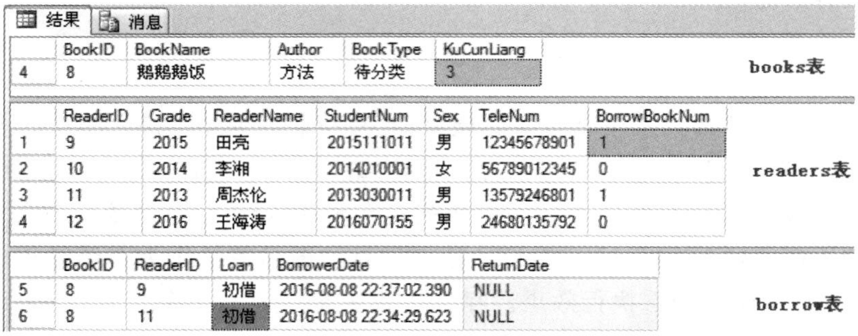

结果 | 消息

books表

	BookID	BookName	Author	BookType	KuCunLiang
4	8	鹅鹅鹅饭	方法	待分类	3

readers表

	ReaderID	Grade	ReaderName	StudentNum	Sex	TeleNum	BorrowBookNum
1	9	2015	田亮	2015111011	男	12345678901	1
2	10	2014	李湘	2014010001	女	56789012345	0
3	11	2013	周杰伦	2013030011	男	13579246801	1
4	12	2016	王海涛	2016070155	男	24680135792	0

borrow表

	BookID	ReaderID	Loan	BorrowerDate	ReturnDate
5	8	9	初借	2016-08-08 22:37:02.390	NULL
6	8	11	初借	2016-08-08 22:34:29.623	NULL

图 10-1　执行结果

说明:程序代码中只有一个事务时,可以不用定义事务名称。

【例题 3】 修改例题 2 代码,简化语句,最后统一提交或回滚。

代码:
```
create proc p_borr2
@rID INT,@bID INT
AS
BEGIN
```

```
    declare @errSum INT = 0                      -- 定义变量累加错误数,初值为 0
    BEGIN TRANSACTION                            -- 开始显式事务
    insert into borrow (BookID,ReaderID) values(@bID,@rID)
    set @errSum = @errSum + @@error              -- 累加错误数

    update books set KuCunLiang = KuCunLiang - 1 where BookID = @bID
    set @errSum = @errSum + @@error              -- 累加错误数

    update readers set BorrowBookNum = BorrowBookNum + 1 where ReaderID = @rID
    set @errSum = @errSum + @@error              -- 累加错误数
    if @errSum = 0
       commit TRANSACTION                        -- 提交事务
    else
       rollback TRANSACTION                      -- 回滚事务
  END                                            -- 存储过程定义结束
```

说明：本题目没有对每一条语句判断是否成功,而是将错误代码进行累加,只要有一个语句运行出错,错误代码数值都会大于 0,最后进行判断,决定全部提交还是全部回退。

【例题 4】 隐式事务模式。

代码：

```
      -- 创建一个临时表
1  CREATE TABLE lishibiao
2  (NO INT NOT NULL,
3   tName char(6) NOT NULL)
4  GO
5  SET IMPLICIT_TRANSACTIONS ON                  --启动隐式事务模式
6  GO
    -- 第一个事务由 INSERT 语句启动
7  INSERT INTO lishibiao VALUES (1, '运动会')
8  INSERT INTO lishibiao VALUES (2, '早操')
9  ROLLBACK TRANSACTION                          -- 回滚第一个隐式事务
10 GO
    -- 第二个隐式事务由 SELECT 语句启动
11 SELECT COUNT( * ) FROM lishibiao
12 INSERT INTO lishibiao VALUES (3, '跑步')
13 INSERT INTO lishibiao VALUES (4, '游泳')
14 COMMIT TRANSACTION                            -- 提交第二个隐式事务
15 GO
16 SET IMPLICIT_TRANSACTIONS OFF                 -- 关闭隐式事务模式
17 GO
```

说明：执行“SET IMPLICIT_TRANSACTIONS ON”命令开始隐式事务,之后执行的 insert、update 或 delete 语句不会自动提交,必须执行 commit 语句才能提交数据,如果想取消操作,执行 ROLLBACK 语句。使用事务应该及时结束,或提交或回滚,事务不结束会锁住数据,影响其他用户使用。

问题：下面几行语句执行完毕,在当前查询窗口中查询 lishibiao 表数据和在新建的查询窗口中查询 lishibiao 表数据有什么不同？填在表 10-1 中。

表 10-1　当前窗口与新建查询窗口数据

	当前窗口查询数据	新建查询窗口查询数据
第 7 条语句		
第 8 条语句		
第 9 条语句		
第 13 条语句		
第 14 条语句		

【例题 5】 设置事务保存点。

代码：

```
   --创建一个临时表
1  CREATE TABLE lishibiao2
2  (NO INT NOT NULL,
3   tName char(6) NOT NULL)
4  GO
5
6  begin TRANSACTION                          --启动显式事务模式
7  INSERT INTO lishibiao2 VALUES (1, '运动会')
8  save TRANSACTION tr_1                      --保存事务断点
9  INSERT INTO lishibiao2 VALUES (2, '早操')
10 ROLLBACK TRANSACTION tr_1                  --回滚至断点

11 INSERT INTO lishibiao2 VALUES (3, '跑步')
12 INSERT INTO lishibiao2 VALUES (4, '游泳')
13 COMMIT TRANSACTION                         --提交事务
```

说明：设置事务断点可以在回滚时只回滚部分操作，但提交操作必须是提交整个事务，无法部分提交。事务的原子性表明一个事务就是一个不可再分的整体，事务结束时必须是同时提交或同时回滚。

问题：下面几行语句执行完毕，在当前查询窗口中查询 lishibiao2 表数据和在新建的查询窗口中查询 lishibiao2 表数据有什么不同？填在表 10-2 中。

表 10-2　当前窗口与新建查询窗口数据

	当前窗口查询数据	新建查询窗口查询数据
第 7 条语句		
第 9 条语句		
第 10 条语句		
第 12 条语句		
第 13 条语句		

【例题 6】 事务嵌套。

代码：

```
    --创建一个临时表                                                     输出值
1   CREATE TABLE lishibiao3
2   (NO INT NOT NULL,
3    tName char(6) NOT NULL)
4   GO
5
6   begin TRANSACTION    tr_1                         --开始事务 1
7   INSERT INTO lishibiao3 VALUES (1, '运动会')
8   print @@trancount                                 --输出事务个数      1

9     begin TRANSACTION    tr_2                       --开始事务 2
10    INSERT INTO lishibiao3 VALUES (2, '早操')
11    print @@trancount                               --输出事务个数      2

12      begin TRANSACTION    tr_3                     --开始事务 3
13      INSERT INTO lishibiao3 VALUES (3, '跑步')
14      print @@trancount                             --输出事务个数      3
15      COMMIT TRANSACTION   tr_3                     --提交事务 3
16      print @@trancount                             --输出事务个数      2
17  rollback TRANSACTION    tr_1                      --回滚事务 1
18  print @@trancount                                 --输出事务个数      0
```

说明：本例题定义了三个级别的事务嵌套，内层嵌套事务 tr_3 先行提交，最后回滚了最外层的事务 tr_1。结果是所有的内层事务都回滚，包括已经提交的第三层事务 tr_3。嵌套事务的原则是：如果外层事务提交，内层事务也全部提交；如果外层事务回滚，不管是否单独提交过内层事务，所有内层事务都将回滚，而且无法只单独回滚内层事务。全局变量@@trancount 返回当前有多少个事务在处理中。

任务小结

事务(Transaction)是 SQL Server 中的一个逻辑工作单元，该单元中的所有语句将被作为一个整体进行处理。事务保证这些操作或者全做，或者一步都不做。比如银行转账操作，至少需要两步：从转出账户取出指定金额的钱，为转入账户存入该金额的钱，如果操作过程中因为停电或系统死机等问题造成只完成了一步操作，则会造成数据的不一致。为此需要将银行转账过程的取钱和存钱所有操作作为一个不可分割的整体，要么全执行成功，要么一步都不执行。

使用事务时应尽量使事务短些，可以减少数据占用的时间，也减少其他用户的等待时间，费时间的交互操作尽量不要放在事务里。事务具有原子性、一致性、隔离性、持久性 4 个属性，简称 ACID 属性。

SQL Server 提供三种事务管理模式：自动提交事务模式、显式事务模式、隐式事务模式。SQL Server 默认是自动提交事务模式。

(1) 自动提交事务模式：每条单独的 SQL 语句都是一个事务，成功执行后自动提交，遇到错误则自动回滚。该模式为系统默认的事务管理模式。

(2) 显式事务模式：该模式允许用户定义事务的开始和结束。事务以 BEGIN TRANSACTION 语句开始，以 COMMIT 或 ROLLBACK 语句结束。

(3) 隐式事务模式：用 SET IMPLICIT_TRANSACTIONS ON/OFF 命令切换。隐式事务不需要使用 BEGIN TRANSACTION 语句标识事务的开始，但需要以 COMMIT 或 ROLLBACK 语句来提交或回滚事务，否则在用户断开连接时，事务及其包含的所有数据更改将自动回滚。在当前事务完成提交或回滚后，新事务自动启动。

BEGIN TRANSACTION 语句开始执行时，全局变量@@TRANCOUNT 的值将加 1，全局变量@@TRANCOUNT 表示当前连接中的现有事务数目。COMMIT TRANSACTION 语句执行时，全局变量@@TRANCOUNT 的值将减 1。

操作题

1. 图书数据库 BookDB 中有 books、readers、borrow 三个表，请编写存储过程实现借书功能，借书操作的数据变化说明如下：①在 borrow 表中插入一条借书记录；②books 表中更新图书库存数量，数量减 1；③readers 中更新借书数量，借书数量加 1，要求使用事务处理，保证这三个操作要么都执行，要么都不执行。

2. 在前面创建的存储过程基础上增加限制如下。

(1) 借书时判断 books 表中图书库存数量，如果数量为 0，提示“图书已全部借出”；

(2) 借书时判断 readers 表中借书数量，限制最多可借 5 本，借满未还则提示不可再借。

3. 编写还书的存储过程，还书操作数据变化如下：①在 borrow 表中相应借书记录存入还书时间；②books 表中更新图书库存数量，数量加 1；③readers 中更新借书数量，借书数量减 1。要求使用事务处理，保证这三个操作要么都执行，要么都不执行。

理论题

一、填空题

1. (　　　　)是 DBMS 的基本单位，它是用户定义的一组逻辑一致的程序序列。
2. 事务处理的三种类型分别是：(　　　　)、(　　　　)、(　　　　)。
3. SQL Server 默认的事务模式是(　　　　)。
4. 显式事务需要用(　　　　)语句开始，执行成功使用(　　　　)语句提交，执行失败使用(　　　　)语句回滚。
5. 事务的 ACID 特性分别代表(　　　　)、(　　　　)、(　　　　)和(　　　　)。
6. 如果数据库中只包含成功事务提交的结果，就说数据库处于(　　　　)状态。

二、判断题

1. 事务中设置了保存点，则可以部分提交事务中的内容。　　(　　)
2. 隐式事务需要使用 begin tran 语句开始。　　(　　)

三、简答题

1. 试述事务的 4 个特性。
2. SQL Server 有哪三种事务模式？默认是哪一种模式？
3. 为什么事务非正常结束会影响数据库数据的正确性？

任务 11　数据库安全性

了解什么是计算机安全问题；
了解 TCSEC 和 CC 标准的主要内容；
掌握登录账号的创建、修改、删除和禁止操作；
掌握数据库用户的添加删除操作；
掌握数据库角色的创建、删除，数据库角色成员的添加和删除方法；
掌握权限管理中语句权限和对象权限的管理方法。

1．身份验证模式

SQL Server 有两种身份验证模式：Windows 身份验证模式和混合身份验证模式。在安装 SQL Server 时可以指定身份验证模式，使用过程中也可以进行修改，修改的步骤为：启动 SQL Server Management Studio，在【对象资源管理器】窗口服务器名称位置单击右键选择【属性】命令，如图 11-1 所示，打开【服务器属性】窗口。

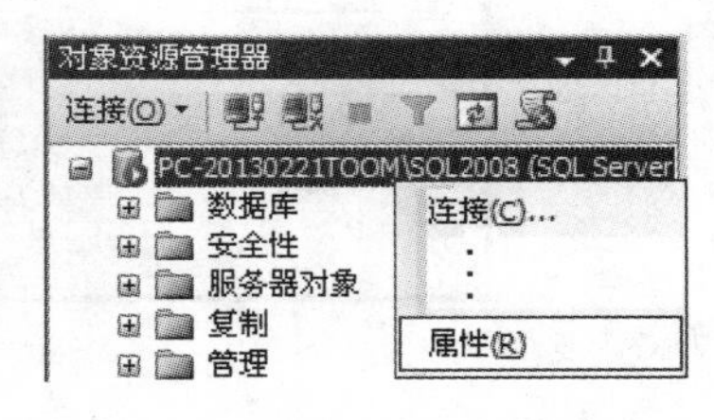

图 11-1　打开【服务器属性】窗口

在【服务器属性】窗口【安全性】页面中进行设置，如图 11-2 所示。

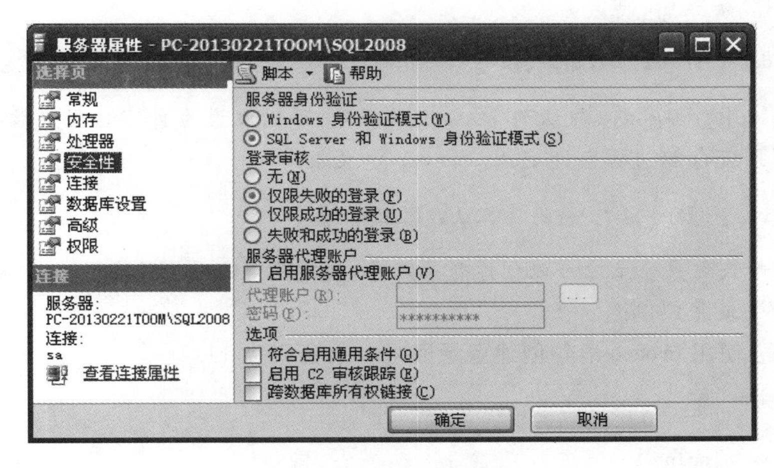

图 11-2　服务器属性

2. 登录账户管理

1) 创建登录账号

(1) 在 SSMS 上创建 SQL Server 登录账户

启动 SQL Server Management Studio，在【对象资源管理器】窗口中选择【安全性】→【登录名】→【新建登录名】，如图 11-3 所示。

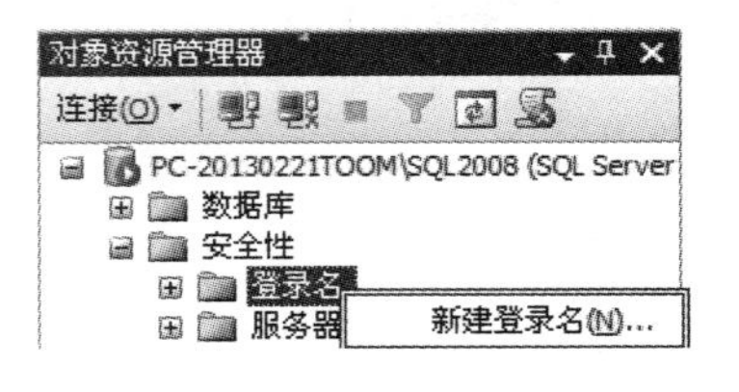

图 11-3 新建登录名

打开【登录名-新建】窗口，在【常规】选项页输入登录名，选择【SQL Server 身份验证】，输入并确认密码，取消选择【强制实施密码策略】复选框，选择默认数据库，单击【确定】按钮，设置效果如图 11-4 所示。

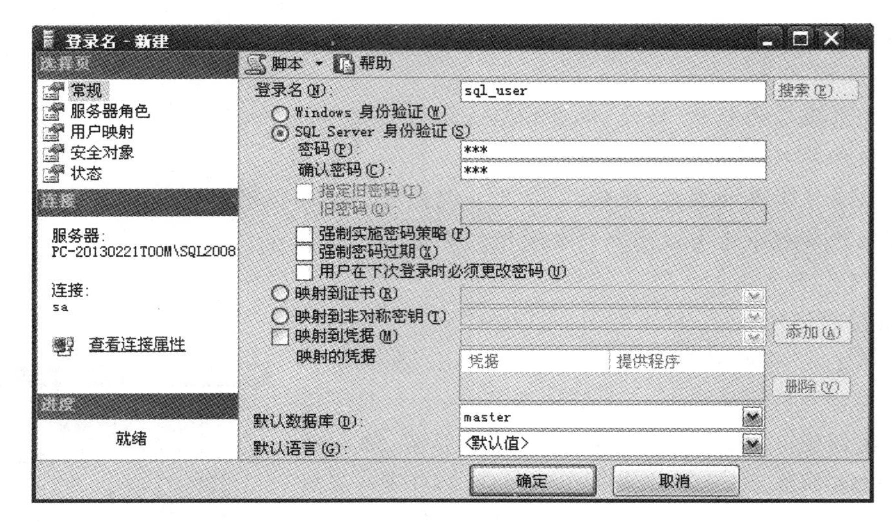

图 11-4 新建登录名

(2) 使用 create 语句创建 SQL Server 登录账户

```
create login 登录账户名
with password = '密码',
[default_database = 默认数据库名]
```

说明：default_database 默认为 master 数据库，可以设置为自建的用户数据库。

(3) 使用系统存储过程创建 SQL Server 登录账户

```
sp_addlogin '登录账户名','密码','默认数据库名'
```

说明：用超级用户登录才可以创建登录账号，创建登录账号应该在 master 数据库下操作。

(4) 创建登录账户例题

【例题 1】 使用 create 语句创建登录账号 w1，密码为 1111。

代码：
```
use master
go
create login w1
with password = '1111'
```

【例题 2】 使用 create 语句创建登录账号 w2,密码为 2222,默认数据库为 bookDB。

代码:
```
use master
go
create login w2
with password = '2222',
default_database = bookDB
```

【例题 3】 使用系统存储过程创建登录账号 w1 和 w2。

代码:
```
sp_addlogin 'w1','1111'
go
sp_addlogin 'w2','2222','bookDB'
```

图 11-5 查看新建的登录账户

说明:创建完成后在 SSMS 对象资源管理器中【安全性】→【登录名】中可以查看到登录名中的变化(如图 11-5 所示)。用新创建的账户可以连接到 SQL Server 服务器上,但是此时还不能访问数据库中的对象,还需要进一步的权限。使用新建账户连接到 SQL Server 服务器后访问数据库会出现如图 11-6 提示。

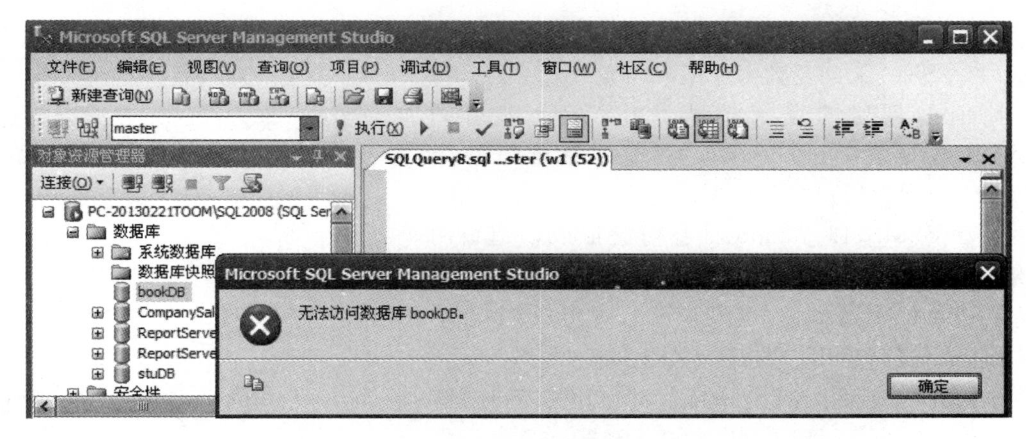

图 11-6 未授权的新账户登录效果

2) 修改登录账号属性

可修改的属性有登录密码、默认数据库,还可以删除账号。

(1) 使用 Alter 语句修改 SQL Server 登录账户

```
Alter login 登录名
with
Password = '新密码'
Old_password = '旧密码'
default_database = 默认数据库名
```

(2) 使用系统存储过程修改 SQL Server 登录账户

```
修改登录密码: sp_password '旧密码','新密码','登录账户名'
修改默认数据库: sp_defaultdb '登录账户名','访问的数据库'
删除账号: sp_droplogin '登录账户名'
```

(3) 修改登录账户例题

【例题 1】 使用 Alter 语句将登录账号 w1 的密码由 1111 改为 1。

```
Alter login w1
with
Password = '1'
Old_password = '1111'
```

【例题 2】 使用系统存储过程将登录账号 w1 的密码再由 1 改为 123。

```
sp_password '1','123','w1'
```

【例题 3】 使用系统存储过程将登录账号 w2 的登录默认数据库改为 master。

```
sp_defaultdb 'w2','master'
```

【例题 4】 使用系统存储过程删除登录账号 w2。

```
sp_droplogin 'w2'
```

3. 数据库用户管理

1) 添加数据库用户

(1) SSMS 上创建数据库用户

将前面创建的登录账号 SQL_user 映射到 bookDB 数据库，在 bookDB 数据库中新建一个 DBuser1 数据库用户步骤如下。

启动 SSMS，以 Windows 身份验证或以超级用户身份登录(如 sa)，在【对象资源管理器】窗口→【数据库】→bookDB 数据库→【安全性】→【用户】节点单击右键，选择【新建用户】命令，如图 11-7 所示。

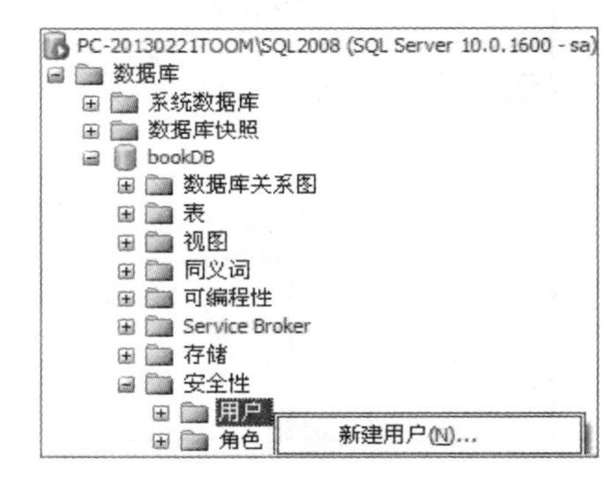

图 11-7 新建数据库用户

如图 11-8 所示，在打开的【数据库用户-新建】窗口中，输入用户名 DBuser1，单击【登录名】右侧的 [...] 按钮打开【选择登录名】对话框，如图 11-9 所示，单击【浏览】按钮打开【查找对象】对话框，如图 11-10 所示。

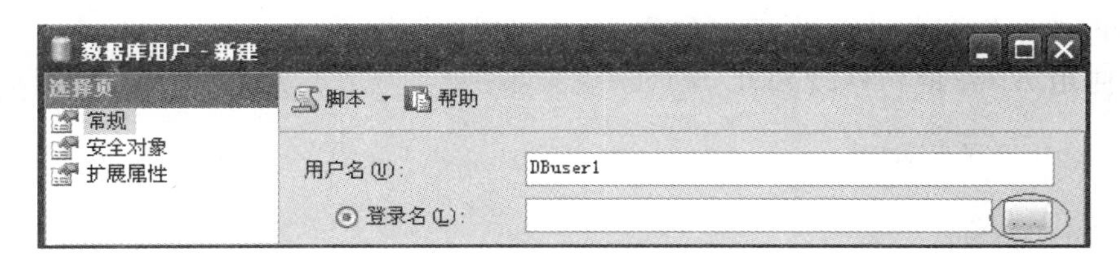

图 11-8 新建数据库用户窗口

在【查找对象】对话框中选中先前创建的登录账号 SQL_user，单击两次【确定】按钮返回到【数据库用户-新建】窗口，设置效果如图 11-11 所示。单击【确定】按钮完成创建。

在【对象资源管理】上刷新，可以在【数据库】→bookDB 数据库→【安全性】→【用户】中看到新建的 DBuser1 用户。

选择登录名
选择这些对象类型(S):
登录名
对象类型(O)...
输入要选择的对象名称(示例)(E):
检查名称(C)
浏览(B)...
确定
取消
帮助

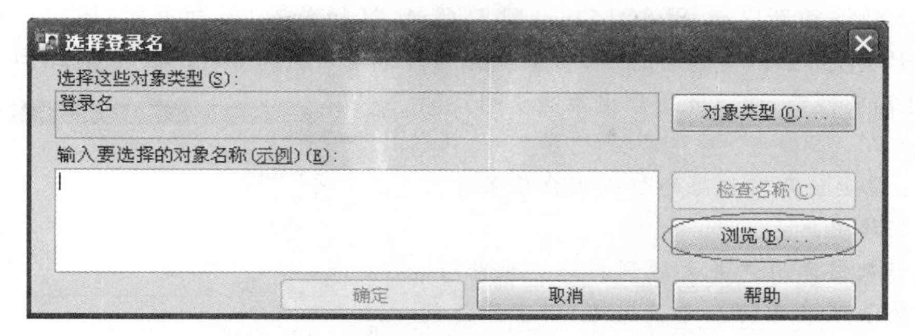

图 11-9　选择登录名

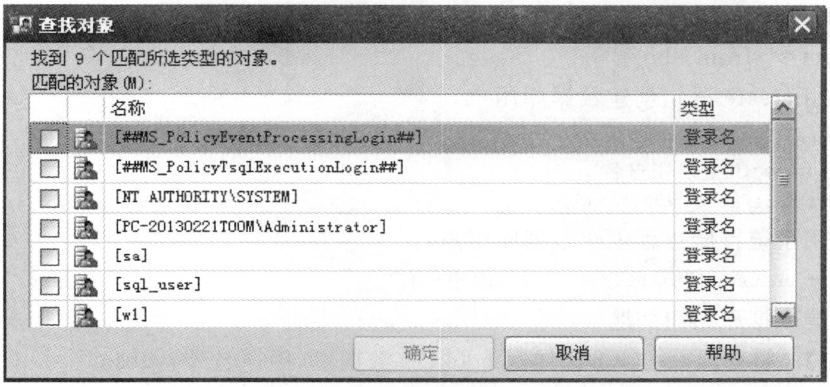

查找对象
找到 9 个匹配所选类型的对象。
匹配的对象(M):
名称
类型
[##MS_PolicyEventProcessingLogin##]
登录名
[##MS_PolicyTsqlExecutionLogin##]
登录名
[NT AUTHORITY\SYSTEM]
登录名
[PC-20130221TOOM\Administrator]
登录名
[sa]
登录名
[sql_user]
登录名
[w1]
登录名
确定
取消
帮助

图 11-10　查找对象

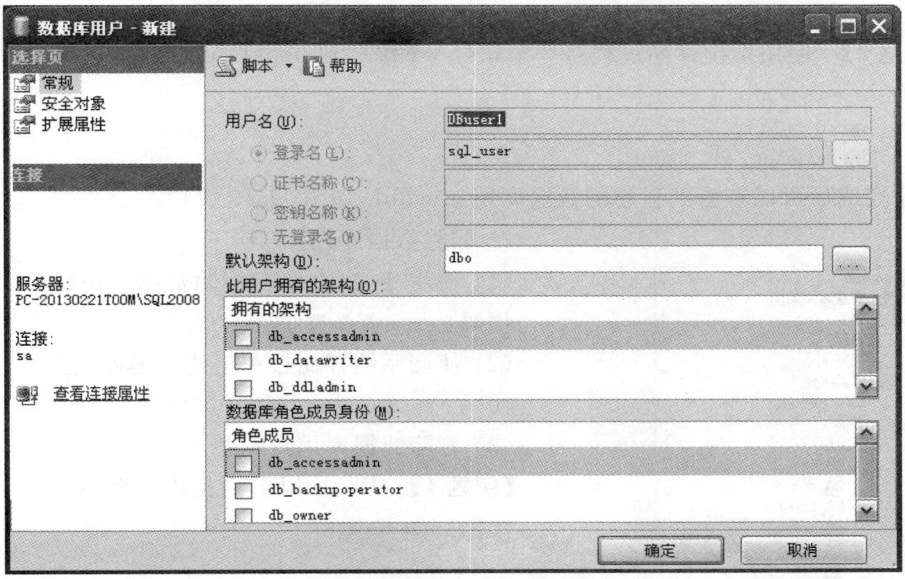

数据库用户 - 新建
选择页
常规
安全对象
扩展属性
脚本
帮助
用户名(U):
DBuser1
登录名(L):
sql_user
证书名称(C):
密钥名称(K):
无登录名(W)
默认架构(D):
dbo
此用户拥有的架构(O):
拥有的架构
db_accessadmin
db_datawriter
db_ddladmin
数据库角色成员身份(M):
角色成员
db_accessadmin
db_backupoperator
db_owner
连接
服务器:
PC-20130221TOOM\SQL2008
连接:
sa
查看连接属性
确定
取消

图 11-11　添加数据库用户完成效果

退出 SSMS 重新启动，用 SQL_user 账号登录，打开 bookDB 数据库，却看不到任何表（如图 11-12 所示）。因为此时的 SQL_user 账号登录可以访问 bookDB 数据库，但不能访问任何表，还需要授权，而且此用户也不能访问其他数据库。

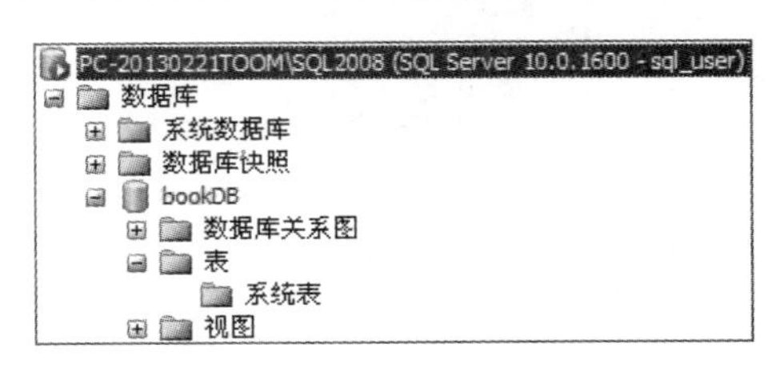

图 11-12　SQL_user 账号登录无法访问表

说明：需要使用有权限的超级用户登录才可以创建数据库用户。

创建好数据库用户并关联到新建登录账号，用该账号登录可以访问指定数据库，但不能访问任何表，因为还需要进一步授权。

数据库用户应该在指定要访问的数据库下操作，指定数据库用户默认架构是 dbo，意味着该数据库用户执行“select * from t”，实际上执行的是“select * from dbo. t”。

（2）使用 create 语句创建数据库用户

代码：
```
create user 数据库用户
for login 登录账户名
with default_schema = dbo
```

（3）使用系统存储过程创建数据库用户：

代码：
```
sp_adduser '登录账户名','数据库用户名'
```

（4）创建数据库用户例题

【例题 1】 将登录账号 w1 添加到 bookDB 数据库，用户名为 wdb1。

代码：
```
use bookDB
go
create user wdb1
for login w1
```

【例题 2】 使用系统存储过程将登录账号 w1 添加到 bookDB 数据库，用户名为 wdb1。

代码：
```
use bookDB
go
sp_adduser 'w1','wdb1'
```

创建完成后可以查看到新建的数据库用户 wdb1，如图 11-13 所示。

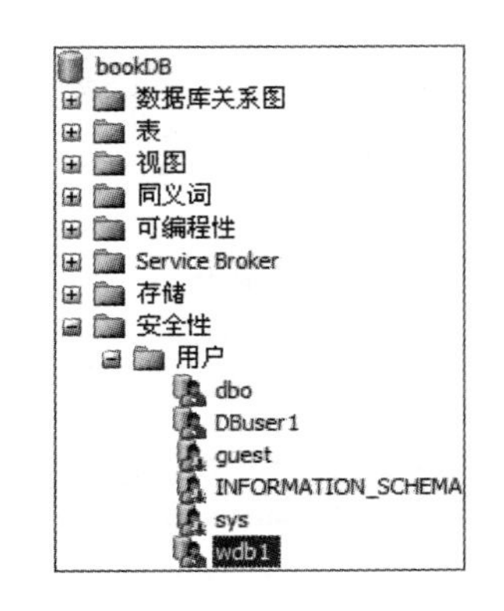

图 11-13　查看新建的数据库用户

2）删除数据库用户

（1）使用 T_SQL 语句删除数据库用户。

代码：
```
drop user 数据库用户名
```

（2）使用系统存储过程创建数据库用户。

代码：
```
sp_dropuser '数据库用户名'
```

（3）删除数据库用户例题。

【例题 1】 从 bookDB 数据库中删除用户 wdb1。

代码：
```
use bookDB
go
drop user wdb1
```

【例题 2】 使用系统存储过程删除数据库用户 wdb1。

代码：
```
use bookDB
go
sp_dropuser 'wdb1'
```

4. 权限管理

1）设置数据库权限

（1）在 SSMS 上设置数据库权限

打开 bookDB 数据库的属性页面，在【权限】选项页中为数据库用户 DBuser1 设置访问 bookDB 数据库的权限，在此设置的权限是 insert 和 select。

设置过程为：在【对象资源管理器】→【数据库】→bookDB 数据库上单击右键，选择【属性】命令，打开【数据库属性】窗口。进入【权限】页面，如图 11-14 所示，可以看到 DBuser1 用户目前只有“连接”权限。

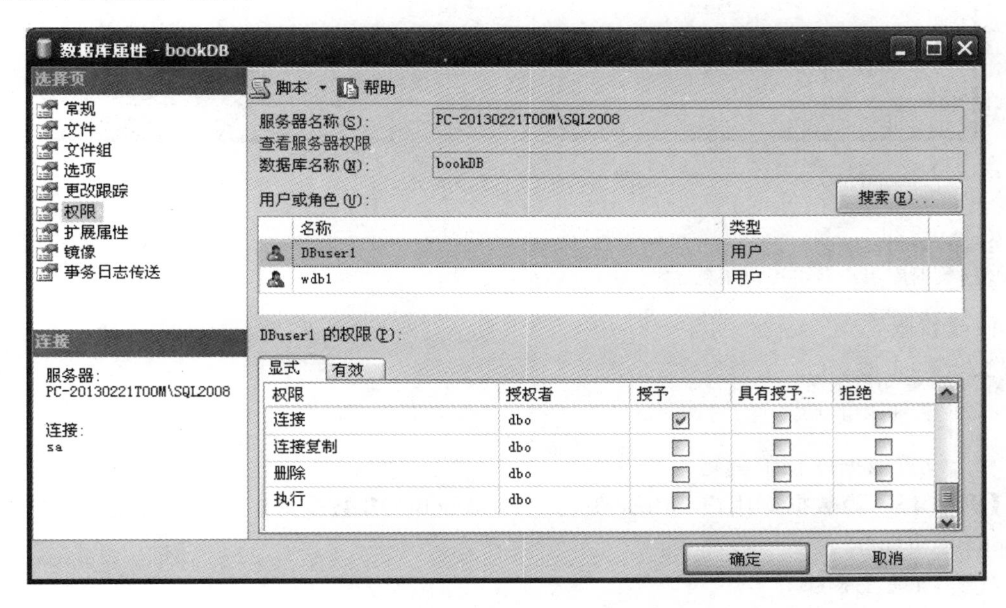

图 11-14　设置数据库权限

为 DBuser1 授予“插入”和“选择”的权限，设置完毕单击【确定】按钮保存，之后再进入属性页面，选择 DBuser1 用户，切换到【有效】选项卡（如图 11-15 所示），可以看到该用户具有了三个权限：CONNECT、SELECT、INSERT，此时再用 SQL_user 登录名登录到 SSMS，就可以在 bookDB 数据库中查询数据和插入数据，但还不能更新和删除数据。因为 SQL_user 登录名映射到了 bookDB 数据库中的 DBuser1 用户，而 DBuser1 用户只具备 CONNECT、SELECT、INSERT 三个权限。

说明：需要用有权限的数据库用户登录才能给数据库用户授权。设置了数据库级权限，则该用户对此数据库中所有对象都具有这个权限。如果希望此用户对数据库的部分对象有权限，则应该授予数据库对象级权限。权限设置完毕使用该账户登录检验权限。

（2）使用 T_SQL 语句设置数据库权限

授予权限：

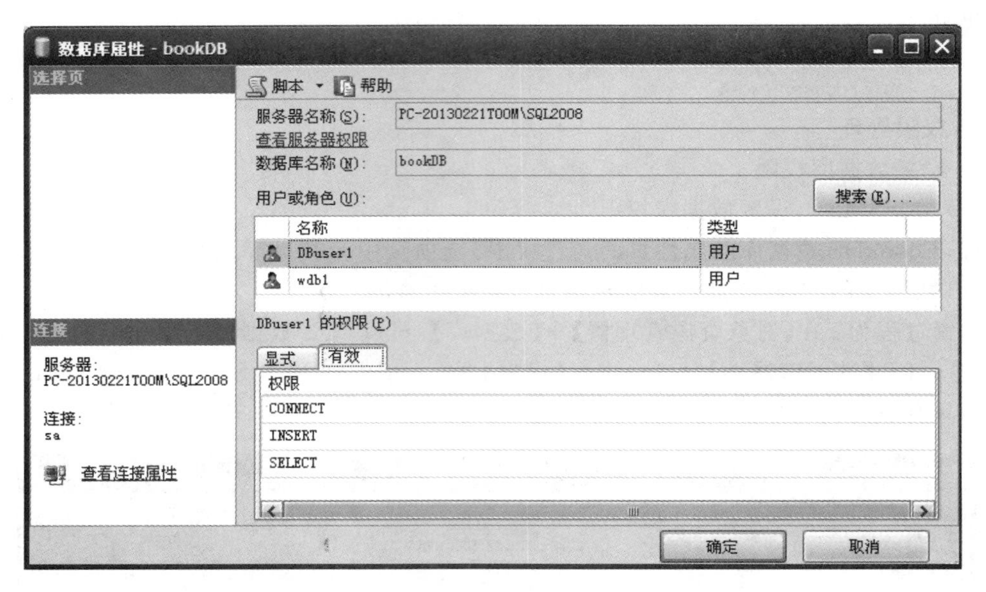

图 11-15 【有效】选项卡

```
Grant 语句权限名
TO <数据库用户名||用户角色名>
```

回收权限：

```
REVOKE 语句权限名
FROM <数据库用户名||用户角色名>
```

(3) 设置数据库权限例题

【例题 1】 为数据库用户 DBuser1 设置访问 bookDB 数据库的权限，在此设置的权限是 update 和 delete。

代码：
```
Use bookDB
go
Grant update, delete to DBuser1
```

【例题 2】 将数据库用户 DBuser1 设置访问 bookDB 数据库的 delete 权限回收回来。

代码：
```
Use bookDB
  go
REVOKE delete
FROM DBuser1
```

说明： 设置完毕可以在【对象资源管理器】→【数据库】→bookDB→【属性】→【权限】页面看到 DBuser1 数据库用户的权限变化。

2) 设置数据库对象权限

(1) 在 SSMS 上设置数据库对象权限

设置 wdb1 用户对 bookDB 数据库中的 books 表具有 select 和 insert 权限，对其他表无任何权限。

如图 11-16 所示，打开 books 表的属性窗口，在【权限】页中为数据库用户 wdb1 设置“插入”和“选择”权限，存盘后退出 SSMS。

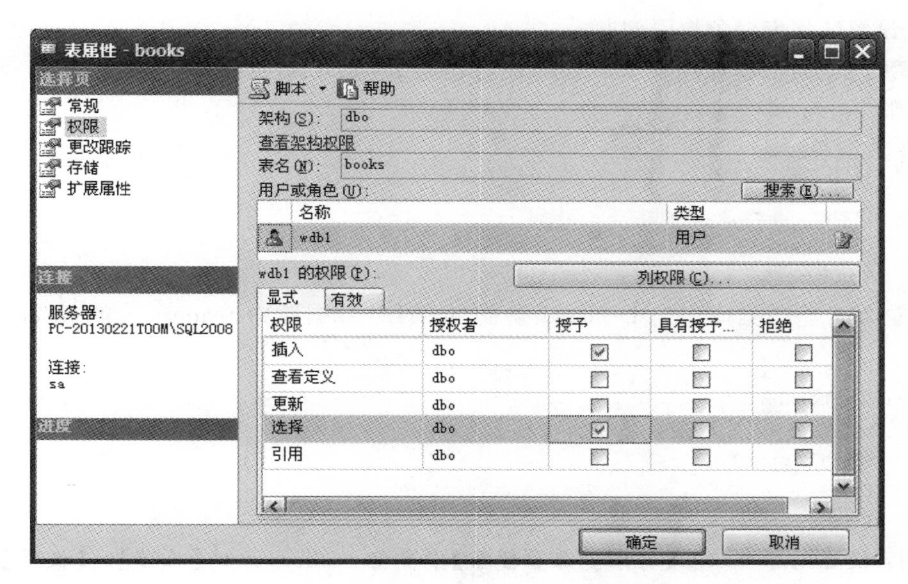

图 11-16 设置访问 books 表权限

用 w1 登录账户登录，看到 bookDB 数据库中只显示 books 一个表，看不到其他的表，如图 11-17 所示。

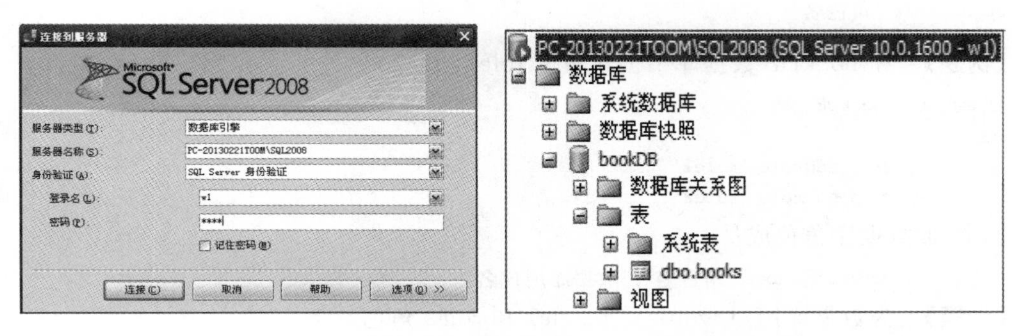

图 11-17 w1 账号登录只能访问 books 一个表

说明：不管是授予数据库级权限，还是数据库对象级权限，都需要用有权限的账户登录才能给数据库用户授权。

(2) 使用 T_SQL 语句设置数据库对象权限

授予权限：

```
GRANT 语句权限名
ON <表名|视图名|存储过程名>
TO <数据库用户名||用户角色名>
[WITH GRANT OPTION]
```

回收权限：

```
REVOKE 语句权限名
ON <表名|视图名|存储过程名>
FROM <数据库用户名||用户角色名>
```

(3) 设置数据库对象权限例题

【例题 1】 为数据库用户 DBuser1 设置访问 bookDB 数据库中 readers 表的 select 和 insert 权限。

代码：
```
Use bookDB
go
Grant insert, select
On readers
to DBuser1
```

【例题 2】 将数据库用户 DBuser1 访问 bookDB 数据库中 readers 表的 insert 权限回收回来。

代码：
```
Use bookDB
go
REVOKE insert
On readers
FROM DBuser1
```

说明：设置完毕可以在【对象资源管理器】中查看 readers 表的【属性】→【权限】页面看到 DBuser1 数据库用户的权限变化。

5. 角色管理

1) 创建数据库角色

```
sp_addrole '角色名'
```

【例题】 在 bookDB 数据库中创建角色 role1,role2。

代码：
```
use bookDB
go
exec sp_addrole 'role1'
exec sp_addrole 'role2'
```

2) 增加数据库角色成员

语法：`sp_addrolemember '角色名','数据库用户名'`

【例题】 为数据库用户 wdb1 授予 role1 和 role2 角色。

代码：
```
exec sp_addrolemember 'role1','wdb1'
exec sp_addrolemember 'role2','wdb1'
```

3) 删除数据库角色成员

语法：`sp_droprolemember '角色名','数据库用户名'`

【例题】 删除角色 role2 中的用户 wdb1。

代码：`sp_droprolemember 'role1','wdb1'`

4) 删除数据库角色

语法：`sp_droprole '角色名'`

【例题】 删除 bookDB 数据库中的角色 role1,role2。

代码：
```
use bookDB
go
exec sp_droprole 'role1'
exec sp_droprole 'role2'
```

说明：删除 role2 时会出错，因为该角色还有成员 wdb1 用户，需要删除角色中所有成员，才可以删除角色。先执行 sp_droprolemember 'role2','wdb1'，再执行 exec sp_droprole 'role2'，删除成功。

任务小结

数据库安全性是指保护数据库，防止不合法的使用造成数据泄漏、更改或破坏。SQL Server 2008 的安全机制分为 4 个等级：①计算机操作系统的安全性；②SQL Server 登录安全性；③数据库使用安全性；④数据库对象的使用安全性。用户在使用 SQL Server 时，需要经过身份验证和权限验证两个安全性检查。

SQL Server 有两种身份验证方式：Windows 身份验证模式和混合验证模式（SQL Server 与 Windows 身份验证）。

通过身份验证并不代表可以访问 SQL Server 数据库中的数据，还有获取访问数据库的权限，这种访问数据库权限的设置是通过用户登录账号来实现的，创建登录账号有两种方式，一种是从 Windows 用户或组中创建，另一种是创建新的账号。

使用登录账号登录到数据库服务器，如果没有授予访问数据库的权限，该用户依旧不能访问数据库，必须将登录账号映射到数据库用户，使之可以访问数据库，然后再给数据库用户授予访问数据对象的权限。数据对象访问权限主要包括查询、修改、插入、删除权限。

SQL Server 中有一个特殊的登录账号 sa，sa 账户是在 SQL Server 安装时自动创建的账号，具有数据库服务器的最高权限，可执行服务器范围内的所有操作，属于 Sysadmin 服务器角色。

SQL Server 中默认有两个数据库用户 Dbo 和 Guest，是 SQL Server 安装时自动创建的，Dbo 用户拥有数据操作的所有权限，是账号 sa 在数据库中的映射。

数据库角色是数据库操作的权限集合，分为系统数据库角色和用户自定义数据库角色，前者是系统内置的，后者是由用户创建的。

操 作 题

1. 设置身份验证模式，将 Windows 身份验证模式改为混合验证模式，或者反之。
2. 创建一个数据库用户，使之能够对 stuDB 数据库中的 student 表具有查询权限。
3. 创建一个登录账户，使其能够访问 stuDB 数据库。

理 论 题

一、选择题

1. SQL Server 2005 运行的平台为(　　)。

   A. Windows 平台　　B. UNIX 平台　　C. Linux 平台　　D. NetWare 平台

2. 下面哪个不是数据库系统必须提供的数据控制功能?(　　)

   A. 安全性　　B. 可移植性　　C. 完整性　　D. 并发控制

3. 保护数据库，防止未经授权的或不合法的使用造成的数据泄漏、更改破坏。这是指数据的(　　)。

A. 安全性　　B. 完整性　　C. 并发控制　　D. 恢复

4. 数据库的(　　)是指数据的正确性和相容性。

A. 安全性　　B. 完整性　　C. 并发控制　　D. 恢复

5. 在数据库系统中,对存取权限的定义称为(　　)。

A. 命令　　B. 授权　　C. 定义　　D. 审计

6. 数据库管理系统通常提供授权功能来控制不同用户访问数据的权限,这主要是为了实现数据库的(　　)。

A. 可靠性　　B. 一致性　　C. 完整性　　D. 安全性

7. 多用户的数据库系统的目标之一是使它的每个用户好像面对着一个单用户的数据库一样使用它,为此数据库系统必须进行(　　)。

A. 安全性控制　　B. 完整性控制　　C. 并发控制　　D. 可靠性控制

8. 解决并发操作带来的数据不一致性总是普遍采用(　　)。

A. 封锁　　B. 恢复　　C. 存取控制　　D. 协商

9. 数据库中的封锁机制是(　　)的主要方法。

A. 完整性　　B. 安全性　　C. 并发控制　　D. 恢复

10. 关于“死锁”,下列说法中正确的是(　　)。

A. 死锁是操作系统中的问题,数据库操作中不存在

B. 在数据库操作中防止死锁的方法是禁止两个用户同时操作数据库

C. 当两个用户竞争相同资源时不会发生死锁

D. 只有出现并发操作时,才有可能出现死锁

11. 对并发操作若不加以控制,可能会带来(　　)问题。

A. 不安全　　B. 死锁　　C. 死机　　D. 不一致

12. 数据库系统的并发控制的主要方法是采用(　　)机制。

A. 拒绝　　B. 改为串行　　C. 封锁　　D. 不加任何控制

13. 若系统在运行过程中,由于某种硬件故障,使存储在外存上的数据部分损失或全部损失,这种情况称为(　　)。

A. 事务故障　　B. 系统故障　　C. 介质故障　　D. 运行故障

14. (　　)用来记录对数据库中数据进行的每一次更新操作。

A. 后援副本　　B. 日志文件　　C. 数据库　　D. 缓冲区

15. 后援副本的用途是(　　)。

A. 安全性保障　　B. 一致性控制

C. 故障后的恢复　　D. 数据的转储

16. 用于数据库恢复的重要文件是(　　)。

A. 数据库文件　　B. 索引文件　　C. 日志文件　　D. 备注文件

17. 日志文件是用于记录(　　)。

A. 程序运行过程　　B. 数据操作

C. 对数据的所有更新操作　　D. 程序执行的结果

18. 并发操作会带来哪些数据不一致性?(　　)

A. 丢失修改、不可重复读、脏读、死锁
B. 不可重复读、脏读、死锁
C. 丢失修改、脏读、死锁
D. 丢失修改、不可重复读、脏读

19. 数据库恢复的基础是利用转储的冗余数据。这些转储的冗余数据包括(　　)。
A. 数据字典、应用程序、审计档案、数据库后备副本
B. 数据字典、应用程序、日志文件、审计档案
C. 日志文件、数据库后备副本
D. 数据字典、应用程序、数据库后备副本

二、填空题

1. SQL Server 2005 提供两种身份验证模式：Windows 身份验证模式和(　　　　)。
2. 假如想让一个技术支持人员可以备份某个数据库，但没有数据库或 SQL Server 实例的其他权限，应该授予(　　　　)权限。

三、判断题

1. 是否实行强制存取控制就不需要自主存取控制？　(　　)
2. 数据库安全性是指保护数据库，防止不符合语义的数据存入。　(　　)

四、简答题

1. 什么是数据库的自主存取控制和强制存取控制？
2. 对下列两个关系模式：
学生(学号、姓名、年龄、性别、家庭住址、班级号)
班级(班级号、班级名、班主任、班长)
使用 GRANT 语言完成下列授权功能：
(1) 授予用户 U1 对两个表的所有权限，并可给其他用户授权；
(2) 授予用户 U2 对学生具有查看权限，对家庭住址具有更新权限；
(3) 将对班级表的查看权限授予所有用户；
(4) 将对学生表的查询、更新权限授予角色 R1；
(5) 将角色 R1 授予用户 U1，并且 U1 可继续授权给其他用户。
3. 今有以下两个关系模式：
职工(职工号、姓名、年龄、职务、工资、部门号)
部门(部门号、名称、经理名、地址、电话号)
请用 SQL 的 GRANT 和 REVOKE 语句(加上视图限制)完成以下授权定义或存取控制功能：
(1) 用户王明对两个表有 SELECT 权限；
(2) 用户李勇对两个表有 INSERT 和 DELETE 权限；
(3) 用户刘星对职工表有 SELECT 权限，对工资字段有更新权限；
(4) 用户张新具有修改两个表的结构的权限；
(5) 用户周平具有对两个表的所有权限，并可以给其他用户转授权；
(6) 用户杨兰具有从每个部门职工表中 SELECT 最高工资、最低工资、平均工资的权限，他不能查看每个人的工资。
4. 针对题 3 中的(1)～(6)的每一种情况，撤销各用户所授予的权限

任务 12　数据库设计

了解数据库设计的基本步骤；

能进行数据库概念结构设计和逻辑结构设计；

掌握 E-R 图到关系模型的转换方法；

能够对关系模型进行优化；

能够完成物理结构设计。

1. 概念结构设计

1）相关知识

实体(Entity)：现实世界中客观存在并可相互区别的事物称为实体。可以是具体的人、事、物或抽象的概念。实体在 E-R 图中用矩形▭表示，矩形框内写明实体名。

属性(Attribute)：实体的特征称为实体的属性。一个实体可以由若干个属性来刻画，每个属性有特定的取值范围。为描述一个学生，可能涉及如下属性：学号、姓名、性别、出生日期等。属性在 E-R 图中用椭圆形⬭表示，并用无向边将其与相应的实体连接起来。

联系(Relationship)：现实世界中事物内部以及事物之间的联系在信息世界中反映为实体内部的联系和实体之间的联系。实体内部的联系通常是指组成实体的各属性之间的联系，实体之间的联系通常是指不同实体集之间的联系。实体间联系有一对一、一对多、多对多三种。在 E-R 图中用菱形◇表示联系，菱形框内写明联系名，并用无向边分别与有关实体连接起来，同时在无向边旁标上联系的类型(1∶1、1∶n 或 m∶n)。

码(Key)：唯一标识实体的属性集称为码。

实体型(Entity Type)：用实体名及其属性名集合来抽象和刻画同类实体称为实体型。例如：学生(学号、姓名、性别、年龄、专业)。

实体集(Entity Set)：同一类型实体的集合称为实体集。

E-R 模型：最常用的概念模型，是描述现实世界的有力工具，又称实体-联系图，简称 E-R 图。

E-R 模型三要素：实体、属性、联系。

实体与属性划分原则如下。

(1) 属性不能再具有需要描述的性质。即属性必须是不可分的数据项，不能再由另一些属性组成。

(2) 属性不能与其他实体具有联系，联系只发生在实体之间。

概念结构设计的步骤如下。

(1) 抽象数据并设计局部 E-R 图。

(2) 集成局部 E-R 视图，得到全局概念结构。

(3) 验证整体概念结构。

2) E-R 图例题

【例题 1】 设计学生管理系统时识别出学生和课程两个实体，学生实体具有学号、学生姓名、性别、民族、出生日期等属性，课程实体有课程号、课程名、学时、学分、开课学期等属性，一个学生可以选修多门课程，一门课程可以由多名学生选修，选课有成绩属性，根据上述语义画出 E-R 图，要求包括实体、属性、联系和联系类型。

E-R 图如图 12-1 所示。

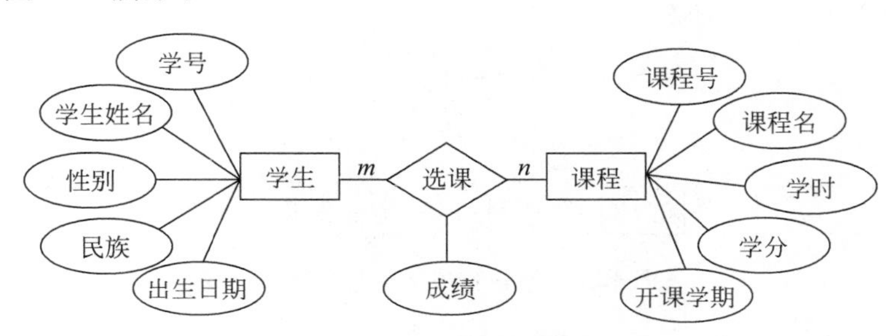

图 12-1　学生管理系统 E-R 图

【例题 2】 学生图书借阅系统有图书和读者两个实体，图书有图书编号、书名、作者、图书类型、库存量属性，读者有读者编号、读者姓名、年级、学号、性别、电话、借书数量等属性，一位读者可以借多本书，一本书可以在不同的时间被不同的读者借阅，系统需要记录借书时的借阅时间和归还时间。根据上述语义画出 E-R 图，要求包括实体、属性、联系和联系类型。

E-R 图如图 12-2 所示。

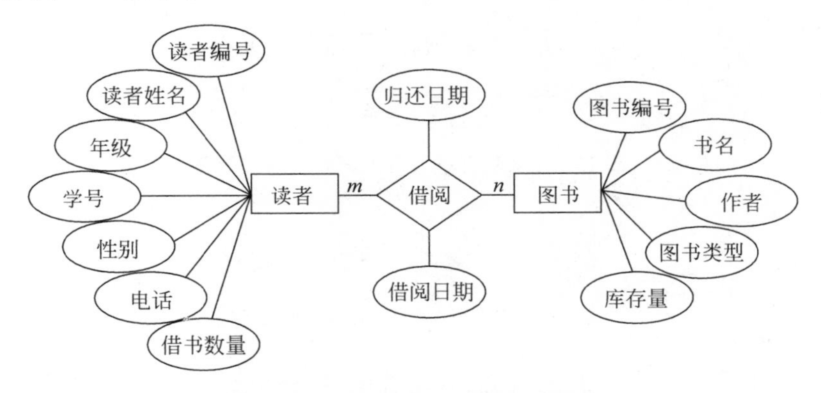

图 12-2　学生图书借阅系统 E-R 图

【例题 3】 某公司要开发一个销售管理系统，请在需求分析的基础上，确定销售管理数据库的实体及其属性，画出 E-R 图。

员工(Employee)：该公司中负责采购和销售订单的员工，属性包括员工号、姓名、性别、出生年月、聘任日期、工资、奖金、部门名称、部门主管。

商品(Product)：该公司销售的商品。属性包括商品号、商品名称、单价、库存量、已销售数量。

客户(Customer)：向该公司订购商品的商家。属性包括客户编号、客户名称、联系人姓名、联系电话、公司地址、联系 Email。

供应商(Provider)：向该公司提供商品的厂家。属性包括供应商编号、供应商名称、联系人姓名、联系电话、公司地址、联系 Email。

销售订单(Sell_Order)：客户与该公司签订的销售合同。属性包括销售订单号、商品信息、客户信息、订购日期、订购数量。

采购订单(PurChase_Order)：该公司与供应商签订的采购合同。属性包括采购订单号、商品信息、供应商信息、订购日期、订购数量。

实体联系图如图 12-3 所示。

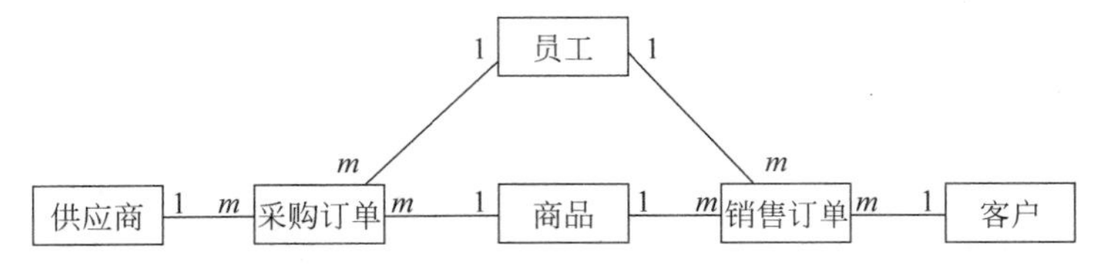

图 12-3　销售管理系统实体联系图

局部 E-R 图如图 12-4～图 12-9 所示。

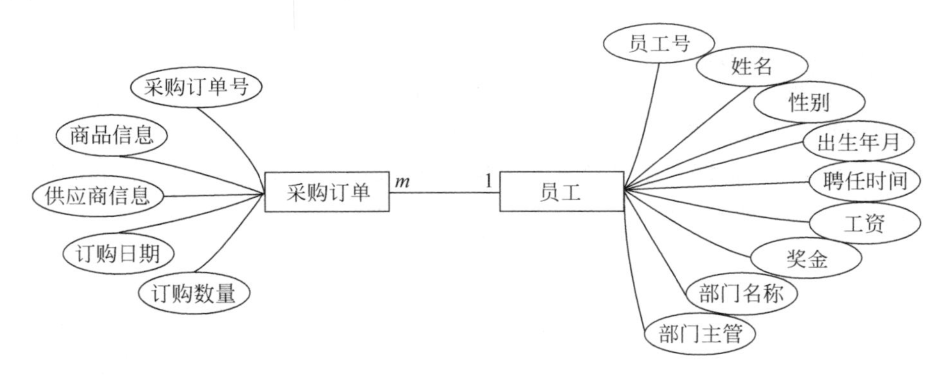

图 12-4　采购订单与员工之间局部 E-R 图

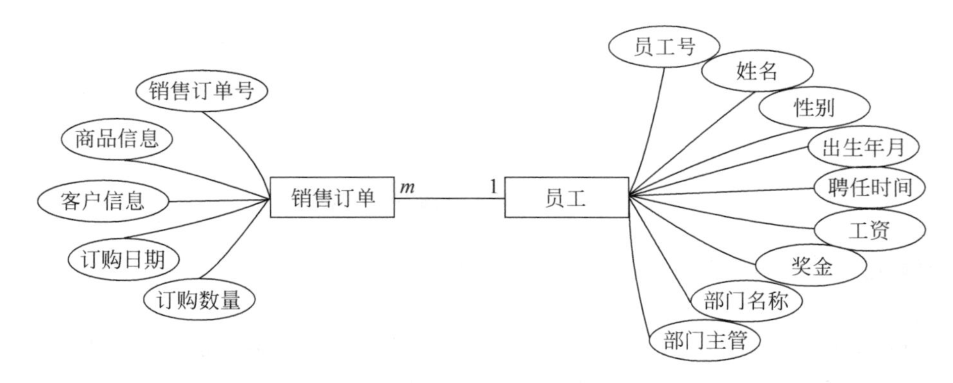

图 12-5　销售订单与员工之间局部 E-R 图

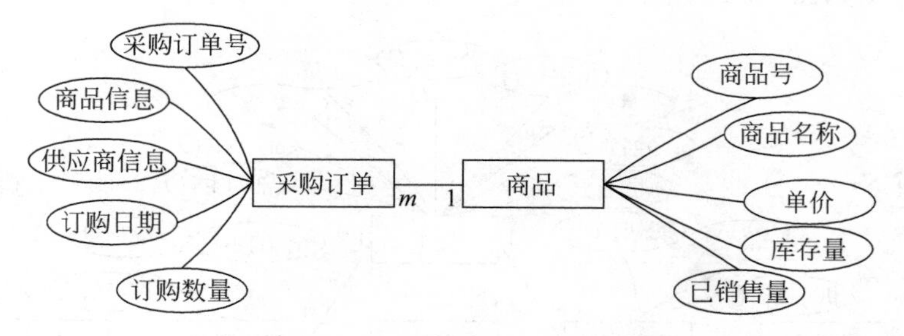

图 12-6　采购订单与商品之间局部 E-R 图

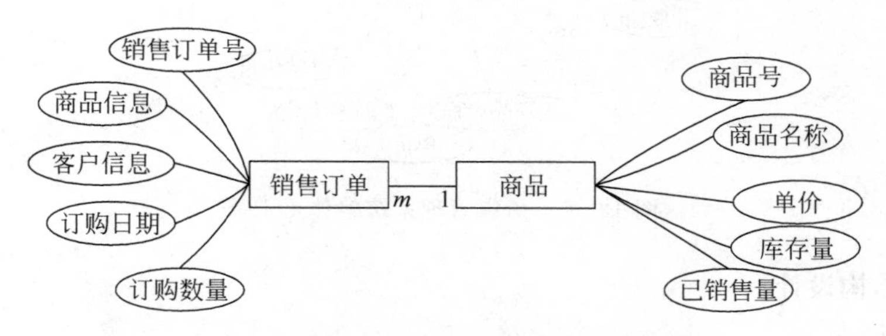

图 12-7　销售订单与商品之间局部 E-R 图

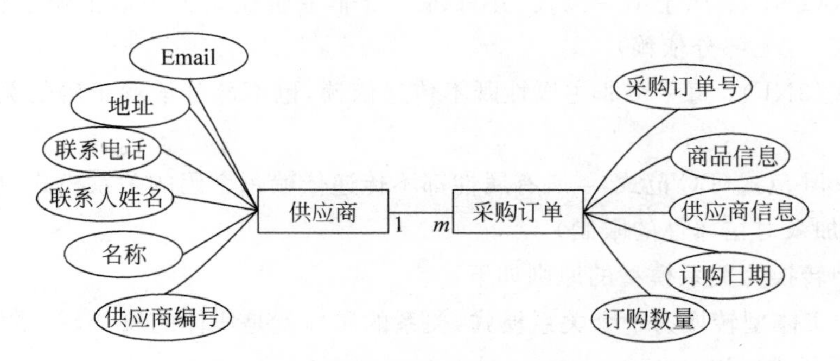

图 12-8　采购订单与供应商之间局部 E-R 图

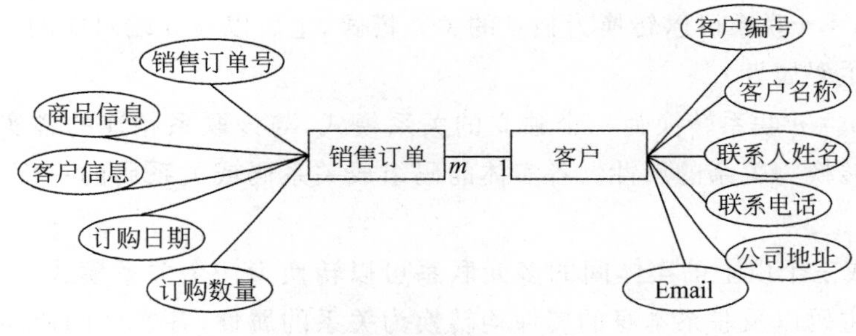

图 12-9　销售订单与客户之间局部 E-R 图

整体 E-R 图如图 12-10 所示。

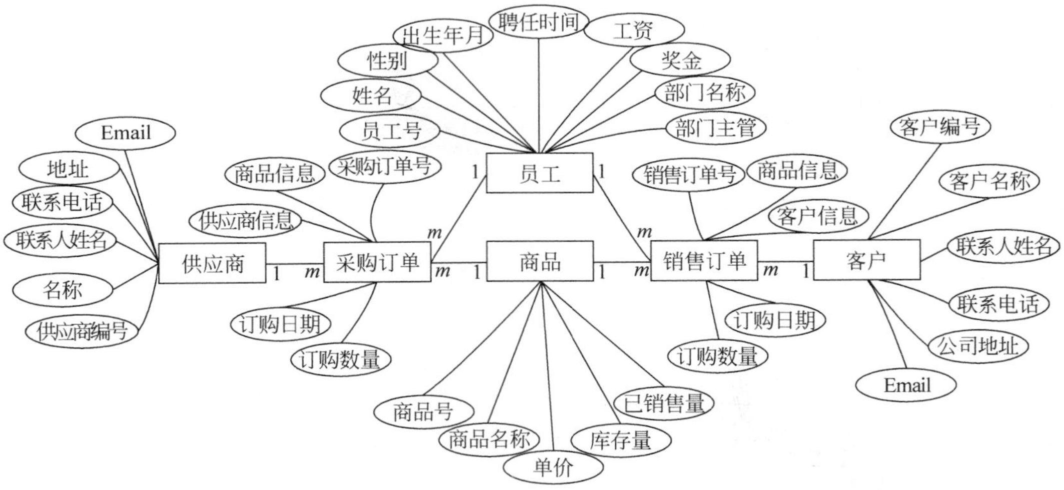

图 12-10　销售管理系统整体 E-R 图

2. 逻辑结构设计

1）相关知识

第一范式(1NF)：每个分量必须是不可再分的数据项的关系模式。(不可再分)

第二范式(2NF)：属于第一范式，并且每一个非主属性完全函数依赖于任何一个候选码的关系模式。(无部分依赖)

第三范式(3NF)：每一个非主属性既不传递依赖，也不部分依赖于码的关系模式。(无传递依赖)

Boyce-Cold 范式(BC 范式)：所有属性都不传递依赖每个码的关系模式，也称为扩充的第三范式。(加入对主属性的限制)

E-R 模型转换为关系模型的原则如下。

(1) 一个实体型转换为一个关系模式，关系的属性就是实体的属性，关系的码就是实体的码。码用下画线标识。

(2) 一个 1∶1 联系可以转换为一个独立的关系模式，也可以与任意一端对应的关系模式合并(单方或双方加上对方的主码属性)。

(3) 一个 1∶n 联系可以转换为独立的关系模式，也可以与 n 端对应的关系模式合并(n 方加上 1 方的主码属性)。

(4) 一个 m∶n 联系转换为一个独立的关系模式，与该联系相连的各实体码以及联系本身的属性均转换为关系的属性。各实体的码组成关系码或关系码的一部分。(增加联系关系)

(5) 三个或三个以上的实体间的多元联系可以转换为一个关系模式，与该多元关系相连的各实体的主码以及联系本身的属性均转换为关系的属性，各实体的码组成关系码或关系码的一部分。

(6) 具有相同码的关系模式可以合并。

关系模型优化：以规范化理论为指导，根据应用需要适当地修改、调整数据模型的结构，一般优化到三范式。但不是规范化程度越高关系就越优。

2) E-R 图转换关系模型例题

【例题 1】 将学生管理系统的 E-R 图转换为关系模型。

第一步：将每个实体转换关系模式，标识主码属性。

学生(学号、学生姓名、性别、民族、出生日期)
课程(课程号、课程名、学时、学分、开课学期)

第二步：转换多对多联系，增加一个关系模式，属性包括各相关实体自身的主码属性和联系自身的属性，标识复合主码。

选课(学号、课程号、成绩)

说明：学生和课程是多对多联系，所以增加一个新的关系模式，由双方的主码属性，再加上该联系自己的属性构成新关系模式的属性，成绩表 SC 就是这样而来的。

【例题 2】 将学生图书借阅系统的 E-R 图转换为关系模型

第一步：将每个实体转换关系模式，标识主码属性。

图书(图书编号，书名，作者，图书类型，库存量)
读者(读者编号，读者姓名，年级，学号，性别，电话，借书数量)

第二步：转换多对多联系，增加一个关系模式。

图书借阅(图书编号，读者编号，借阅时间，归还时间)

说明：三个关系模式对应到 bookDB 数据库中的三个表。

【例题 3】 将如图 12-11 所示的销售管理系统的 E-R 图转换为关系模型。

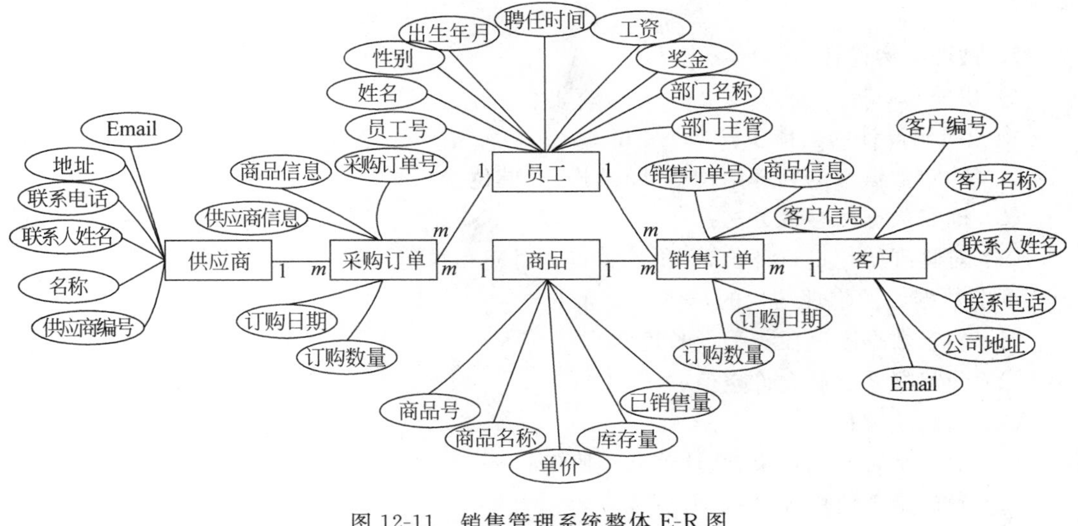

图 12-11 销售管理系统整体 E-R 图

第一步：转换单个实体，先转换处在联系1端的实体。

供应商(供应商编号、供应商名称、联系人姓名、联系电话、地址、Email)
客户(客户编号、客户名称、联系人姓名、联系电话、公司地址、Email)
商品(商品号、商品名称、单价、库存量、已销售数量)
员工(员工号、姓名、性别、出生年月、聘任日期、工资、奖金、部门名称、部门主管)

第二步：转换单个实体，转换处在联系 m 端的实体，同时参照 $1:m$ 联系的转换原则——多方存1方的主码属性。

销售订单(销售订单号、商品编号、客户编号、订购日期、订购数量)
采购订单(采购订单号、商品编号、供应商编号、订购日期、订购数量)

说明：销售订单中要存商品信息，存商品的哪些信息呢？转换原则告诉我们要存商品的主码属性。其他的客户信息、供应商信息类似。

第三步：转换前面没有考虑到的 $1:m$ 联系。

销售订单(销售订单号、商品编号、客户编号、员工号、订购日期、订购数量)
采购订单(采购订单号、商品编号、供应商编号、员工号、订购日期、订购数量)

说明：员工和销售订单、员工和采购订单的联系在前面没有体现，将员工的主码属性员工号分别加到销售订单和采购订单中。

第四步：关系模型优化，优化到3NF。

前提条件：员工奖金是由员工工资按照比例计算出来的。

员工(员工号、姓名、性别、出生年月、聘任日期、工资、部门编号)
部门(部门编号、部门名称、部门主管)

说明：员工关系不满足3NF，存在传递依赖，"奖金"依赖于"工资"，可省略。"部门主管"不是依赖于主码"员工号"，而是依赖于"部门名称"，所以将描述部门的信息单独提出来作为一个新的关系模式，增加"部门编号"作主码，员工关系模式中只存"部门编号"即可。

3. 物理结构设计

1) 相关知识

物理结构设计的具体步骤如下。

(1) 确定数据库的物理结构(存储结构、存储位置)；

(2) 确定数据的存取方法；

(3) 对物理结构进行评价，评价的重点为时间和空间效率。

确定数据库的物理结构的具体步骤如下。

(1) 确定数据表字段类型及长度；

(2) 确定哪些字段允许空值(NULL)；

(3) 确定主键；

(4) 确定是否使用约束、默认值和规则等；

(5) 确定是否使用外键；

(6) 确定是否使用索引。

2）物理结构设计示例

stuDB数据库中三个表设计字段确定类型和长度，以及简要理由如表12-1～表12-3所示。

表12-1 Student学生表

列名	数据类型	宽度	为空性	说　明
Sno	int		not null	只有整数型才能定义标识列
name	varchar	8	not null	姓名长度不固定，一般两个或三个汉字，最多4个汉字，一个汉字占两个字节
Sex	char	2	not null	取值男或女，固定一个汉字，占两个字节
Nation	varchar	20		少数民族名字比较长，预留10个汉字够用
Birthday	date			日期型，不需要时间

表12-2 Course课程表

列名	数据类型	宽度	为空性	说　明
Cno	int		not null	只有整数型才能定义标识列
Cname	varchar	50	not null	课程名长度不固定，留出25个汉字位置
hours	smallint			取值范围1～200，smallint比int型省空间
credit	smallint			取值范围1～4，smallint比int型省空间
Semester	varchar	8		存汉字，如“第一学期”，4个字，8字节

表12-3 SC成绩表

列名	数据类型	宽度	为空性	说　明
Cno	int		not null	外键，必须与Student表一致
Sno	int		not null	外键，必须与Course表一致
Grade	int			只存整数即可，用smallint也可以

任务小结

数据库设计的步骤是：需求分析、概念结构设计、逻辑结构设计、物理结构设计、数据库实施、数据库运行维护。本章只对概念结构设计、逻辑结构设计、物理结构设计部分内容做了重点介绍。

需求分析的任务就是对现实世界要处理的对象（组织、部门、企业等）详细调查和分析；收集支持系统目标的基础数据和处理方法；明确用户对数据库的具体要求。在此基础上确定数据库系统的功能。

概念结构设计的任务是在需求分析的结果上，抽象出概念模型。概念模型通常利用E-R图来表达。E-R图的三要素是实体、属性和联系。概念结构独立于具体机器，更抽象。

逻辑结构设计的任务是把概念结构设计阶段设计好的基本E-R图转换为与选用DBMS产品所支持的数据模型相符合的逻辑结构，逻辑结构设计和具体数据库相关，目前最常用的数据库是关系数据库，所以只介绍了关系模型。

设计题

1. 为某学校设计一个图书管理系统，在图书馆中为每位读者保存的信息包括：读者编号，姓名，性别，年级，系别，电话，已借数目。每本图书的信息包括：书名，作者，价格，图书类型，库存量，出版社。其中，读者分为教师和学生两类，一本图书可以被多位读者借阅，每借一本图书都记录读者编号，借阅日期和应还日期。

(1) 根据上述语义画出 E-R 图，要求包括属性、实体、联系和联系类型。

(2) 将 E-R 图转换为关系模型，并指出每个关系的主键。

(3) 依据关系模式进行物理结构的简要设计。

2. 某采购系统需要维护服装信息和服装在仓库中的存放情况，服装信息包括服装编码、服装描述、服装类型、销售价格、尺码、面料，仓库信息包括仓库编码、仓库位置、仓库容量和库管员，一个仓库可以存放多类服装，一类服装可以存放在多个仓库中，系统中需要记录每个仓库存放每类服装的数量。

(1) 根据上述语义画出 E-R 图，要求包括实体、属性、联系和联系类型。

(2) 将 E-R 图转换为关系模型，并指出每个关系的主键。

(3) 进行简要的物理设计，确定有哪些表，表中有哪些列，每个列的类型和长度，表中有哪些约束，格式如表 12-4 所示。

表 12-4　表名

列名	数据类型	宽度	为空性	说明

3. 某公司项目管理系统记录职工参与项目情况，一个职工可以参与多个项目，一个项目需要多名职工参与，职工有职工编号、姓名、性别、居住城市等属性，项目有项目编号、项目名称、状态、城市、负责人编号等属性，每个项目必须有负责人，项目状态有两个：0 表示未完成，1 表示完成。职工参与项目要记录参与时间和负责的任务。

(1) 根据上述语义画出 E-R 图，要求包括实体、属性、联系和联系类型。

(2) 将 E-R 图转换为关系模型，并指出每个关系的主键。

(3) 进行简要的物理设计，确定有哪些表，表中有哪些列，每个列的类型和长度，表中有哪些约束，格式如表 12-5 所示。

表 12-5　表名

列名	数据类型	宽度	为空性	说明

4. 一个学生可选择多个课堂，一个课堂可容纳多个学生。选择有已选人数属性。学生有学号、姓名、性别、班级、登录密码等属性，课堂有课堂编号、教师、课程名、上课时间、人数等属性。

(1) 根据上述语义画出 E-R 图，要求包括属性、实体、联系和联系类型。

(2) 将 E-R 图转换为关系模型，并指出每个关系的主键。

5. 一个读者可以订阅多种期刊，一种期刊可由多个读者订阅，订阅有订阅期限属性。读者有读者编号、姓名、通信地址、电话等属性，期刊有期刊编号、期刊名称、定价等属性。

(1) 根据上述语义画出 E-R 图，要求包括属性、实体、联系和联系类型。

(2) 将 E-R 图转换为关系模型，并指出每个关系的主键。

理论题

一、选择题

1. 现有关系：学生(学号，姓名，课程号，系号，系名，成绩)，为消除数据冗余，至少需要分解为(　　)。
   A. 1 个表　　B. 2 个表　　C. 3 个表　　D. 4 个表
2. 现有如下关系：患者(患者编号，患者姓名，性别，出生日期，所在单位)，医疗(患者编号、医生编号、医生姓名，诊断日期，诊断结果)。其中，医疗关系中外键码是(　　)。
   A. 患者编号　　B. 患者姓名　　C. 医生编号　　D. 医生姓名
3. 在数据库设计中，用 E-R 图来描述信息结构但不涉及信息在计算机中的表示，它是数据库设计的(　　)阶段。
   A. 需求分析　　B. 概念设计　　C. 逻辑设计　　D. 物理设计
4. E-R 图是数据库设计的工具之一，它适用于建立数据库的(　　)。
   A. 概念模型　　B. 逻辑模　　C. 结构模型　　D. 物理模型
5. 在关系数据库设计中，设计关系模式是(　　)的任务。
   A. 需求分析阶段　　B. 概念设计阶段
   C. 逻辑设计阶段　　D. 物理设计阶段
6. 数据库物理设计完成后，进入数据库实施阶段，下列各项中不属于实施阶段的工作是(　　)。
   A. 建立库结构　　B. 扩充功能　　C. 加载数据　　D. 系统调试
7. 数据库概念设计的 E-R 方法中，用属性描述实体的特征，属性在 E-R 图中，用(　　)表示。
   A. 矩形　　B. 四边形　　C. 菱形　　D. 椭圆形
8. 在数据库的概念设计中，最常用的数据模型是(　　)。
   A. 形象模型　　B. 物理模型　　C. 逻辑模型　　D. 实体联系模型
9. 在数据库设计中，在概念设计阶段可用 E-R 方法，其设计出的图称为(　　)。
   A. 实物示意图　　B. 实用概念图　　C. 实体表示图　　D. 实体联系图
10. 从 E-R 模型关系向关系模型转换时，一个 $M:N$ 联系转换为关系模型时，该关系模式的关键字是(　　)。
    A. M 端实体的关键字
    B. N 端实体的关键字
    C. M 端实体关键字与 N 端实体关键字组合

D. 重新选取其他属性

11. 当局部 E-R 图合并成全局 E-R 图时可能出现冲突，不属于合并冲突的是(　　)。

A. 属性冲突　　B. 语法冲突　　C. 结构冲突　　D. 命名冲突

12. E-R 图中的主要元素是(　①　)、(　②　)和属性。

A. 记录型　　B. 节点　　C. 实体　　D. 表

E. 文件　　F. 联系　　G. 有向边

13. E-R 图中的联系可以与(　　)实体有关。

A. 0 个　　B. 一个　　C. 一个或多个　　D. 多个

14. 概念模型独立于(　　)。

A. E-R 模型　　B. 硬件设备和 DBMS

C. 操作系统和 DBMS　　D. DBMS

15. 如果两个实体之间的联系是 $m:n$，则(　　)引入第三个交叉关系。

A. 需要　　B. 不需要　　C. 可有可无　　D. 合并两个实体

16. 数据流程图(DFD)是用于描述结构化方法中(　　)阶段的工具。

A. 可行性分析　　B. 详细设计　　C. 需求分析　　D. 程序编码

17. E-R 图是表示概念模型的有效工具之一，E-R 图中的菱形框"表示"的是(　　)。

A. 联系　　B. 实体　　C. 实体的属性　　D. 联系的属性

18. 设计性能较优的关系模式称为规范化，规范化主要的理论依据是(　　)。

A. 关系规范化理论　　B. 关系运算理论

C. 关系代数理论　　D. 数理逻辑

19. 规范化理论是关系数据库进行逻辑设计的理论依据。根据这个理论，关系数据库中的关系必须满足：其每一属性都是(　　)。

A. 互不相关的　　B. 不可分解的　　C. 长度可变的　　D. 互相关联的

20. 关系数据库规范化是为解决关系数据库中的(　　)问题而引入的。

A. 插入、删除异常和数据冗余　　B. 提高查询速度

C. 减少数据操作的复杂性　　D. 保证数据的安全性和完整性

21. 规范化过程主要为克服数据库逻辑结构中的插入异常，删除异常以及(　　)的缺陷。

A. 数据的不一致性　　B. 结构不合理

C. 冗余度大　　D. 数据丢失

22. 当关系模式 $R(A,B)$已属于 3NF，下列说法中(　　)是正确的。

A. 它一定消除了插入和删除异常　　B. 仍存在一定的插入和删除异常

C. 一定属于 BCNF　　D. A 和 C 都是

23. 关系模型中的关系模式至少是(　　)。

A. 1NF　　B. 2NF　　C. 3NF　　D. BCNF

24. 在关系模式中，如果属性 A 和 B 存在 1∶1 的联系，则说(　　)。

A. A→B　　B. B→A　　C. A←→B　　D. 以上都不是

25. 候选关键字中的属性称为(　　)。

A. 非主属性　　B. 主属性　　C. 复合属性　　D. 关键属性

26. 关系模式中各级模式之间的关系为(　　)。

A. 3NF ⊂2NF ⊂1NF　　B. 3NF ⊂1NF ⊂2NF

C. 1NF ⊂2NF ⊂3NF　　D. 2NF ⊂1NF ⊂3NF

27. 关系模式中,满足 2NF 的模式,(　　)。

A. 可能是 1NF　　B. 必定是 1NF

C. 必定是 3NF　　D. 必定是 BCNF

28. 消除了部分函数依赖的 1NF 的关系模式,必定是(　　)。

A. 1NF　　B. 2NF　　C. 3NF　　D. 4NF

29. 关系模式的候选关键字可以有(①),主关键字有(②)。

A. 0 个　　B. 一个　　C. 一个或多个　　D. 多个

30. 候选关键字中的属性可以有(　　)。

A. 0 个　　B. 一个　　C. 一个或多个　　D. 多个

31. 关系模式的分解(　　)。

A. 唯一　　B. 不唯一

32. 设有关系 *W*(工号,姓名,工种,定额),将其规范化到第三范式正确的答案是(　　)。

A. *W*1(工号,姓名),*W*2(工种,定额)

B. *W*1(工号,工种,定额),*W*2(工号,姓名)

C. *W*1(工号,姓名,工种),*W*2(工种,定额)

D. 以上都不对

二、填空题

1. 实体之间的联系有三种,分别为:(　　　　)、(　　　　)、(　　　　)。

2. 关系模型是用(　　　　)来表示实体及其相互之间的关系。

3. 在学生管理系统中,班级和学生之间的联系是(　　　　)的关系,在图书管理系统中读者和图书之间的关系是(　　　　)的关系。

4. 图 12-12 为 E-R 图,其中包含车间、商品、供应商三个实体,供应商编号、地址、传真是实体供应商的(　　　　),商品与供应商之间的联系是(　　　　)关系。

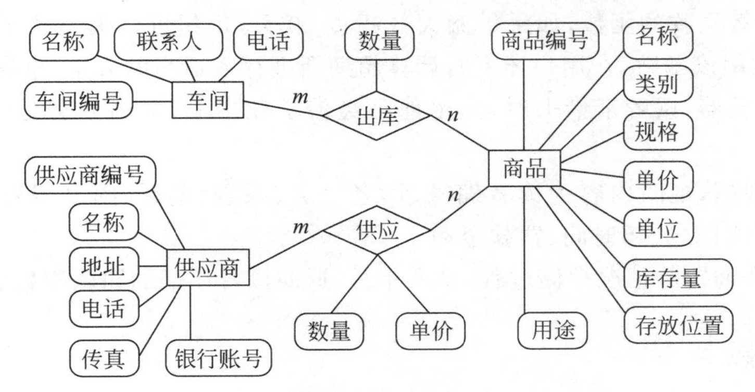

图 12-12　E-R 图

三、简答题

现有关系:学生(学号,姓名,课程号,系号,系名,成绩),为消除数据冗余,如何进行分解?请写出分解后的各个关系。

综合练习

操作题

为某学校设计一个图书管理系统，在图书馆中为每位读者保存的信息包括：读者编号，姓名，性别，年级，系别，电话，已借数目。每本图书的信息包括：书名，作者，价格，图书类型，库存量，出版社。其中，读者分为教师和学生两类，一本图书可以被多位读者借阅，每借一本图书都记录读者编号，借阅日期和应还日期。

（1）根据上述语义画出 E-R 图，要求包括实体、属性、联系和联系类型。

（2）将 E-R 图转换为关系模型，并指出每个关系的主键。

（3）依据关系模式进行物理结构的简要设计，确定有哪些表，每个表有哪些列，为每个列确定合适的数据类型和长度，为了保证数据完整准确，确定需要哪些约束项。

（4）确定适合的物理存储结构创建数据库，写出创建数据库的 SQL 语句。

（5）用 SQL 语句创建表，增加约束。

（6）编写图书入库存储过程 p_book_in 和读者注册存储过程 p_reader_in。

（7）使用 try-catch 语句编写借书和还书的存储过程，将更新读者的“已借数目”和图书的“库存量”功能用触发器来实现，并在借书时区分没有该书还是该书已全部借出，还书时区分没有该借书记录还是图书已经归还。然后进行借书、还书操作，验证存储过程（手工修改一些数据配合操作）。

（8）编写计算罚款的函数，如果借阅天数超过 20 天，每超过一天罚款 0.5 元。在还书的存储过程中调用该函数，在用户还书时计算超期罚金存入适当的表中（事先修改表结构）。

（9）创建触发器，读者来借书时，提示他已经借了几本书，书名分别是什么（触发器＋游标）。

（10）编写视图，视图内容为读者编号、读者姓名、系别、电话、图书编号、图书名、出版社、库存量、借阅时间、归还时间、罚款金额。

（11）编写查询罚款情况存储过程，输入年月，返回该月还书的罚款笔数和罚款总金额。

理论题

一、选择题

1. 在数据管理技术的发展过程中，经历了人工管理阶段、文件系统阶段和数据库系统阶段。在这几个阶段中，数据独立性最高的是（　　）阶段。

   A. 数据库系统　　B. 文件系统　　C. 人工管理　　D. 数据项管理

2. 数据库系统与文件系统的主要区别是(　　)。

A. 数据库系统复杂,而文件系统简单

B. 文件系统不能解决数据冗余和数据独立性问题,而数据库系统可以解决

C. 文件系统只能管理程序文件,而数据库系统能够管理各种类型的文件

D. 文件系统管理的数据量较少,而数据库系统可以管理庞大的数据量

3. 数据库的基本特点是(　　)。

A. (1) 数据可以共享(或数据结构化)　　(2) 数据独立性

(3) 数据冗余大,易移植　　(4) 统一管理和控制

B. (1) 数据可以共享(或数据结构化)　　(2) 数据独立性

(3) 数据冗余小,易扩充　　(4) 统一管理和控制

C. (1) 数据可以共享(或数据结构化)　　(2) 数据互换性

(3) 数据冗余小,易扩充　　(4) 统一管理和控制

D. (1) 数据非结构化　　(2) 数据独立性

(3) 数据冗余小,易扩充　　(4) 统一管理和控制

4. 数据库具有(①)、最小的(②)和较高的(③)。

① A. 程序结构化　　B. 数据结构化　　C. 程序标准化　　D. 数据模块化

② A. 冗余度　　B. 存储量　　C. 完整性　　D. 有效性

③ A. 程序与数据可靠性　　B. 程序与数据完整性

C. 程序与数据独立性　　D. 程序与数据一致性

5. 在数据库中,下列说法(　　)是不正确的。

A. 数据库避免了一切数据的重复

B. 若系统是完全可以控制的,则系统可确保更新时的一致性

C. 数据库中的数据可以共享

D. 数据库减少了数据冗余

6. 数据库系统的核心是(　　)。

A. 数据库　　B. 数据库管理系统

C. 数据模型　　D. 软件工具

7. 下述关于数据库系统的正确叙述是(　　)。

A. 数据库系统减少了数据冗余

B. 数据库系统避免了一切冗余

C. 数据库系统中数据的一致性是指数据类型一致

D. 数据库系统比文件系统能管理更多的数据

8. 下述关于数据库系统的正确叙述是(　　)。

A. 数据库中只存在数据项之间的联系

B. 数据库的数据项之间和记录之间都存在联系

C. 数据库的数据项之间无联系,记录之间存在联系

D. 数据库的数据项之间和记录之间都不存在联系

9. 将数据库的结构划分成多个层次,是为了提高数据库的(①)和(②)。

① A. 数据独立性　　B. 逻辑独立性　　C. 管理规范性　　D. 数据的共享

② A. 数据独立性　　B. 物理独立性　　C. 逻辑独立性　　D. 管理规范性

10. 数据库管理系统(DBMS)的主要功能是(　　)。

A. 修改数据库　　B. 定义数据库

C. 应用数据库　　D. 保护数据库

11. 数据库管理系统的工作不包括(　　)。

A. 定义数据库　　B. 对已定义的数据库进行管理

C. 为定义的数据库提供操作系统　　D. 数据通信

12. 数据库系统的特点是(　　)、数据独立、减少数据冗余、避免数据不一致和加强了数据保护。

A. 数据共享　　B. 数据存储　　C. 数据应用　　D. 数据保密

13. 数据库系统是由(　①　)组成;而数据库应用系统是由(　②　)组成。

①② A. 数据库管理系统、应用程序系统、数据库

B. 数据库管理系统、数据库管理员、数据库

C. 数据库系统、应用程序系统、用户

D. 数据库管理系统、数据库、用户

14. 数据库系统由数据库、(　①　)和硬件等组成,数据库系统是在(　②　)的基础上发展起来的。数据库系统由于能减少数据冗余,提高数据独立性,并集中检查(　③　),由此获得广泛的应用。数据库提供给用户的接口是(　④　),它具有数据定义、数据操作和数据检查功能,可独立使用,也可嵌入宿主语言使用。(　⑤　)语言已被国际标准化组织采纳为标准的关系数据库语言。

①② A. 操作系统　　B. 文件系统

C. 编译系统　　D. 数据库管理系统

③ A. 数据完整性　　B. 数据层次性

C. 数据的操作性　　D. 数据兼容性

④ A. 数据库语言　　B. 过程化语言

C. 宿主语言　　D. 面向对象语言

⑤ A. QUEL　　B. SEQUEL

C. SQL　　D. ALPHA

15. 数据的管理方法主要有(　　)。

A. 批处理和文件系统　　B. 文件系统和分布式系统

C. 分布式系统和批处理　　D. 数据库系统和文件系统

16. 数据库管理系统能实现对数据库中数据的查询、插入、修改和删除等操作,这种功能称为(　　)。

A. 数据定义功能　　B. 数据管理功能

C. 数据操纵功能　　D. 数据控制功能

17. 数据库管理系统是(　　)。

A. 操作系统的一部分　　B. 在操作系统支持下的系统软件

C. 一种编译程序　　D. 一种操作系统

18. 在数据库的三级模式结构中,描述数据库中全体数据的全局逻辑结构和特征的是

(　　)。

A. 外模式　　B. 内模式　　C. 存储模式　　D. 模式

19. 数据库系统的数据独立性是指(　　)。

A. 不会因为数据的变化而影响应用程序

B. 不会因为系统数据存储结构与数据逻辑结构的变化而影响应用程序

C. 不会因为存储策略的变化而影响存储结构

D. 不会因为某些存储结构的变化而影响其他的存储结构

20. 为使程序员编程时既可使用数据库语言又可使用常规的程序设计语言,数据库系统需要把数据库语言嵌入到(　　)中。

A. 编译程序　　B. 操作系统　　C. 中间语言　　D. 宿主语言

21. 在数据库系统中,通常用三级模式来描述数据库,其中(　①　)是用户与数据库的接口,是应用程序可见到的数据描述,(　②　)是对数据整体的(　③　)的描述,而(　④　)描述了数据的(　⑤　)。

A. 外模式　　B. 模式　　C. 内模式　　D. 逻辑结构

E. 层次结构　　F. 物理结构

22. 应用数据库的主要目的是为了(　　)。

A. 解决保密问题　　B. 解决数据完整性问题

C. 共享数据　　D. 解决数据量大的问题

23. 数据库应用系统包括(　　)。

A. 数据库语言、数据库　　B. 数据库、数据库应用程序

C. 数据管理系统、数据库　　D. 数据库管理系统

24. 实体是信息世界中的术语,与之对应的数据库术语为(　　)。

A. 文件　　B. 数据库　　C. 字段　　D. 记录

25. 层次型、网状型和关系型数据库划分原则是(　　)。

A. 记录长度　　B. 文件的大小

C. 联系的复杂程度　　D. 数据之间的联系

26. 按照传统的数据模型分类,数据库系统可以分为三种类型:(　　)。

A. 大型、中型和小型　　B. 西文、中文和兼容

C. 层次、网状和关系　　D. 数据、图形和多媒体

27. 数据模型用来表示实体间的联系,但不同的数据库管理系统支持不同的数据模型。在常用的数据模型中,不包括(　　)。

A. 网状模型　　B. 链状模型　　C. 层次模型　　D. 关系模型

28. 关系数据模型(　　)。

A. 只能表示实体间的 1∶1 联系　　B. 只能表示实体间的 1∶n 联系

C. 只能表示实体间的 m∶n 联系　　D. 可以表示实体间的上述三种联系

29. 在数据库设计中用关系模型来表示实体和实体之间的联系。关系模型的结构是(　　)。

A. 层次结构　　B. 二维表结构　　C. 网状结构　　D. 封装结构

30. 数据库技术的奠基人之一 E. F. Codd 从 1970 年起发表过多篇论文,主要论述的

是(　　)。

A. 层次数据模型　　B. 网状数据模型

C. 关系数据模型　　D. 面向对象数据模型

31. 关系模型的基本结构是(　　)。

A. 树　　B. 图　　C. 环　　D. 二维表格

32. 对于“关系”的描述,正确的是(　　)。

A. 同一关系中允许有完全相同的元组

B. 同一关系中元组必须按照关键字升序存放

C. 在一个关系中必须将关键字作为该关系的第一个属性

D. 同一关系中不能出现相同的属性名

33. 数据冗余是指(　　)。

A. 数据与数据之间没有联系　　B. 数据有丢失

C. 数据量太大　　D. 存在重复数据

34. 如果采用关系数据库实现应用,在数据逻辑设计阶段需将(　　)转换为关系数据模型。

A. E-R 模型　　B. 层次模型　　C. 关系模型　　D. 网状模型

35. 数据库的概念模型独立于(　　)。

A. 具体的机器和 DBMS　　B. E-R 图

C. 信息世界　　D. 现实世界

36. (　　)是存储在计算机内有结构的数据的集合。

A. 数据库系统　　B. 数据库

C. 数据库管理系统　　D. 数据结构

37. 在数据库中存储的是(　　)。

A. 数据　　B. 数据模型

C. 数据以及数据之间的联系　　D. 信息

38. 数据库的特点之一是数据的共享,严格地讲,这里的数据共享是指(　　)。

A. 同一个应用中的多个程序共享一个数据集合

B. 多个用户、同一种语言共享数据

C. 多个用户共享一个数据文件

D. 多种应用、多种语言、多个用户相互覆盖地使用数据集合

39. 数据库(DB)、数据库系统(DBS)和数据库管理系统(DBMS)三者之间的关系是(　　)。

A. DBS 包括 DB 和 DBMS　　B. DDMS 包括 DB 和 DBS

C. DB 包括 DBS 和 DBMS　　D. DBS 就是 DB,也就是 DBMS

40. (　　)可以减少相同数据重复存储的现象。

A. 记录　　B. 字段　　C. 文件　　D. 数据库

41. 数据库管理系统(DBMS)是(　　)。

A. 一个完整的数据库应用系统　　B. 一组硬件

C. 一组软件　　D. 既有硬件,也有软件

42. 数据库管理系统(DBMS)是(　　)。

A. 数学软件　　B. 应用软件

C. 计算机辅助设计　　D. 系统软件

43. (　　)是存储在计算机内的有结构的数据集合。

A. 网络系统　　B. 数据库系统　　C. 操作系统　　D. 数据库

44. 数据库的网状模型应满足的条件是(　　)。

A. 允许一个以上的节点无双亲,也允许一个节点有多个双亲

B. 必须有两个以上的节点

C. 有且仅有一个节点无双亲,其余节点都只有一个双亲

D. 每个节点有且仅有一个双亲

45. 在数据库的非关系模型中,基本层次联系是(　　)。

A. 两个记录型以及它们之间的多对多联系

B. 两个记录型以及它们之间的一对多联系

C. 两个记录型之间的多对多的联系

D. 两个记录之间的一对多的联系

46. 从逻辑上看关系模型是用(　①　)表示记录类型的,用(　②　)表示记录类型之间的联系;层次与网状模型是用(　③　)表示记录类型,用(　④　)表示记录类型之间的联系。从物理上看关系是(　⑤　),层次与网状模型是用(　⑥　)来实现两个文件之间的联系。

A. 表　　B. 节点　　C. 指针　　D. 连线

E. 位置寻址　　F. 相联寻址

47. 对关系模型叙述错误的是(　　)。

A. 建立在严格的数学理论、集合论和谓词演算公式的基础之上

B. 微机 DBMS 绝大部分采取关系数据模型

C. 用二维表表示关系模型是其一大特点

D. 不具有连接操作的 DBMS 也可以是关系数据库系统

48. 关系数据库管理系统应能实现的专门关系运算包括(　　)。

A. 排序、索引、统计　　B. 选择、投影、连接、除

C. 关联、更新、排序　　D. 显示、打印、制表

49. 关系模型中,一个码是(　　)。

A. 可由多个任意属性组成

B. 至多由一个属性组成

C. 可由一个或多个其值能唯一标识该关系模式中任何元组的属性组成

D. 以上都不是

50. 在一个关系中如果有这样一个属性存在,它的值能唯一地标识关系中的每一个元组,称这个属性为(　　)。

A. 关键字　　B. 数据项　　C. 主属性　　D. 主属性值

51. 同一个关系模型的任两个元组值(　　)。

A. 不能全同　　B. 可全同　　C. 必须全同　　D. 以上都不是

52. 一个关系数据库文件中的各条记录(　　)。

A. 前后顺序不能任意颠倒,一定要按照输入的顺序排列

B. 前后顺序可以任意颠倒,不影响库中的数据关系

C. 前后顺序可以任意颠倒,但排列顺序不同,统计处理的结果就可能不同

D. 前后顺序不能任意颠倒,一定要按照关键字段值的顺序排列

53. 在关系代数的传统集合运算中,假定有关系 R 和 S,运算结果为 W。如果 W 中的元组或者属于 R,或者属于 S,则 W 为(①)运算的结果。如果 W 中的元组属于 R 而不属于 S,则 W 为(②)运算的结果。如果 W 中的元组既属于 R 又属于 S,则 W 为(③)运算的结果。

A. 笛卡儿积　　B. 并　　C. 差　　D. 交

54. 在关系代数的专门关系运算中,从表中取出满足条件的属性的操作称为(①);从表中选出满足某种条件的元组的操作称为(②);将两个关系中具有共同属性值的元组连接到一起构成新表的操作称为(③)。

A. 选择　　B. 投影　　C. 连接　　D. 扫描

55. 自然连接是构成新关系的有效方法。一般情况下,当对关系 R 和 S 使用自然连接时,要求 R 和 S 含有一个或多个共有的(　　)。

A. 元组　　B. 行　　C. 记录　　D. 属性

56. 等值连接与自然连接是(　　)。

A. 相同的　　B. 不同的

57. 如图所示,两个关系 R1 和 R2,它们进行(　　)运算后得到 R3。

R1

A	B	C
a	1	x
c	2	y
c	1	x

R2

D	E	M
x	q	4
y	w	4
z	r	5

R3

A	B	C	D	E
a	1	x	q	4
a	1	x	r	5
c	2	y	w	4

A. 交　　B. 自然连接　　C. 笛卡儿积　　D. 连接

58. 关系运算中花费时间可能最长的运算是(　　)。

A. 投影　　B. 选择　　C. 笛卡儿积　　D. 除

59. 关系模式的任何属性(　　)。

A. 不可再分　　B. 可再分

C. 命名在该关系模式中可以不唯一　　D. 以上都不是

60. 关系数据库用(①)来表示实体之间的联系,其任何检索操作的实现都是由(②)三种基本操作组合而成的。

① A. 层次模型　　B. 网状模型　　C. 指针链　　D. 二维表

② A. 选择、投影和扫描　　B. 选择、投影和连接

C. 选择、运算和投影　　D. 选择、投影和比较

61. 关系数据库中的关键字是指(　　)。

A. 能唯一决定关系的字段　　B. 不可改动的专用保留字

C. 关键的很重要的字段　　D. 能唯一标识元组的属性或属性集合

62. 设有关系 R,按条件 f 对关系 R 进行选择,正确的是(　　)。

A. R×R　　B. $R \underset{f}{\bowtie} R$　　C. σf(R)　　D. Πf(R)

63. 索引是对数据库表中(　　)字段进行排序。

A. 一个　　B. 多个　　C. 零个　　D. 一个或多个

64. 建立索引的作用之一是(　　)。

A. 节省存储空间　　B. 便于管理

C. 提高查询速度　　D. 提高查询和更新的速度

65. 如果一个表中记录的物理存储顺序与索引的顺序一致,则称此索引为(　　)。

A. 唯一索引　　B. 聚集索引　　C. 非唯一索引　　D. 非聚集索引

二、填空题

1. 描述事物的符号称为(　　)。
2. 数据中所包含的含义称为(　　)。
3. 数据库是指长期存储在计算机内的、有组织的、(　　)数据集合。
4. DBMS 是数据库系统的核心软件之一,是位于用户与(　　)之间的一层数据管理(　　)。
5. 数据库系统简称(　　)是有组织地、动态地存储大量关联数据、方便多用户访问的计算机(　　)件、(　　)件和数据资源组成的系统。
6. 现实世界中客观存在并可区分识别的事物称为(　　)。
7. 实体的特征称为实体的(　　)。
8. 实体间的联系有(　　)种,分别为(　　),(　　),(　　)。
9. 概念结构设计的任务是在需求分析的结果上,抽象化后成为概念模型。概念模型通常利用(　　)来表达。
10. 概念结构设计的步骤是先画出(　　)的 E-R 图,最终合并成一个(　　)E-R 图。
11. 需求分析的任务就是对现实世界要处理的对象详细调查和分析;收集支持系统目标的(　　)和(　　);明确用户对数据库的具体要求。在此基础上确定数据库系统的(　　)。
12. 索引的类型主要有(　　)和非聚集索引。
13. 可以使用(　　)命令创建独立于约束的索引。
14. 在数据表中创建主键约束时,会自动创建(　　)索引。
15. DBMS 是位于用户与操作系统之间的一层数据管理软件,它属于(　　)软件,它为用户或应用程序提供访问数据库的方法。
16. 数据库管理系统中比较常见的数据模型有层次模型、网状模型和(　　)三种。
17. DBMS 的全称是(　　)。
18. 数据库常用的数据模型有层次模型、网状模型、关系模型,SQL Server 数据库属于(　　)模型。
19. SQL 是一种(　　)语言。

三、判断题

1. 描述事物的符号称为信息。　　(　　)

2. 数据库是指临时存储在计算机内的、有组织的、可共享的数据集合。 (　　)
3. DBMS是有组织地、动态地存储大量关联数据、方便多用户访问的计算机硬件、软件和数据资源组成的系统。 (　　)
4. DBS是数据库系统的核心软件之一，是位于用户与操作系统之间的一层数据管理软件。 (　　)
5. 现实世界中客观存在并可区分识别的事物称为实体。 (　　)
6. 实体的每个属性有特定的取值范围。 (　　)
7. 需求分析的内容通常利用E-R图来表达。 (　　)
8. 在SQL Server中用户可以定义全局变量。 (　　)
9. drop语句只是删除表中的数据，表本身依然存在数据库中。 (　　)
10. Alter table语句用于创建用户表。 (　　)
11. Select语句用于查询数据。 (　　)
12. 删除数据库的语句是drop view。 (　　)
13. 因为通过视图可以插入、修改或删除数据，因此视图也是一个实在表，SQL Server将它保存在syscommens系统表中。 (　　)
14. 主键字段允许为空。 (　　)
15. SQL Server自动为primary key约束的列建立一个索引。 (　　)
16. SQL Server的数据库可以导出为Access数据库。 (　　)
17. DELETE语句只是删除表中的数据，表本身依然存在数据库中。 (　　)
18. 可以用DROP INDEX删除表中的所有索引。 (　　)
19. 通配符“_”表示某单个字符。 (　　)
20. 概念结构设计的任务是将需求分析结果抽象为概念模型，用E-R图表示。 (　　)
21. 索引的类型主要有聚集索引和非聚集索引。 (　　)
22. 建立索引的作用是提高查询和更新的速度。 (　　)
23. 一个表可以创建多个聚集索引。 (　　)

四、简答题

基于以下两个表完成题目：

学生表(学号,姓名,性别,所在系)

院系表(院系编号,院系名称)

1. 用SQL语句插入一名学生信息，学号:2016011，姓名:张小；
2. 用SQL语句将2016011号学生的所在系改为11号系；
3. 用SQL语句在院系表删除10号院系的信息；
4. 查询所有男生的信息，用关系代数和SQL语句分别表示；
5. 查询学生的学号、姓名、性别，用关系代数和SQL语句分别表示；
6. 查询“计算机系”所有学生的姓名、性别，用关系代数和SQL语句分别表示；
7. 用SQL语句查询每个系男生和女生分别为多少人，显示院系名称、性别、人数；
8. 用SQL语句创建视图V_STU，视图包含院系名称、学号、学生姓名、学生性别；
9. 用SQL语句在视图V_STU中查询计算机系学生有多少种姓氏；
10. 创建存储过程p_s，输入学号，查询学生所在系的名称。

期中测验样卷

项　目	一	二	三		总分
得　分					
登卷人					

班级：________________学号：________________姓名：________________

一、选择题(每题2分,共16分)

1. E-R模型的三要素是(　　)。

   A. 实体、属性、实体集　　B. 实体、键、联系

   C. 实体、属性、联系　　D. 实体、域、候选区

2. 创建数据库时,系统自动将(　　)数据库中的所有对象复制到新建数据库中。

   A. master　　B. tempdb　　C. model　　D. msdb

3. 现有如下关系：患者(患者编号,患者姓名,性别,出生日期,所在单位)、医疗(患者编号、医生编号、医生姓名,诊断日期,诊断结果)。其中,医疗关系中外键码是(　　)

   A. 患者编号　　B. 患者姓名

   C. 患者编号和患者姓名　　D. 医生编号和患者编号

4. 表达式'123'+'456'的结果是(　　)。

   A. '579'　　B. 579　　C. '123456'　　D. '123'

5. 表达式Datepart(yy,'2004-3-13')+2的结果是(　　)。

   A. '2004-3-15'　　B. 2004　　C. '2006'　　D. 2006

6. 下面关于唯一性约束的叙述中,不正确的是(　　)。

   A. 唯一性约束指定一个或多个列的组合的值具有唯一性,以防止在列中输入重复的值

   B. 唯一性约束指定的列可以有null属性

   C. 主键也强制执行唯一性,但主键不允许空值,故主键约束强度大于唯一性约束

   D. 主键列可以设定唯一性约束

7. 使用SQL语句进行分组检索,为了去掉不满足条件的分组,应当(　　)。

   A. 使用WHERE子句

   B. 先使用WHERE子句,再使用HAVING子句

   C. 先使用HAVING子句,再使用WHERE子句

   D. 先使用GROUP BY子句,再使用HAVING子句

8. 关于查询语句中ORDER BY子句使用正确的是(　　)。

   A. 如果未指定排序字段,则默认按递增排序

   B. 如果降序排列,必须使用ASC关键字

C. 连接查询不允许使用ORDER BY子句

D. ORDER BY子句后面可以是一个字段,也可以是多个字段

二、填空题(每空2分,共34分)

1. 主数据文件的扩展名为(　　)。
2. 关系模型是用(　　)来表示实体及其相互之间的关系。
3. 实体之间的联系有三种,分别为:(　　)、(　　)、(　　)。
4. 在学生管理系统中,班级和学生之间的联系是(　　)的关系,在图书管理系统中读者和图书之间的关系是(　　)的关系。
5. 数据库常用的数据模型有层次模型、网状模型、关系模型,SQL Server数据库属于(　　)模型。
6. SQL是一种(　　)语言。
7. 一个数据库至少应该包含一个(　　)文件和一个(　　)文件。
8. 使用T-SQL管理数据库,现需要一个名为MyDB的数据库,创建该数据库的语句为(　　),修改该数据库的语句为(　　),删除该数据库的语句为(　　)。
9. char和varchar数据类型比较,varchar型比char型占用空间(　　),char比varchar列存取速度(　　)。
10. 图1为E-R图,其中包含车间、商品、供应商三个实体,供应商编号、地址、传真是实体“供应商”的(　　),“商品”与“供应商”之间的联系是(　　)关系。

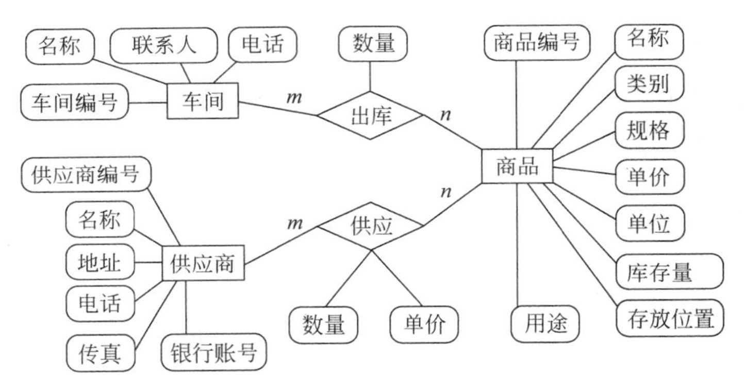

图1　E-R图

三、问答题(每题5分,共10分)

1. 如何将数据库复制到另外一台机器上,请写出步骤。
2. 学生表、课程表和选课表之间存在外键联系(选课表中包含学生学号),如需要删除表,是否可以先删除学生表?为什么?

四、应用题(40分)

1. 请用二维表格表示以下操作的结果。(4分)

```
Create database Sales                    -- 创建数据库
go
use Sales                                -- 选择数据库
go
```

```
create table Student                           -- 学生表,非空、单值主键、默认值、标识列
(
    Number int identity(1,1)not null,          -- 序号 非空,标识列
    XH char(10)not null PRIMARY KEY,           -- 学号 非空,主键
    Name varchar(8)not null,                   -- 姓名 非空
    MZ varchar(8)default '汉族'                -- 民族 默认值
    Csny datetime                              -- 出生年月
}
go

INSERT INTO Student VALUES('0009','莉莉'default,'1992 - 09 - 01')
INSERT INTO Student(xh,name)VALUES('0010','小花')
go
select * from Student
```

2. 根据提供的销售管理数据库,完成如下任务。(每题 4 分,共 36 分)

(1) 在 product 表中,将路由器,优盘,墨盒,液晶显示器的产品信息显示出来。

(2) 顾客表中,查询客户是上海市的,并将满足条件的客户信息显示出来。

(3) 雇员表中,查找工资在 3000~3200,以及 3500~4000 这些人的信息并输出。

(4) 在销售订单表中查询员工编号为 1,3,5,7 的员工接收订单的信息。

(5) 请查询已经订购了商品的客户的公司名称、联系人姓名和所订商品编号和订购数量。

(6) 查询员工"余杰"所经手的订单中的商品名称、单价和销售量。

(7) 在 sell_order 表中,请统计各员工的销售订单总量。

(8) 在员工表中查询员工信息根据员工的出生日期升序排序,出生日期相同的员工再按照薪水降序排序。

(9) 请检索订购了"墨盒"的客户的公司名称。

第二部分
项 目 案 例

一、需求描述

某银行要开发一套储蓄系统软件，主要实现开户、存款、取款、转账、挂失、查询余额等功能，还可以拓展统计功能。

二、涉及的技能点

1. 能够用 T-SQL 语句创建数据库和表，添加各种约束。
2. 熟练使用数据增删改查 SQL 语句和常用系统函数。
3. 能使用事务和安全机制。
4. 能够创建索引和视图。
5. 能够熟练使用触发器。
6. 能够创建存储过程和用户自定义函数，并正确调用。

三、数据库设计

1. 识别实体、属性，画 E-R 图。

根据需求描述，再参考实际银行业务单据，绘制简单的 E-R 图如图 1 所示。

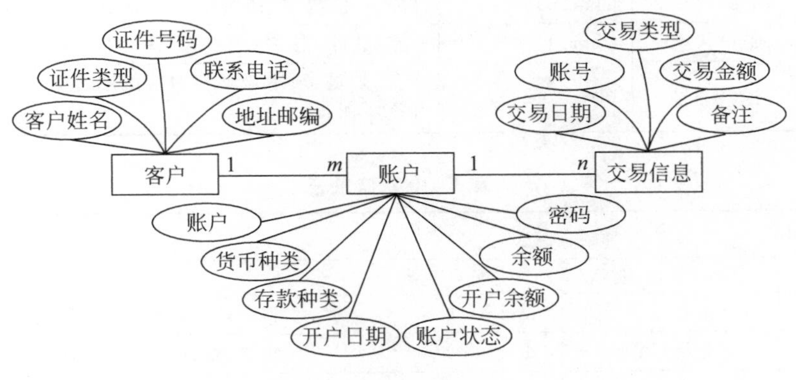

图 1 储蓄系统 E-R 图

2. E-R 图转换为关系模型

实体名转换为关系名，实体属性转换为关系的属性，识别主码，实体间一对多的联系通过在多方加入一方的主码来表示，转换后的关系模型如下。

客户(<u>客户编号</u>，客户姓名，证件类型，证件号码，移动电话，固定电话，地址和邮编)
账户(<u>账号</u>，货币种类，存款种类，开户日期，开户金额，余额，密码，账户状态，客户编号)
交易信息(<u>流水号</u>，交易日期，账号，交易类型，交易金额，备注)

3. 以二维表格定义表结构

表结构如表 1～表 3 所示。

表 1　客户信息表

表名：customerInfo

字段名称	字 段 说 明	类　　型	约　　束
khbh	客户编号	int	非空，主键，标识列，初值 1，增量 1
khxm	客户姓名	Varchar(8)	非空
zjlx	证件类型	Varchar(10)	非空，默认“身份证”
zjhm	证件号码	Varchar(18)	非空，唯一约束
yddh	移动电话	Varchar(11)	非空，格式为 11 位数字
gddh	固定电话	Varchar(13)	格式为 xxxx-xxxxxxxx 或 xxx-xxxxxxxx
dzhyb	地址和邮编	Varchar(100)	

表 2　账户信息表

表名：accountInfo

字段名称	字 段 说 明	类　　型	约　　束
zh	账号	Char(19)	非空，主键，一般前几位代表特殊含义，后几位随机产生
ckzl	存款种类	Varchar(8)	非空，活期/定期/定活两便，默认活期
hbzl	货币种类	Varchar(10)	非空，默认为“人民币”
khrq	开户日期	datetime	非空，默认是系统日期
khje	开户金额	decimal(20,2)	非空，不低于 1 元
ye	余额	decimal(20,2)	非空，不低于 1 元，否则将销户
mm	密码	Char(6)	非空，6 位数字，初始化为 6 个“6”
zhzt	账户状态	Char(4)	非空，正常/挂失/销户，默认为“正常”
khbh	客户编号	int	非空，外键，表示该账户对应的顾客编号，一位客户允许开多个账户

表 3　交易信息表

表名：transInfo

字段名称	字 段 说 明	类　　型	约　　束
lsh	流水号	int	非空，主键，标识列，初值 1，增量 1
jyrq	交易日期	datetime	非空，默认为系统日期
zh	账号	Char(19)	非空，外键
jylx	交易类型	Char(4)	非空，存入\支取
jyje	交易金额	decimal(20,2)	非空，大于 0
bz	备注	Varchar(200)	

四、实现步骤

1. 创建数据库

数据库名字为 MyBank，数据文件逻辑名称为 MyBankDB_dat，物理名为 MyBankDB.mdf，保存在 d:\bank\data 目录，数据文件初始大小 10MB，增长率 10%。

语句：

```
-- 检测是否存在 MyBank,如果存在,则先删除再创建
    use master
    go
    if exists(select * from sysdatabases where name = 'MyBank')
       DROP DATABASE MyBank
    GO
    CREATE DATABASE MyBank
       ON
       ( NAME = MyBankDB_dat,
       FILENAME = 'D:\bank\data\MyBankDB.mdf',
       SIZE = 10,
       FILEGROWTH = 10 % )
    GO
```

2. 建表加约束

```
/* 创建客户信息表(customerInfo)语句：
非空约束、标识列、主键、默认值、唯一约束在建表时考虑,
外键、检查约束在后续使用修改表结构语句增加。 */
    use MyBank
    go
    if exists(select * from sysobjects where name = 'customerInfo')
    drop TABLE customerInfo
    go
    CREATE TABLE customerInfo                              -- 客户信息表
    (
        khbh int IDENTITY(1,1) NOT NULL PRIMARY KEY,       -- 客户编号,标识列
        khxm varchar(8) NOT NULL,                          -- 客户姓名
        zjlx Varchar(10) NOT NULL default('身份证'),       -- 证件类型,默认身份证
        zjhm varchar(18) NOT NULL unique,                  -- 证件号码,唯一
        yddh varchar(11) NOT NULL,                         --- 移动电话
        gddh varchar(13) NOT NULL,                         --- 固定电话
        dzhyb varchar(100)                                 --- 地址和邮编
    )
    go
```

修改表结构语句：

```
     -- 增加客户信息表 customerInfo 的检查约束:
     -- 移动电话位,固定电话格式为 xxxx - xxxxxxxx 或 xxx - xxxxxxxx
     -- 增加检查约束: 移动电话格式为 11 位手机号
     ALTER TABLE customerInfo
       ADD CONSTRAINT CK_yddh CHECK(yddh like '[0 - 9][0 - 9][0 - 9][0 - 9][0 - 9][0 - 9][0 - 9]
[0 - 9][0 - 9][0 - 9][0 - 9]')
     GO
     -- 增加检查约束: 固定电话格式为 xxxx - xxxxxxxx 或 xxx - xxxxxxxx
     ALTER TABLE customerInfo
       ADD CONSTRAINT CK_gddh CHECK(gddh like '[0 - 9][0 - 9][0 - 9][0 - 9] - [0 - 9][0 - 9][0 - 9]
[0 - 9][0 - 9][0 - 9][0 - 9][0 - 9]'
     or gddh like '[0 - 9][0 - 9][0 - 9] - [0 - 9][0 - 9][0 - 9][0 - 9][0 - 9][0 - 9][0 - 9][0 - 9]')
```

```
    GO
/* 创建账户信息表(accountInfo)语句: */
    use MyBank
    go
    if exists(select * from sysobjects where name = 'accountInfo')
    drop TABLE accountInfo
    go
    CREATE TABLE accountInfo                              --银行卡信息表
    (
    zh varchar(19) NOT NULL PRIMARY KEY,                  --账号,非空,主键
    ckzl varchar(8) NOT NULL default('活期'),             --存款种类,默认活期
    hbzl varchar(10) NOT NULL default('人民币'),          --货币种类,默认人民币
    khrq datetime not null default(GETDATE()),            --开户日期,默认当前日期
    khje decimal(20,2) not null,                          --开户金额
    ye decimal(20,2) not null,                            --余额
    mm char(6) not null default(666666),                  --密码,6位数字,默认个
    zhzt Char(4) not null default('正常'),                --账户状态,默认"正常"
    khbh int not null foreign key references customerInfo(khbh)      --客户编号,外键
    )
    Go
--增加账户信息表 accountInfo 的检查约束语句:
--ckzl 存款种类分为: 活期/定期/定活两便
--khje 开户金额不低于1元
--ye     余额不低于1元
--mm   密码为位数字
--zhzt   分为: 正常/挂失/销户
    ALTER TABLE accountInfo
      ADD CONSTRAINT CK_ckzl CHECK(ckzl IN ('活期','定活两便','定期')),
          CONSTRAINT CK_khje CHECK(khje>=1),
          CONSTRAINT CK_ye CHECK(ye>=1),
          CONSTRAINT CK_mm CHECK(mm LIKE '[0-9][0-9][0-9][0-9][0-9][0-9]'),
          CONSTRAINT CK_zhzt CHECK(zhzt IN ('正常','挂失','销户'))
    GO

/* 创建交易信息表(transInfo)语句 */
    if exists(select * from sysobjects where lower(name) = 'transinfo')
    drop TABLE transInfo
    go
    CREATE TABLE transInfo                                --交易信息表
    (
    lsh int IDENTITY(1,1) NOT NULL PRIMARY KEY,           --流水号,主键,标识列
        jyrq datetime not null default(GETDATE()),        --交易日期默认当前日期
        zh varchar(19) NOT NULL ,                         --账号,外键
        jylx char(4) NOT NULL ,                           --交易类型
        jyje decimal(20,2) not null,                      ---交易金额
        bz varchar(200)                                   --备注
        CONSTRAINT FK_customerInfo foreign KEY (zh) references accountInfo(zh)
    )
    Go
--增加交易信息表 transInfo 的检查约束语句:
--jylx 交易类型只能是存入/支取
```

```
-- jyje 交易金额大于
   ALTER TABLE transInfo
     ADD CONSTRAINT CK_jylx CHECK(jylx IN ('存入','支取')),
         CONSTRAINT CK_jyje CHECK(jyje > 0)
   GO
```

3. 常规业务模拟

1）开户

【题目】 高吕开户，身份证 123456789012345，电话 0513-67898978，地址江苏南通，开户金额 2000，活期，账号 6013826105010000001。季红阳开户，身份证 321245678912345678，电话 0513-44443333，开户金额 1000，定期，账号 6013826105010000002。

参考代码：

```
-- 第一户，存储客户信息表
INSERT INTO customerInfo(khxm, zjhm, gddh, yddh, dzhyb )
VALUES('高吕','123456789012345','0513 - 67898978','15251555555','江苏南通')
-- 查看生成的 customerID，后面使用该客户编号
select * from customerInfo
-- 第一户，存储账户信息
INSERT INTO accountInfo(zh, ckzl, khje, ye, khbh)
     VALUES('6013826105010000001','活期',2000,2000,1)
-- 第一户，存储交易信息
INSERT INTO transInfo(zh, jylx, jyje)
   VALUES('6013826105010000001','存入',2000)      -- 交易信息表插入存款记录

-- 第二户，存储客户信息表
INSERT INTO customerInfo(khxm, zjhm, yddh, gddh)
   VALUES('季红阳','321245678912345678','15111551155','0513 - 44443333')
-- 第二户，存储账户信息
INSERT INTO accountInfo(zh, ckzl, khje, ye, khbh)
     VALUES('6013826105010000002','定期',1000,1000,2)
-- 第二户，存储交易信息
INSERT INTO transInfo(zh, jylx, jyje)
   VALUES('6013826105010000002','存入',1000)      -- 交易信息表插入存款记录
```

说明：用户初次开户要在三个表中都插入数据，下次再开其他账户，客户信息表不需要重复插入记录。

问题：按题目要求进行输入是否有异常？（异常：手机号必须输入。）

2）存款、取款

【题目】 高吕的账号（6013826105010000001）取款 900 元，季红阳的账号（6013826105010000002）存款 5000 元。

参考代码：

```
-- 取款
INSERT INTO transInfo(zh, jylx, jyje)
   VALUES('6013826105010000001','支取',900)      -- 交易信息表插入取款记录
update accountInfo set ye = ye - 900
   WHERE zh = '6013826105010000001'               -- 更新卡余额
```

```
--存款
INSERT INTO transInfo(zh,jylx,jyje)
   VALUES('6013826105010000002','存入',5000)       --交易信息表插入存款记录
update accountInfo set ye = ye + 5000
   WHERE zh = '6013826105010000002'                --更新卡余额
```

查看表中数据变化的语句如下。

```
select * from accountInfo
select * from transInfo
```

说明：存款、取款操作除了在交易信息表中增加记录之外，账户信息表要更新最新余额。增加记录用 insert 语句，更新余额用 update 语句。

3）转账

【题目】 季红阳的账号(6013826105010000002)给高吕账号(6013826105010000001)转款 800 元。

参考代码：

```
declare @errSum INT = 0                                 --定义变量累加错误数,初值为
begin tran                                              --开始显式事务
INSERT INTO transInfo(zh,jylx,jyje)
   VALUES('6013826105010000002','支取',800)             --交易信息表插入存款记录
set @errSum = @errSum + @@error                         --累加错误数
update accountInfo set ye = ye - 800 WHERE zh = '6013826105010000002'     --更新余额
set @errSum = @errSum + @@error                         --累加错误数
INSERT INTO transInfo(zh,jylx,jyje)
   VALUES('6013826105010000001','存入',800)             --交易信息表插入取款记录
set @errSum = @errSum + @@error                         --累加错误数
update accountInfo set ye = ye + 800 WHERE zh = '6013826105010000001'     --更新余额
set @errSum = @errSum + @@error                         --累加错误数
if @errSum = 0
     commit TRANSACTION                                 --提交事务
  else
     rollback TRANSACTION                               --回滚事务
```

查看表中数据变化代码的语句如下。

```
select * from accountInfo
select * from transInfo
```

说明：转账操作实际上是对两个账号同时操作，一个进行取款，另一个进行等金额存款，还要更新账户信息表中两个账户的余额。此功能需要使用显式事务模式，以保证几个操作同时成功或同时失败。

4）查询余额

【题目】 查询高吕的卡 6013826105010000001 有多少余额；查询季红阳的卡 6013826105010000002 有多少余额。

参考代码：

```
select * from accountInfo where zh='6013826105010000001'
select * from accountInfo where zh='6013826105010000002'
```

5）修改密码

【题目】 高吕的账号（6013826105010000001）密码修改为 123456；季红阳的账号（6013826105010000002）密码修改为 123321。

参考代码：

```
UPDATE accountInfo SET mm =123456 where zh='6013826105010000001'
UPDATE accountInfo SET mm =123123 where zh='6013826105010000002'
```

6）挂失

【题目】 季红阳的账号（6013826105010000002）申请挂失。

参考代码：

```
UPDATE accountInfo SET zhzt ='挂失' where zh='6013826105010000002'
```

说明：挂失是在账户信息表中"账户状态"字段对该账户做标记，后面创建存、取款存储过程时，要判断账户标记，正常账户才可办理业务。

7）统计日营业额和月营业额

【题目】 统计当前日期的日营业额，显示日期、存款金额、取款金额、余额（存款金额－取款金额）。

参考代码：

```
select convert(char,getdate(),102) 日期,存款金额,取款金额,存款金额-取款金额 as 余额
  from
(select sum(jyje) 存款金额 from transInfo
where convert(char,jyrq,102)=convert(char,getdate(),102) and jylx='存入') a,
(select sum(jyje) 取款金额 from transInfo
where convert(char,jyrq,102)=convert(char,getdate(),102) and jylx='支取') b
```

【题目】 统计当前月的月营业额，显示内容同上。

参考代码：

```
select left(convert(char,getdate(),102),7) 年月,存款金额,取款金额,
        存款金额-取款金额 as 余额
from
(select sum(jyje) 存款金额 from transInfo
where year(jyrq)=year(getdate()) and month(jyrq)=month(getdate()) and jylx='存入') a,
(select sum(jyje) 取款金额 from transInfo
where year(jyrq)=year(getdate()) and month(jyrq)=month(getdate()) and jylx='支取') b
```

说明：使用分组查询语句 group by，用 sum()聚合函数计算相应营业额的和，存款和取款要分别考虑（可以使用 case 语句）。

4. 创建视图

为了向客户显示友好信息，查询各表要求字段全为中文字段名。

1）客户信息表视图

要求效果如图 2 所示。

	客户编号	客户姓名	证件类型	证件号码	移动电话	固定电话	地址和邮编
1	1	高昌	身份证	123456789012345	15251555555	0513-67898978	江苏南通
2	2	季红阳	身份证	321245678912345678	15111551155	0513-44443333	NULL

图 2　效果图

参考代码：

```
create VIEW v_customerInfo                              --客户信息表视图
  AS
Select khbh 客户编号,khxm 客户姓名,zjlx 证件类型,zjhm 证件号码,
      yddh 移动电话,gddh 固定电话,dzhyb 地址和邮编
from customerInfo
go
```

2）账户信息表视图

要求效果如图 3 所示。

	账号	存款种类	货币种类	开户日期	开户金额	余额	密码	账户状态	客户编号
1	6013826105010000001	活期	人民币	2015-03-22 12:29:42.260	2000.00	1900.00	123456	正常	1
2	6013826105010000002	定期	人民币	2015-03-22 12:30:09.790	1000.00	5200.00	123123	挂失	2

图 3　效果图

参考代码：

```
create VIEW v_accountInfo                               --账户信息表视图
AS
select zh 账号,ckzl 存款种类,hbzl 货币种类,khrq 开户日期,khje 开户金额,
       ye 余额,mm 密码,zhzt 账户状态,khbh 客户编号
from accountInfo
go
```

3）交易信息表视图

要求效果如图 4 所示。

	交易日期	账号	交易类型	交易金额	备注
1	2015-03-22 12:29:46.853	6013826105010000001	存入	2000.00	NULL
2	2015-03-22 12:30:12.167	6013826105010000002	存入	1000.00	NULL

图 4　效果图

参考代码：

```
create VIEW v_transInfo                                 --交易信息表视图
AS
select jyrq 交易日期,zh 账号,jylx 交易类型,jyje 交易金额,bz 备注
from transInfo
GO
```

4）联合视图

创建一个联合客户信息表和账户信息表两个表的视图，显示客户编号、客户姓名、证件类型、证件号码、账号、存款种类、余额、账户状态，并按客户编号、开户日期排序。

要求效果如图 5 所示。

	客户编号	客户姓名	证件类型	证件号码	账号	存款种类	余额	密码	账户状态
1	1	高吕	身份证	123456789012345	6013826105010000001	活期	1900.00	123456	正常
2	2	季红阳	身份证	321245678912345678	6013826105010000002	定期	5200.00	123123	挂失

图 5　效果图

参考代码：

```
create VIEW v_user
AS
select top 100 a.khbh as 客户编号,khxm as 客户姓名,zjlx as 证件类型,
     zjhm as 证件号码,zh as 账号,ckzl as 存款种类,ye as 余额,mm 密码,
     zhzt as 账户状态
from customerInfo a , accountInfo b
where a.khbh = b.khbh order by a.khbh,khrq
GO
```

5）按日统计视图

创建日统计视图，每一天显示一条，显示内容为：日期，日存入，日支取，日合计（日存入—日支取）。

要求效果如图 6 所示。

	日期	日存入	日支取	日合计
1	20150322	8800.00	1700.00	7100.00

图 6　效果图

参考代码：

```
create view v_rtj as                                    -- 创建日统计视图
select a.日期,日存入,日支取, 日存入 - 日支取 as 日合计
from
(select convert(char,jyrq,112) as 日期,sum(jyje) as 日存入
from transInfo where jylx = '存入' group by convert(char,jyrq,112)) a,
(select convert(char,jyrq,112) as 日期,sum(jyje) as 日支取
from transInfo where jylx = '支取' group by convert(char,jyrq,112))b
where a.日期 = b.日期
Go
```

6）按月统计视图

创建月统计视图，每一天显示一条，显示内容为：年月，月存入，月支取，月合计（月存入—月支取）。

要求效果如图 7 所示。

	月份	月存入	月支取	月合计
1	201503	8800.00	1700.00	7100.00

图 7　效果图

参考代码：

```
create view v_ytj as                              --创建月统计视图
select a.月份,月存入,月支取,月存入-月支取 as 月合计 from
(select left(convert(char,jyrq,112),6) as 月份,sum(jyje) as 月存入
from transInfo where jylx='存入' group by left(convert(char,jyrq,112),6)) a
full join
(select left(convert(char,jyrq,112),6) as 月份,sum(jyje) as 月支取
from transInfo where jylx='支取' group by left(convert(char,jyrq,112),6))b
on a.月份=b.月份
go
--查看视图代码:
select * from v_rtj
select * from v_ytj
```

5. 系统功能流程图

1）开户

储蓄系统开户操作流程见图 8。

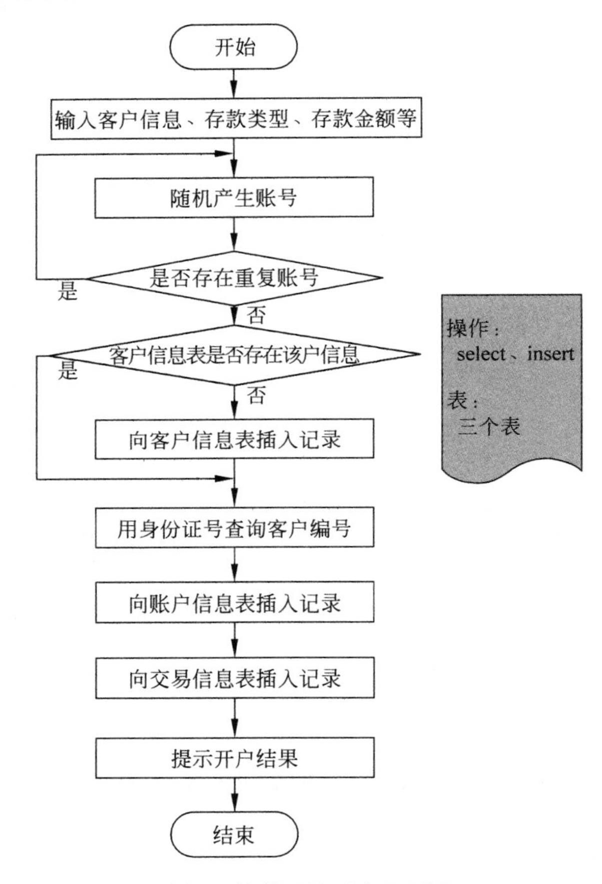

图 8　储蓄系统开户流程图

2）存款

储蓄系统存款操作流程见图 9。

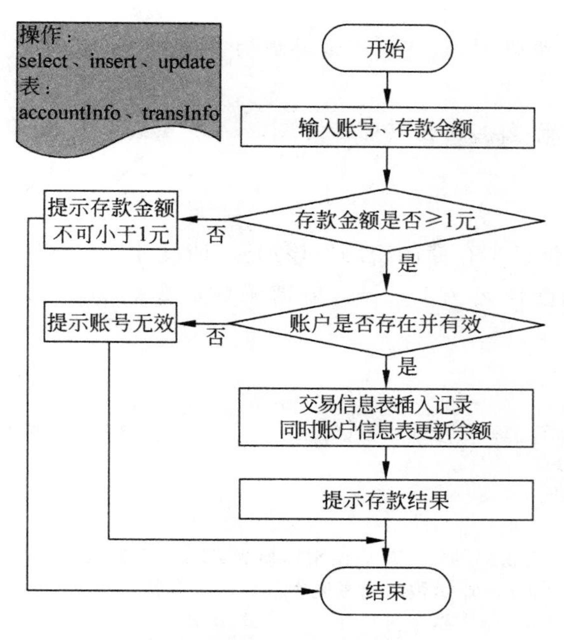

图 9　储蓄系统存款流程图

3）取款

储蓄系统取款操作流程图见图 10。

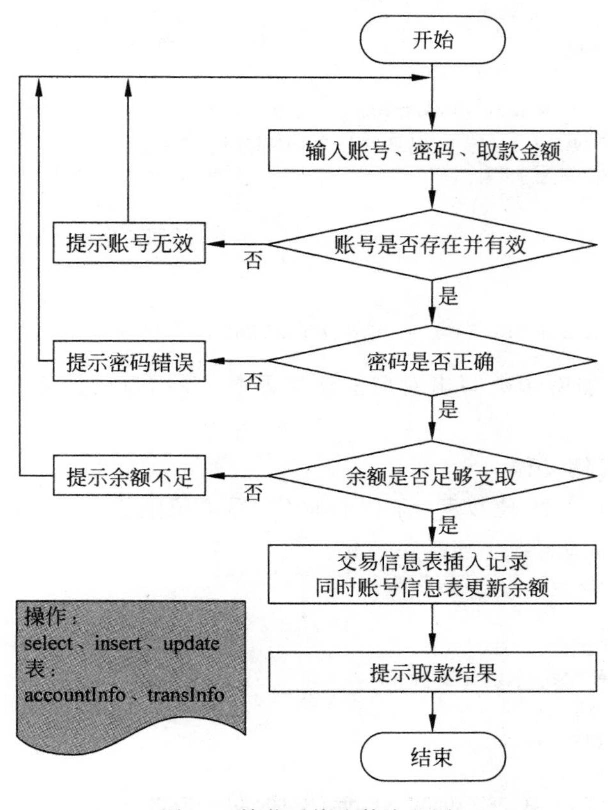

图 10　储蓄系统取款流程图

说明：取钱时需要提供密码，存钱不需要提供密码。

4）转账

请参考存款、取款流程图，画出转账流程图。

6. 数据库端编程

1）加密解密函数

为了安全起见，数据库中存储的密码应该加密，请设计一个算法，进行密码的加密解密。并编写为函数，加密函数命名为 f_jiami，解密函数命令名为 f_jiemi，也可以用一个函数实现。

加密函数参考代码：

```
create function f_jiami(@mm char(6) )          --假设系统要求密码必须 6 位
returns char(6)
as
begin
  --加密算法：将密码的每一位取出来转换成 ASCII 码，ASCII 码加 1 后再转换字符
  --提示：用 substring 函数取出密码中的每一位字符
  --          ASCII 函数将字符转换成唯一的 ASCII 码
  --          char 函数将数字转换成对应的字符
  declare @nn char(6)                          --定义变量@nn 存储加密后的密码
  declare @asc int,@j int         --定义变量@asc 存字符转换的 ASCII 码，@j 为循环变量
  declare @l int                               --定义变量存密码长度
  select @l = len(@mm)                         --取出密码长度
  select @nn = '',@j = 1                       --变量赋初值
  while @j<= @l                                --按照密码长度循环取每一个字符
  begin
     select @asc = ascii(substring(@mm,@j,1))        --取出密码中每一位转成 ASCII 码
     select @nn = ltrim(rtrim(@nn)) + char(@asc + 1)        --ASCII 码 + 1 再转换为字符
     select @j = @j + 1                        --循环变量增加 1
  end
  return @nn                                   --返回转换后的密码
end
--测试函数语句：
   select dbo.f_jiami('ab1234')     结果为：bc2345
```

【题目】 请参考加密函数写出对应的解密函数，并用自己的算法重新设计加密解密函数。

2）生成账户号存储过程

以中行卡为例，账号 19 位数字，前 12 位固定，后 7 位随机产生，并且唯一，我们需要产生 7 位随机数和 12 位固定数字连接在一起。

存储过程参考代码：

```
/***** 随机产生 19 位账号 */
/*****  第一种方式 不定义变量 */
create proc p_zh
@randZH char(19) output
as
  select @randZH = '601382610501' + right('0000000' + LTRIM(str(ceiling(RAND() * 10000000))),7)
```

```
Go
/***** 第二种方式  定义变量 */
drop proc p_zh
go
create proc p_zh
@randZH char(19) output
as
begin
  declare @ii int
  declare @cc char(7)
  select @ii = ceiling(RAND() * 10000000)      -- 生成随机数、取整
  set @cc = LTRIM(str(@ii))                     -- 转换成字符串、去左空格
  set @cc = right('0000000' + @cc,7)            -- 不足位左侧补 0、取右面 7 位
  SET @randZH = '601382610501' + @cc
End
Go
```

```
///**** 测试产生账号存储过程语句 *** ///
  declare @cc char(19)
  exec p_zh @cc output
  select @cc
```

3）开户存储过程

开户操作流程见前面的开户流程图。客户开户时填写的信息需要存入数据库，此功能通过存储过程实现。创建开户存储过程，将客户信息作为存储过程的参数，包括客户姓名、证件号码、移动电话、固定电话、开户金额、存款种类、地址邮编等，在该存储过程中还要调用另外一个存储过程，就是生成随机账号的存储过程，如果该账号在账户信息表中不能存在，则可以使用，否则调用上述随机账号函数新生成随机账号。

参考代码：

```
-- drop procedure p_kh                            -- 删除开户存储过程
-- go
create procedure p_kh @khxm varchar(8),@ZJHM varchar(18),@yddh varchar(11),
    @gddh varchar(13),@khje decimal(20,2),@ckzl varchar(8),@dzhyb varchar(100) = '',
    @mess varchar(100) output
AS
begin
   DECLARE @zh varchar(19),@khbh int            -- 定义两变量存随机产生的账号和客户编号
   EXECUTE p_zh @zh OUTPUT                      -- 调用产生随机账号的存储过程获得随机账号

   while exists(SELECT * FROM accountInfo WHERE zh = @zh)      -- 账号重复则重新产生
     EXECUTE p_zh @zh OUTPUT

-- 用身份证号判断用户是否存在，不存在则在 customerInfo 表中增加记录
   IF not exists(select * from customerInfo where ZJHM = @ZJHM)
     INSERT INTO customerInfo(khxm,ZJHM,yddh,gddh,dzhyb )
        VALUES(@khxm,@ZJHM,@yddh, @gddh ,@dzhyb)

-- 用身份证号查询客户编号
```

```
    select @khbh = khbh from customerInfo where ZJHM = @ZJHM

  -- 向账户信息表 accountInfo 中增加记录
    INSERT INTO accountInfo(zh,ckzl,khje,ye,khbh) VALUES(@zh,@ckzl,@khje,@khje,@khbh)

  -- 交易信息表插入记录,开户金额为第一笔存入金额
    INSERT INTO transInfo(zh,jylx,jyje) VALUES(@zh,'存入',@khje)

     -- 输出开户成功信息
    select @mess = '开户成功,系统为您产生的随机账号为:' + @zh
End
go
```

测试开户功能：

【题目】 李莹，身份证号 123456789012345698，手机 12345678901，电话 0413-85609167，开户金额 1000，活期，地址江苏南通。

参考代码：

```
    declare @mess varchar(100)
    EXEC p_kh '李莹','123456789012345698','12345678901','0413 - 85609167', 1000,'活期','江苏
南通',@mess output
    select @mess
 -- 查看表中数据变化代码:
    select * from v_customerInfo
    select * from v_accountInfo
    select * from v_transInfo

 -- 同样为李丽开户代码:
    declare @mess varchar(100)
    EXEC p_kh '李丽','123456789012345678','12345678901','0413 - 85609167', 1000,'活期','江苏
南通',@mess output
    select @mess
```

【题目】 现要求数据库中存储的密码是加密的，如何修改设计？修改开户存储过程，取消字段的默认值，INSERT INTO accountInfo 语句中调用加密函数。

4）存款存储过程

存款操作流程见前面的存款流程图。使用事务可以保证多个操作同时成功或同时失败，开始事务 begin tran，提交事务 commit tran，回退事务 rollback tran。

参考代码：

```
 -- drop procedure p_ck
 -- go
create procedure p_ck @zh char(19),@je decimal(20,2),@mess varchar(100) output
AS
begin
   if not exists(select zh from accountInfo where zh = @zh and zhzt = '正常')
      begin
         select @mess =  '账号不存在,或已经挂失!'
         return
```

```
      end
   begin tran                                         -- 开始事务,保证两个操作同时成功或失败
      INSERT INTO transInfo(zh,jylx,jyje)
           VALUES(@zh,'存入',@je)                     -- 交易信息表 transInfo 插入存款记录
      if @@error!= 0                                  -- 全局变量@@error!= 0 表示语句执行成功
      begin
         rollback tran
         select @mess = '存款失败!'
      end
      else
      begin
        update accountInfo set ye = ye + @je WHERE zh = @zh       -- 更新卡余额
        if @@error!= 0                                -- 全局变量@@error!= 0 表示语句执行成功
        begin
          rollback tran
          select @mess = '存款失败!'
        end
        else
        begin
          commit tran
          select @mess = '存款成功!账号:' + @zh + ',存入:' + ltrim(str(@je)) + '元'
        end
      end
End
Go
-- 测试存款存储过程代码:
```

【题目】 账号'6013826105010000001'存款 1000 元。

代码:

```
declare @ms varchar(100)
exec p_ck '6013826105010000001',1000,@ms output
select @ms
```

5) 取款存储过程

取款操作流程见前面的取款流程图。

参考代码:

```
-- drop procedure p_qk
-- go
create procedure p_qk
@zh char(19),@mm char(6),@je decimal(20,2),
@mess varchar(100) output
AS
begin
   if not exists(select zh from accountInfo where zh = @zh and zhzt = '正常')
      begin
         select @mess = '账号不存在,或已经挂失!'
         return
      end
   if not exists(select * from accountInfo where zh = @zh and mm = @mm)
```

```
      begin
        select @mess = '账号密码错误!'
        return
      end
   declare @ye decimal(20,2)
   select @ye = ye from accountInfo where zh = @zh
   if (@ye<@je + 1)
      begin
        select @mess = '余额不足,请重新输入取款金额!'
        return
      end
   INSERT INTO transInfo(zh,jylx,jyje) VALUES(@zh,'支取',@je)   --交易信息表插入存款记录
   update accountInfo set ye = ye - @je WHERE zh = @zh      --更新账户余额
   select @mess = '取款成功!账号: ' + @zh + ',取款: ' + ltrim(str(@je)) + '元'
End
go
```

测试取款存储过程:

【题目】 账号'6013826105010000001'取款 3000 元。

代码:

```
declare @ms varchar(100)
exec p_qk '6013826105010000001',123456,300,@ms output
select @ms
```

【题目】 请修改存储过程,加入事务处理,调用加密或解密函数。

6) 转账存储过程

转账操作是将一个账户中的钱取出,全部存入另一个账户。用存储过程实现此功能,存储过程需要 4 个参数:转出方账号、密码,转入方账号,转账金额。请使用事务保证取款和存款操作同时成功或同时失败。

参考代码:

```
drop proc p_zz
go
create proc p_zz @zh1 char(19),@mm char(6),@zh2 char(19),
     @je decimal(20,2),@mess varchar(100) output
as
begin
   if not exists(select zh from accountInfo where zh = @zh1 and zhzt = '正常')
      begin
        select @mess = '转出账号' + @zh1 + '不存在,或已经挂失!'
        return
      end
   if not exists(select * from accountInfo where zh = @zh1 and mm = @mm)
      begin
        select @mess = '转出账号密码错误!'
        return
      end
   if not exists(select zh from accountInfo where zh = @zh2 and zhzt = '正常')
      begin
```

```
            select @mess = '转入账号' + @zh2 + '不存在,或已经挂失!'
            return
        end
    declare @ye decimal(20,2)
    select @ye = ye from accountInfo where zh = @zh1
    if (@ye<@je + 1)
        begin
            select @mess = '余额不足,请重新输入转账金额!'
            return
        end
    begin tran                                          --开始事务,保证多个操作同时成功或失败
        INSERT INTO transInfo(zh,jylx,jyje)
            VALUES(@zh1,'支取',@je)                     --交易信息表 transInfo 插入存款记录
        if @@error!= 0
            begin
                select @mess = '转账失败!账号: ' + @zh1 + ',转出出错'
                rollback
                return
            end
        update accountInfo set ye = ye - @je WHERE zh = @zh1        --更新卡余额
        if @@error!= 0
            begin
                select @mess = '转账失败!账号: ' + @zh1 + ',更新余额出错'
                rollback
                return
            end
        INSERT INTO transInfo(zh, jylx,jyje)
            VALUES(@zh2,'存入',@je)                     --交易信息表 transInfo 插入存款记录
        if @@error!= 0
            begin
                select @mess = '转账失败!账号: ' + @zh2 + ',转入出错'
                rollback
                return
            end
        update accountInfo set ye = ye + @je WHERE zh = @zh2        --更新卡余额
        if @@error!= 0
            begin
                select @mess = '转账失败!账号: ' + @zh2 + ',更新余额出错'
                rollback
                return
            end
    commit tran
        select @mess = '转账成功!账号: ' + @zh1 + ',转出: ' + ltrim(str(@je)) + '元'
End
go
```

测试转账存储过程：

【题目】 模拟从季红阳的账户上转出100元到高吕的账户上。

代码：

```
declare @mm varchar(100),@zh1 char(19),@zh2 char(19)
```

```
select @zh1 = zh from customerInfo a,accountInfo b where a.khbh = b.khbh
    and khxm = '季红阳'                                  -- 查询季红阳的账号
select @zh2 = zh from customerInfo a,accountInfo b where a.khbh  = b.khbh
    and khxm = '高吕'                                    -- 查询高吕的账号
exec p_zz @zh1,'123123',@zh2,100,@mm output
select @mm
select * from v_user
```

【题目】 请加入加密解密函数

7）触发器

可以将存款、取款后更新账户余额的功能提取出来放入触发器中完成，简化存储过程的代码，请创建一个触发器，同时修改相应的存储过程。

触发器代码：

```
CREATE TRIGGER tr_upye
   ON transInfo
   AFTER INSERT
AS
BEGIN
  SET NOCOUNT ON;
    declare @jylx char(4),@zh varchar(19),@jyje decimal(20,2)
    select @zh = zh,@jylx = jylx,@jyje = jyje from inserted
    if @jylx = '支取'
       update accountInfo set ye = ye - @jyje WHERE zh = @zh      -- 更新卡余额取款
    else
       update accountInfo set ye = ye + @jyje WHERE zh = @zh      -- 更新卡余额存款
END
GO
```

说明：取款、存款都是需要在交易明细表中插入一条交易记录，触发器就建在交易明细表上，触发的事件是 insert 操作。请修改存储过程，去掉更新账户余额的语句。

7. 创建登录账号和数据库用户

【题目】 创建登录账号 bankUser，密码 bank，默认数据库 MyBank，绑定到新建的创建数据库用户 BankDBUser，具有对三个表的增删改查权限。

代码：

```
use master
go
create login bankUser with password = 'bank',          -- 创建登录账号
default_database = MyBank

Use MyBank
go
create user BankDBUser                                 -- 创建数据库用户
for login bankUser



Use MyBank
go
```

```
Grant insert, select,update,delete                  --授权
On accountInfo
to BankDBUser

Grant insert, select,update,delete
On customerInfo
to BankDBUser

Grant insert, select,update,delete
On transInfo
to BankDBUser
```

说明：使用 bankUser 账户重新登录 SSMS，可以访问 MyBank 数据库的所有表，但无法访问其他的数据库。

第三部分
数据库课程设计

一、课程设计目标

课程设计是《数据库原理》课程的后续课程，可以训练学生完整、系统的数据库设计能力，让学生真正了解数据库应用系统的设计流程和方法，巩固数据库课程学习的知识，提高实际操作技能，锻炼灵活运用知识解决实际问题的能力，同时，对于培养学生的团队合作精神、创新能力及可持续发展的能力也能起到积极的作用。

二、课程设计要求

要求学生自己动手实践，认真完成课程设计要求的完整任务，记录各个步骤的成果，认真总结收获和体会，提交规范的设计报告。

根据实验条件和学生的水平，每个同学可以独立完成一个课程设计选题，也可以2～4个人一组，完成一个规模大些的选题或多个选题的设计任务，有能力的同学可以进一步拓展，进行前端程序开发，完成应用系统的原型。

三、课程设计过程

1. 在理解数据库课程设计要求的基础上，确定选题，明确设计目标。题目可以从教师提供参考的题目中选，也可以根据自己感兴趣的领域设计题目。

2. 按照要求的步骤进行，认真记录每一个阶段的成果，要求对结果验证审核，保证正确性。

3. 设计适当的测试用例，检测程序或语句的运行结果。

4. 有编程能力的同学可以进一步分析应用系统的需求，设计系统功能，完成前端程序的开发。

5. 进行课程设计成果验收，课程结束时，每人或每组派代表讲解所完成的工作，展示完成的成果，并回答老师和同学的提问。

6. 提交课程设计报告。

四、课程设计考评

数据库课程设计是操作性很强的实践性课程，除了考查学生的数据库基本理论掌握情况外，重点考查学生利用数据库技术分析、解决实际问题的规范性和动手能力，主要考核点包括以下几项。

1. 完成的工作量。不管是独立完成还是小组合作完成，每个人的工作量要足够，根据工作量的差异给予不同的工作量分数。

2. 设计的质量和难度。

3. 报告的规范性。

4. 运行演示效果和回答问题情况。

五、课程设计主要工作

确定题目后可以对需求进行扩充和完善，然后进行数据库设计和数据库端编程、实施，主要工作如下。

1. 拓展、完善需求，明确数据要求和数据处理。
2. 进行概念结构设计，画出 E-R 图。
3. 将 E-R 图转换为关系模式，根据设计需要可以增加辅助关系模式，并确定主码。
4. 进行数据库物理设计，确定表、表中字段、字段类型、长度、约束等。
5. 创建数据库、表、视图、索引等。
6. 进行数据库端编程，编写存储过程、函数、触发器，画出程序流程图。
7. 设计模拟数据，进行测试验证。
8. 开发系统，编写前端程序(选做)。
9. 认真总结，撰写数据库课程设计报告。
10. 演示验收。

六、课程设计参考题目

1. 机票预订信息系统

系统功能的基本要求如下。

航班基本信息：包括航班的编号、飞机名称、机舱等级等。

机票信息：包括票价、折扣、当前预售状态及经手业务员等。

客户基本信息：包括姓名、联系方式、证件及号码、付款情况等。

需实现基本信息的录入、修改和删除，需按照一定条件查询、统计符合条件的航班、机票等信息，实现机票的预订、退订功能。

2. 长途汽车信息管理系统

系统功能的基本要求如下。

线路信息：包括出发地、目的地、出发时间、所需时间等。

汽车信息：包括汽车的种类及相应的票价、最大载客量等。

票价信息：包括售票情况、查询、打印相应的信息。

需实现基本信息的录入、修改和删除，需按照一定条件查询、统计符合条件的汽车及车票等信息，实现车票的预订、退订功能。

3. 人事信息管理系统

系统功能基本要求如下。

员工各种信息：包括员工的基本信息，如编号、姓名、性别、学历、所属部门、毕业院校、健康情况、职称、职务、奖惩等。

需实现员工各种信息的录入、修改；对转出、辞退、退休员工信息的删除；需按照一定条件查询、统计符合条件的员工信息。

4. 超市会员管理系统

系统功能的基本要求如下。

会员的基本信息：包括姓名、性别、年龄、工作单位、联系方式等。

加入会员的基本信息：包括成为会员的基本条件、优惠政策、优惠时间等。

会员购物信息：包括购买物品编号、物品名称、所属种类、数量、价格等。

会员返利信息：包括会员积分的情况，享受优惠的等级等。

需实现基本信息的录入、修改和删除；能按照一定条件查询符合条件的会员信息；需对货物流量及消费人群进行统计输出。

5. 客房管理系统

系统功能的基本要求如下。

客房各种信息：包括客房的类别、当前的状态、负责人等。

客户信息：客户编号、身份证号、入住日期、离开日期、入住房间号等。

实现客房信息的查询和修改，包括按房间号查询住宿情况、按客户信息查询房间状态等。需要实现退房、订房、换房等信息的修改。对查询、统计结果打印输出。

6. 药品存销信息管理系统

系统功能基本要求如下。

药品信息：包括药品编号、药品名称、生产厂家、生产日期、保质期、用途、价格、数量、经手人等。

员工信息：包括员工编号、姓名、性别、年龄、学历、职务等。

客户信息：包括客户编号、姓名、联系方式、购买时间、购买药品编号、名称、数量等。

入库和出库信息：包括当前库存信息、药品存放位置、入库数量和出库数量等。

需实现基本信息的录入、修改和删除；需按照一定条件查询、统计符合条件的药品、客户、入库、出库的信息。

7. 学生选课管理信息系统

系统功能基本要求如下。

教师信息：包括教师编号、教师姓名、性别、年龄、学历、职称、毕业院校、健康状况等。

学生信息：包括学号、姓名、所属院系、已选课情况等。

教室信息：包括可容纳人数、空闲时间等。

选课信息：包括课程编号、课程名称、任课教师、选课的学生情况等。

成绩信息：包括课程编号、课程名称、学分、成绩。

需实现基本信息的录入、修改和删除；需按照一定条件查询，统计学生的选课情况、成绩情况、教师情况和教室情况。

8. 图书管理系统

系统功能基本要求如下。

图书信息：包括图书编号、图书名称、所属类别等。

读者信息：包括读者编码、姓名、性别、专业等。

借还书信息：包括图书当前状态、被借还次数、借阅时间等。

需实现基本信息的录入、修改和删除；需按照一定条件查询、统计图书信息、读者信息和借还书信息。能实现借书、还书功能。

9. 学生成绩管理系统

系统功能基本要求如下。

学生信息：学号、姓名、性别、专业、年级等。

学生成绩信息：包括学号、课程编号、课程名称、分数等。

课程信息：包括课程编号、课程名称、任课教师等。

需实现基本信息的录入、修改和删除功能；需按照一定条件查询、统计学生成绩，但不能任意修改成绩。

10. 网上书店管理信息

系统功能基本要求如下。

书籍信息：包括图书编号、图书种类、图书名称、单价、内容简介等。

购书者信息：包括购买编号、姓名、性别、年龄、联系方式、购买书的名称等。

购买方式：包括付款方式、发货手段等。

需实现各种基本信息的录入、修改和删除功能；能根据读者信息查询购书情况、书店的销售情况。

11. 教室管理信息系统

系统功能基本要求如下。

教室信息：包括教室容纳人数、教室空闲时间、教室设备等。

教师信息：包括教师姓名、教授课程、教师职称、安排上课时间等。

教室安排信息：包括何时空闲、空闲的开始时间、结束时间等。

需实现教师信息、教室信息等基本信息的录入、修改和删除；需按照一定条件查询，统计教室使用情况。

12. 论坛管理信息系统

系统功能基本要求如下。

作者信息：包括作者昵称、性别、年龄、职业、爱好等。

帖子信息：包括帖子编号、发帖日期、时间、等级等。

回复信息：包括回复作者昵称、回复时间等。

需实现基本信息的录入、修改和删除；需按照一定条件查询、统计作者信息、帖子情况和回复情况。

13. 职工考勤管理信息系统

系统功能基本要求如下。

职工信息：包括职工编号、职工姓名、性别、年龄、职称等。

出勤记录信息：包括上班打卡时间，下班打卡时间，缺勤记录等。

出差信息：包括出差起始时间、结束时间、统计总共天数等。

请假信息：包括请假开始时间、结束时间、统计请假天数等。

加班信息：包括加班开始时间、结束时间、统计加班总时间。

需实现基本信息的录入、修改和删除；需按照一定条件查询，统计职工的考勤情况和加班情况。

14. 个人信息管理系统

系统功能基本要求如下。

通讯录信息：包括通讯人姓名、联系方式、工作地点、城市、备注等。

备忘录信息：包括什么时间、事件、地点等。

日记信息：包括时间、地点、事情、人物等。

个人财物管理：包括总收入、消费项目、消费金额、消费时间、剩余资金等。

需实现各种基本信息的录入、修改和删除功能；需按照一定条件查询、统计个人信息和其他相关信息。

15. 办公室日常管理信息系统

系统功能基本要求如下。

文件管理信息：包括文件编号、文件种类、文件名称、存放位置等。

考勤管理：包括姓名、年龄、职务、日期、出勤情况等；需查询员工的出勤情况。

会议记录：包括会议时间、参会人、记录员、会议内容等。

办公室日常事务管理：包括时间、事务、记录人，需按条件查询、统计。

16. 轿车销售信息管理系统

系统功能基本要求如下。

轿车信息：包括轿车的编号、型号、颜色、生产厂家、出厂日期、价格等。

员工信息：包括员工编号、姓名、性别、年龄、籍贯、学历等。

客户信息：包括客户名称、联系方式、地址、业务联系记录等。

轿车销售信息：包括销售日期、轿车类型、颜色、数量、经手人等。

需实现基本信息的录入、修改和删除；需可以查询基本信息，并且可以按条件查询、统计销售情况。

17. 高校学生宿舍管理系统

系统功能基本要求如下。

宿舍楼信息：包括楼号、层数、寝室数等。

学生信息：包括学号、姓名、性别、院系、班级、所在宿舍号等。

宿舍信息：包括宿舍号、所在楼号、所在层数、床位数、实际人数等。

宿舍事故信息：包括宿舍号、事故原因、事故时间、是否解决等。

需实现宿舍信息的添加、修改、删除及查询；学生信息的添加、修改、删除及查询；宿舍物品及事故的查询等功能。

18. 员工工资管理系统

系统功能基本要求如下。

员工基本信息：包括员工号，员工名，性别，出生日期，职称，职务等。

员工考勤信息：包括员工号，迟到，早退，旷工，请假等。

员工工种信息：包括员工的工种，等级，基本工资等信息。

员工津贴信息：包括员工的加班时间，加班类别，加班天数，津贴情况等。

员工月工资：包括员工号，基本工资，津贴，扣款，应发工资，实发工资等。

要求能够设定员工每个工种的基本工资；管理加班津贴，根据加班时间和类型给予不同的加班津贴；按照不同工种的基本工资情况、员工的考勤情况产生员工每月的月工资；生成员工的年终奖金，员工的年终奖金计算公式＝(员工本年度的工资总和＋津贴的总和)/12；生成企业工资报表。能够查询单个员工的工资情况、每个部门的工资情况、按月的工资统计。

19. 毕业设计管理子系统

学校有若干系，每个系有若干专业，需要通过一个毕业设计管理子系统对毕业设计情况进行管理。系统主要功能如下。

登记毕业设计题目，包括：编号、题目、类型、指导老师等。

教师信息包括：工号、姓名、性别、职称、所在系、电话等。

学生选题：每位学生可以选择一个题目，进行登记。完成之后指导教师会给学生评定成绩（优秀、良好、中等、及格、不及格）。

每位教师可以申报多个不同的题目，指导多名学生，每个学生只能有一位指导教师；每个学生参加一个课题，每个课题可以由一人或多人完成；不同教师的题目可以相同。

20. 企业用电管理系统

企业用电管理系统是供电部门对所管辖区域的企业用电进行管理的系统，假设企业全部采用分时电表，谷（低谷时段）、峰（高峰时段）分别计量。系统设计的信息如下。

用电企业：用电企业编号、用电企业名、地址、电话、联系人等。

电费信息：谷价、峰价。

用电情况：用电企业编号、谷电量、峰电量、总电量、查表时间、电费等。

系统能够进行如下工作。

能够查询各个用电企业的月耗电量及电费，并统计企业年用电情况、电费开支情况。

能够统计查询各个用电企业的总的谷电量和峰电量。

能够统计该区域的峰谷电量比例及电费情况。

21. 小区物业管理系统

小区有多栋住宅，每栋楼有多套物业（房屋），物业公司提供物业管理服务，业主需要按月缴纳物业费。小区物业管理系统对物业公司的日常工作进行管理。系统管理对象如下。

楼宇信息：楼号、户数、物业费标准。

房屋信息：楼号、房号、面积、楼层等。

业主信息：身份证号、姓名、性别、工作单位、电话、家庭人口等。

管理员：工号、姓名、性别、年龄、电话等。

物业管理情况：日期、业主、要求、处理情况、负责人。

物业费信息：楼号、房号、缴费日期、起止日期、金额等。

每栋楼物业费标准相同，不同楼物业标准可以不同；每栋楼有多位管理员参与管理，每个管理员可以管理多栋楼宇；每位业主可以拥有多套房屋，每套房屋只能有一个业主。业主的物管需求进行登记，要有专人负责处理，并记录处理情况（满意、不满意）。

系统应该可以进行方便的信息登记、调查、查询、统计工作等。

七、课程设计报告参考样式

课程设计报告是重要成果文档，应该能够反映学生在数据库课程设计中所做的工作和收获，所以应尽量做到格式规范、内容充实、条理清晰、重点突出，主要应该包括以下内容。

课程设计题目

完成人

摘要(200～300字)

目录

1. 概述

介绍课程设计选题的理由、项目背景、目前条件、人员分工等。

2. 系统需求描述

3. 概要结构设计

图文并茂,有局部E-R图和整体E-R图。

4. 逻辑结构设计

5. 物理结构设计

6. 实施

具体建库建表代码。

7. 数据库端编程

存储过程、函数、触发器都要有,对每个程序有文字介绍,有代码和程序流程图。

8. 测试数据及验证结果

有测试数据也要有测试运行的结果截图。

9. 总结

总结也是一项重要的内容,要写出收获、体会及建议,对整个课程设计过程的自我评价。如果是小组合作完成,要写出每个人的工作量、完成情况及组内成绩评定。

附　　录

附录 A　SQL Server 常用函数、全局变量

SQL Server 常用函数、全局变量如附表 A-1～附表 A-8 所示。

附表 A-1　常用聚合函数

函数名	函 数 功 能	应 用 示 例
Count()	计数函数，返回一组值的数量 Count(*)：统计所有满足条件的行数 Count(列名)：统计满足条件且该列值不为空的行数	Select count(*) from student 统计 student 表中有多少条记录(学生数量) Select count(Sno) from student where Sex ='女' 统计 student 表中有多少女学生
Avg()	求平均数函数，返回一组值的平均数，参数只能是数字型	Select avg(grade) from SC 计算成绩表 SC 中的平均成绩 Select avg(grade) from SC where Cno=1 计算成绩表 SC 中的 1 号课程的平均成绩
Max()	求最大值函数，返回一组值的最大值，可以是数字型值，也可以是字符型等	Select max(grade) from SC where Cno=1 计算成绩表 SC 中的 1 号课程的最高分
Min()	求最小值函数，返回一组值的最小值，可以是数字型值，也可以是字符型等	Select min(grade) from SC where Cno=1 计算成绩表 SC 中的 1 号课程的最低分
Sum()	求总和函数，返回一组值的和，参数只能是数字型	Select sum(hours) from course where Semester =1 计算第一学期开设课程的总学时

附表 A-2　常用字符串函数

函　数　名	函 数 功 能	应 用 示 例
Len(字符表达式)	计算字符串长度，不含尾部空格	select len('12345asc　') 结果：8 select BookName,len(BookName)字数 from bookDB. dbo. books 查询结果： 结果 消息 BookName 字数 1 数据库系统概论 7 2 C语言程序设计 7
Left(字符表达式，整数)	截取从左侧开始指定位数的子字符串	select LEFT (readername, 1) as 姓 from bookDB. dbo. readers 查询结果： 结果 消息 姓 1 田 2 李

续表

函　数　名	函数功能	应用示例
Right(字符表达式,整数)	截取从右侧开始指定位数的子字符串	select right('美好的世*界',3) 结果:世*界 select right('美好的世*界',2) 结果:*界 select right('美好的世*界',1) 结果:界
Substring(字符表达式,起始位置,n)	从任意位置取子串,截取从起始位置开始的n个字符	select substring('美好的世*界',2,2) 结果:好的
Upper(字符表达式)	将字符表达式中所有小写字母转换为大写	select upper('你好 aBc') 结果:你好 ABC
Lower(字符表达式)	将字符表达式中所有大写字母转换为小写	select lower('你好 aBc') 结果:你好 abc
Ltrim(字符表达式)	去掉字符表达式左侧(前面)的空格	select 'hi,'+ltrim('　你好　')+'!' 结果:hi,你好　! select 'hi,'+'　你好　'+'!' 结果:hi,　你好　!
Rtrim(字符表达式)	去掉字符表达式右侧(尾部)的空格	select 'hi,'+rtrim('　你好　')+'!' 结果:hi,　你好!
Charindex(字符表达式1,字符表达式2,[起始位置])	返回字符表达式1在字符表达式2中的开始位置,从给出的起始位置开始找,如果省略起始位置或起始位置为负数或0,从第一位找起	select Charindex('@','12@3.com',5) 结果:0 select Charindex('@','12@3.com') 结果:3 select Charindex('@','12@3.com',-1) 结果:3
Space(n)	返回n个空格组成的字符串,n是整数	select 'a'+space(5)+'b' 结果:a　　　b
Replicate(字符表达式,n)	将字符表达式重复n次	select Replicate('@1',3) 结果:@1@1@1 select Replicate('@1',5) 结果:@1@1@1@1@1
Reverse(字符表达式)	返回字符串的逆序,可用于加密	select Reverse('abcde') 结果:edcba
Stuff(字符表达式1,n,m,字符表达式2)	将字符表达式1中第n位开始的m个字符替换为字符表达式2	select stuff('abcde',3,2,'好') 结果:ab好e select stuff('abcde',2,1,'好') 结果:a好cde
Replace(字符表达式1,字符表达式2,字符表达式3)	将字符表达式1中的子串字符表达式2替换为字符表达式3	select REPLACE('abcd','bc','天') 结果:a天d select REPLACE('abcd','cc','天') 结果:abcd

附表 A-3　常用数学函数

函　数　名	函 数 功 能	应 用 示 例
Abs(数值表达式)	返回数值表达式的绝对值	select abs(－100.11)　　结果：100.11 select abs(100.11)　　结果：100.11
Round(数值表达式,n)	将数值表达式四舍五入为 n 所给定的精度	select Round(100.1357,1) 结果：100.1000 select Round(100.1357,2) 结果：100.1400 select Round(100.1357,3) 结果：100.1360
Ceiling(数值表达式)	返回大于或等于数值表达式值的最小整数	select Ceiling(－100.11)　　结果：－100 select Ceiling(100.11)　　结果：101
Floor(数值表达式)	返回小于或等于数值表达式值的最大整数	select Floor(－100.11)　　结果：－101 select Floor(100.11)　　结果：100
Sqrt(数值表达式)	返回数值表达式的平方根	select Sqrt(4) 结果：2　　说明：22=4
Power(数值表达式,n)	返回数值表达式的 n 次方	select Power(4,3) 结果：16　　说明：43=64
Rand([种子])	返回 float 类型的随机数,该数的值在 0～1 之间,种子是整数表达式,给不同种子产生不同的随机数,省略种子可由系统默认	select rand() 某一个结果：0.732331298228979 select rand(1) 结果：0.713591993212924 select rand(2) 结果：0.713610626184182 select rand(datepart(SS,GETDATE())) 以当前时间的秒数作种子,可不停变化
Isnumeric(表达式)	判断表达式中内容是否都是数字,1 是,0 不是	select isnumeric('122')　　结果：1 select isnumeric('12k')　　结果：0
Sign(数值表达式)	测试数值表达式的正负,1 正,－1 负,0 表示 0	select Sign(10)　　结果：1 select Sign(－10)　　结果：－1 select Sign(0)　　结果：0
Pi()	PI 函数	select pi()　　结果：3.14159265358979
Sin(float 表达式)	返回指定角度(以弧度为单位)的三角正弦值	select sin(1) 结果：0.841470984807897
cos(float 表达式)	返回指定角度(以弧度为单位)的三角余弦值	select cos(1) 结果：0.54030230586814
tan(float 表达式)	返回指定角度(以弧度为单位)的三角正切值	select tan(1) 结果：1.5574077246549
cot(float 表达式)	返回指定角度(以弧度为单位)的三角余切值	select cot(1) 结果：0.642092615934331
log(float 表达式)	计算以 2 为底的自然对数	select log(1)　　结果：0 select log(5)　　结果：1.6094379124341
Log10(float 表达式)	计算以 10 为底的自然对数	select log10(1)　　结果：0 select log10(5)　　结果：0.698970004336019 select log10(10)　　结果：1

附表 A-4　常用日期函数

<table>
<tr><th>函　数　名</th><th>函 数 功 能</th><th>应 用 示 例</th></tr>
<tr><td>Getdate()</td><td>返回服务器当前系统日期和时间</td><td>select GETDATE()
某一时刻结果：2016-08-01 22:50:07.327</td></tr>
<tr><td>Year(日期)</td><td>返回日期中的年份所代表的数值,返回值是数值型</td><td rowspan="3">select BorrowerDate,
YEAR(BorrowerDate) as 年,
month(BorrowerDate) as 月,
day(BorrowerDate) as 日
from bookDB. dbo. borrow
运行结果：
结果 消息
BorrowerDate 年 月 日
1 2015-10-01 20:00:41.077 2015 10 1
2 2016-08-01 23:00:49.060 2016 8 1</td></tr>
<tr><td>Month(日期)</td><td>返回日期中的月份所代表的数值,返回值是数值型</td></tr>
<tr><td>Day(日期)</td><td>返回日期中的日所代表的数值,返回值是数值型</td></tr>
<tr><td>Datename(日期元素,日期)</td><td>返回日期的文本表示,格式由日期元素指定,返回值是字符型</td><td>select BorrowerDate,
datename(yy,BorrowerDate) as 年,
datename(mm,BorrowerDate) as 月,
datename(dd,BorrowerDate) as 日
from bookDB. dbo. borrow　　运行结果同上</td></tr>
<tr><td>Datepart(日期元素,日期)</td><td>返回日期的整数值,格式由日期元素指定,返回值是数值型</td><td>select BorrowerDate,
datepart(yy,BorrowerDate) as 年,
datepart(mm,BorrowerDate) as 月,
datepart(dd,BorrowerDate) as 日
from bookDB. dbo. borrow　　运行结果同上</td></tr>
<tr><td>Datediff(日期元素,日期1,日期2)</td><td>返回两个日期之间的时间间隔,格式由日期元素指定,返回值是数值型

示例：计算未归还图书的已经借书天数</td><td>select BorrowerDate 借书日期,
getdate()今天日期,
datediff(dd,BorrowerDate,getdate())借书天数
from bookDB. dbo. borrow
where ReturnDate is null
运行结果：
结果 消息
借书日期 今天日期 借书天数
1 2015-10-01 20:00:41.077 2016-08-02 00:49:33.013 306
2 2016-08-01 23:00:49.060 2016-08-02 00:49:33.013 1</td></tr>
<tr><td>Dateadd(日期元素,数值,日期)</td><td>返回增加一个时间间隔后的日期结果,格式由日期元素指定,返回值是日期型

示例：借书期限是 20 天,计算应还书日期</td><td>select BorrowerDate 借书日期,
dateadd(dd,20,BorrowerDate)应还日期
from bookDB. dbo. borrow
运行结果：
结果 消息
借书日期 应还日期
1 2015-10-01 20:00:41.077 2015-10-21 20:00:41.077
2 2016-08-01 23:00:49.060 2016-08-21 23:00:49.060</td></tr>
<tr><td>Isdate(表达式)</td><td>判断表达式中内容是否是有效的日期格式</td><td>select isdate(GETDATE())　　结果：1
select isdate('11-1-1')　　结果：1
select isdate('11-40-40')　　结果：0</td></tr>
</table>

附表 A-5　日期元素及其缩写和取值范围

日 期 元 素	缩写	取值	日 期 元 素	缩写	取值
Year 年份	yy	1753～9999	Weekday 工作日	dw	1～7
Quarter 季节	qq	1～4	Hour 小时	hh	0～23
Month 月份	mm	1～12	Minute 分钟	mi	0～59
Day 日	dd	1～31	Second 分钟	ss	0～59
day of year 某年的一天	dy	1～366	Millisecond 毫秒	ms	0～999
Week 星期	wk	0～52			

附表 A-6　常用转换函数

函　数　名	函 数 功 能	应 用 示 例
ASCII（字符表达式）	返回最左侧字符的 ASCII 码	select ASCII('abc')　　结果：97 select ASCII('a')　　结果：97
CHAR(整数)	将整数作为 ASCII 码转换成对应的字符，如果输入不在 0 ～ 255 之间，返回 NULL	select char(97)　　结果：a select char(65)　　结果：A select char(297)　　结果：NULL select char(—10)　　结果：NULL
STR（数值表达式[,N[,M]]）	将数值表达式转换为字符型，n 表示字符长度，m 表示其中小数位数。如果省略 n、m 则只转换整数部分，默认 10 位长度，左侧补空格；如果给出的 n 小于整数位数，则只返回 *	select str(12.45) 结果：12　　长度 10 位，前面 8 个空格 select str(12.45,5) 结果：12　　长度 5 位，前面三位空格 select str(12.45,5,1) 结果：12.4　　长度 5 位，前面一位空格 select str(12.45,5,2) 结果：12.45　　长度 5 位，前面无空格 select str(12.45,1) 结果：*
CAST(表达式 AS 目标数据类型)	将表达式转换为指定的数据类型，表达式是任何有效的 SQL Server 表达式，数据类型是系统数据类型，不可以是用户自定义数据类型	select Cast(GETDATE() as　CHAR) 结果：08　2 2016　2:27PM (示例演示日期是 2016 年 8 月 2 日)
CONVERT(目标数据类型，表达式[，日期样式])	将一种数据类型的表达式转换为另一种数据类型的表达式，与 Cast 功能类似，但可以指定数据样式，示例演示日期型转字符型效果(演示日期是 2016 年 8 月 2 日)	select convert(char,GETDATE()) 结果：08　2 2016　2:23PM select convert(char,GETDATE(),1) 结果：08/02/16 select convert(char,GETDATE(),2) 结果：16.08.02 select convert(char,GETDATE(),102) 结果：2016.08.02
ISNULL(可能空的值，指定的值)	判断值为空，就用指定的值替换	select bookname,booktype, ISNULL(booktype,'待定') as 替换空值 FROM bookDB.dbo.books 运行结果： 　bookname　booktype　替换空值 1　数据库系统概论　计算机类　计算机类 2　細节决定成败　綜合类　綜合类 3　C语言程序设计　NULL　待定

附表 A-7 Convert 函数用到的日期样式取值

不带世纪位数(yy)	带世纪位数(yyyy)	标　准	输入/输出格式
—	0 或 100	默认设置	mon dd yyyy hh :mi AM/PM
1	101	美国	mm/dd/yyyy
2	102	ANSI	yy. mm. dd
3	103	英国/法国	dd/mm/yy
4	104	德国	dd. mm. yy
5	105	意大利	dd-mm-yy
6	106	—	dd mon yyy
7	107	—	mon dd,yy
8	108	—	hh:mm:ss
—	9 或 109	默认值＋毫秒	mon dd yyyy hh:mi:ss:mmmm AM/PM

附表 A-8 常用系统函数

函数名	函数功能	应用示例
CURRENT_USER	返回当前数据库用户的名称	select CURRENT_USER 参考结果：dbo　作者正在使用的名称
HOST_ID()	返回数据库服务器端计算机的 ID	select HOST_ID()
HOST_NAME()	返回数据库服务器端主机名称	select HOST_NAME() 参考结果：PC-20130221TOOM 作者机器名
user_ID()	返回用户的数据库 ID 号	select user_ID() 参考结果：1
user_name()	返回用户的数据库用户名	select user_name() 参考结果：dbo
suser_sID()	返回服务器用户的安全账户号	select suser_sID() 参考结果：0x01
suser_name()	返回服务器用户的登录名	select suser_name() 参考结果：sa
DB_ID()	返回当前正在使用的数据库标识(ID)号	select DB_ID() 参考结果：7(bookDB 数据库 ID 是 7 号)
DB_NAME()	返回当前正使用的数据库名称	select DB_NAME() 参考结果：bookDB
APP_NAME()	返回当前会话的应用程序名称(如果应用程序进行了设置)	select APP_NAME() 参考结果：Microsoft SQL Server Management Studio-查询
OBJECT _ ID(对象名)	返回架构范围内对象的数据库对象标识号	use bookDB go select OBJECT_ID('readers') 参考结果：229575856
OBJECT _ NAME(对象名 ID)	返回架构范围内对象的数据库对象名称，与 OBJECT_ID(对象名)相对应	select OBJECT_name('229575856') 结果：readers
COL_NAME(表标识号,列标识号)	返回指定的对应表标识和列标识号的列名称	SELECT COL_NAME(229575856,1) 结果：ReaderID 说明：readers 表的第一个列是 ReaderID
COL_LENGTH(表名,列名)	返回列定义的长度(以字节为单位)	SELECT COL_LENGTH('readers','SEX') 结果：2 说明：readers 表的 SEX 字段定义为 char(2)

附表 A-9　常用全局变量

全局变量	功　能
@@CONNECTIONS	返回 SQL Server 自上一次启动以来尝试的连接数
@@CPU_BUSY	返回 SQL Server 自上一次启动后的工作时间，单位为 ms
@@CURSOR_ROWS	返回打开游标的记录行数，0 表示没有打开的游标
@@DATEFIRST	返回 SET DATEFIRST 参数的当前值
@@DBTS	返回当前数据库的当前 timerstamp 数据类型的值
@@ERROR	返回执行上一个 T_SQL 语句的错误代码
@@FETCH_STATUS	返回被 FETCH 语句执行的最后游标的状态，0 为 FETCH 成功，－1 为 FETCH 失败，－2 为 FETCH 的行不存在
@@IDENTITY	返回最新插入的 IDENTITY 标识列的值
@@IDLE	返回 SQL Server 自上一次启动后的空闲时间，单位为 ms
@@IO_BUSY	返回 SQL Server 自上一次启动后，CPU 处理输入和输出操作的时间，单位为 ms
@@LANGID	返回当前所使用语言的 ID
@@LANGUAGE	返回当前所使用语言的名称
@@LOCK_TIMEOUT	返回当前的锁定超时设置，单位为 ms
@@MAX_CONNECTIONS	返回允许用户同时连接的最大用户数目
@@MAX_PRECISION	返回当前服务器设置的 decimal 和 numeric 数据类型的使用精度
@@NESTLEVEL	返回当前存储过程的嵌套层数
@@OPTIONS	返回当前 SET 选项信息
@@PACK_ERRORS	返回 SQL Server 自上一次启动后，网络数据包的出错误数目
@@PACK_RECEIVED	返回 SQL Server 自上一次启动后从网络读取的输入数据包数
@@PACK_SENT	返回 SQL Server 自上一次启动后从网络发送的输出数据包数
@@PROCID	返回当前存储过程的标识符
@@REMSERVER	返回注册记录中显示的远程数据库名称
@@ROWCOUNT	返回受上一个语句影响的行数
@@SERVERNAME	返回本地运行 SQL Server 的数据库服务器的名称
@@SERVICENAME	返回 SQL Server 运行时的注册名称
@@SPID	返回服务器处理标识符
@@TEXTSIZE	返回 TEXTSIZE 选项的设置值
@@TIMETICKS	返回一个计时单位的微秒数，操作系统的一个计时单位是 31.25ms
@@TOTAL_ERRORS	返回 SQL Server 自上一次启动后，磁盘读写错误的次数
@@TOTAL_READ	返回 SQL Server 自上一次启动后的读取磁盘次数
@@TOTAL_WRITE	返回 SQL Server 自上一次启动后的写磁盘次数
@@TRANCOUNT	返回当前连接的有效事务数
@@VERSION	返回当前安装的 SQL Server 版本、处理器体系结构、生成日期和操作系统

附录B　SQL Server中常用数据类型

SQL Server中常用数据类型如附表B-1～附表B-6所示。

附表B-1　字符类型

数据类型	说　明
char [(n)]	固定长度的字符数据，长度为n个字节，n的取值范围为1～8000，默认长度=1
varchar [(n)]	可变长度的字符数据，长度为n个字节，n的取值范围为1～8000，默认长度=1
nchar [(n)]	固定长度的Unicode字符数据，长度为n个字节，n值在1～4000之间，默认长度=1
nvarchar [(n)]	可变长度的Unicode字符数据，长度为n个字节，n值在1～4000之间，默认长度=1
text	用来存储大量长度的字符数据，最多达到$2^{31}-1$(2 147 483 647)字节
ntext	用来存储大量长度的Unicode字符数据，最多可达($2^{30}-2/2$)(1 073 741 823)个字符

附表B-2　数字类型

数据类型	说　明
bigint	-2^{63}(−1.8E19)～$2^{63}-1$(1.8E19)的整型数，存储长度为8个字节
int	-2^{31}(−2 147 483 648)～$2^{31}-1$(2 147 483 647)的整型数，存储长度为4个字节
smallint	-2^{15}(−32 768)～$2^{15}-1$(32 767)的整型数，存储长度为两个字节
tinyint	0～255的整型数，存储长度为1个字节
float	浮点数数据，从−1.79E+308到1.79E+308，存储长度为8个字节
real	浮点精度数字数据，从−3.40E+38到3.40E+38，存储长度为4个字节
bit	整数数据，值为1或0，存储长度为1位
numeric(p, s)	固定精度和小数的数字数据，取值范围从$-10^{38}+1$到$10^{38}-1$。p变量指定精度，取值范围从1到38。s变量指定小数位数，取值范围从0到p。存储长度为19个字节。numeric与decimal数据类型在功能上等效
decimal(p, s)	固定精度和小数的数字数据，取值范围从$-10^{38}+1$到$10^{38}-1$。p变量指定精度，取值范围从1到38。s变量指定小数位数，取值范围从0到p。存储长度为19个字节

附表B-3　日期类型

数据类型	说　明	精度
date	日期型，无时间，1753年1月1日到9999年12月31日，存储长度为4个字节，SQL Server 2008版新增的数据类型	1天
datetime	日期时间型，1753年1月1日到9999年12月31日，存储长度为8个字节	3.33毫秒
smalldatetime	日期时间型，1900年1月1日到2079年6月6日，存储长度为4个字节	1分钟
time	时间型，不存日期，只存时分秒，SQL Server 2008版新增的数据类型	1毫秒

附表B-4　货币类型

数据类型	说　明
money	-2^{63}(−922 337 203 685 477.5808)～$2^{63}-1$(922 337 203 685 477.5807)，存储长度为8个字节
smallmoney	-2^{31}(−214 748.3648)～$2^{31}-1$(214 748.3647)，存储长度为4个字节

附表 B-5　字节二进制和图像类型

数据类型	说　明
binary [(n)]	长度为 n 字节的固定长度二进制数据，其中 n 是从 1 到 8000 字节的值，默认长度＝1
varbinary [(n)]	可变长度二进制数据。n 可以取从 1 到 8000 的值，默认长度＝1
Image	变长度二进制数据。最长为 $2^{30}-1$(2 147 483 647)字节

附表 B-6　其他数据类型

数据类型	说　明
UniqueIdentifier	唯一标识数字存储为 16 字节的二进制值
TimeStamp	当插入或者修改行时，自动生成的唯一的二进制数字的数据类型
Cursor	允许在存储过程中创建游标变量，游标允许一次一行地处理数据，这个数据类型不能用作表中的列数据类
sql_variant	可包含除 text、ntex、timage 和 timestamp 之外的其他任何数据类型
Table	一种特殊的数据类型，用于存储结果集以进行后续处理
XML	存储 XML 数据的数据类型。可以在列中或者 XML 类型的变量中存储 XML 实例

附录 C　SQL Server 中常用运算符

SQL Server 中常用运算符如附表 C-1～附表 C-8 所示。

附表 C-1　算数运算法

运算符	含　义	应用示例
＋(加)	加	select 2＋5　　结果：7 select 2.00＋5　　结果：7.00
－(减)	减	select 2-5　　结果：－3 select 2.00-5　　结果：－3.00
*(乘)	乘	select 2 * 5　　结果：10 select 2.00 * 5　　结果：10.00
/(除)	除	select 2/5　　结果：0 select 2.0/5　　结果：0.400000
%(取模)	返回一个除法运算的整数余数	select 14%5　　结果：4 select 14%5.0　　结果：4.0

附表 C-2　字符运算法

运算符	含　义	应用示例
＋(加)	将两个字符串连接成一个新的字符串	SELECT '123'＋'ABC'　　结果：123ABC SELECT '123　'＋'ABC'　　结果：123　ABC

附表 C-3　赋值运算法

运算符	含　义	应用示例
＝	T_SQL 中唯一的赋值运算符	declare @i int　　--定义变量 set @i＝10　　--为变量赋值

附表 C-4　位运算法

运　算　符	含　　义
&(位与)	逻辑与运算(两个操作数)
|(位或)	位或(两个操作数)
^(位异或)	位异或(两个操作数)

附表 C-5　比较运算法

运　算　符	含　　义
=	等于
>	大于
<	小于
>=	大于或等于
<=	小于或等于
<>	不等于
!=	不等于(非 SQL-92 标准)
!<	不小于(非 SQL-92 标准)
!>	不大于(非 SQL-92 标准)
>	大于

附表 C-6　逻辑运算法

运　算　符	含　　义
ALL	如果一组的比较都为 TRUE,那么就为 TRUE
AND	如果两个布尔表达式都为 TRUE,那么就为 TRUE
ANY	如果一组的比较中任何一个为 TRUE,那么就为 TRUE
BETWEEN	如果操作数在某个范围之内,那么就为 TRUE
EXISTS	如果子查询包含一些行,那么就为 TRUE
IN	如果操作数等于表达式列表中的一个,那么就为 TRUE
LIKE	如果操作数与一种模式相匹配,那么就为 TRUE
NOT	对任何其他布尔运算符的值取反
OR	如果两个布尔表达式中的一个为 TRUE,那么就为 TRUE
SOME	如果在一组比较中,有些为 TRUE,那么就为 TRUE

附表 C-7　一元运算符

运　算　符	含　　义
+(正)	正数的符号
-(负)	负数的符号
～(位非)	返回数字的非

附表 C-8　运算符优先级

级　别	运　算　符
1	~(位非)
2	*(乘)、/(除)、%(取模)
3	+(正)、-(负)、+(加)、-(减)、&(位与)
4	=、>、<、>=、<=、<>、!=、!>、!<(比较运算符)
5	|(位或)、^(位异或)
6	NOT
7	AND
8	ALL、ANY、BETWEEN、IN、LIKE、OR、SOME
9	=(赋值)

附录 D　SQL Server 中常用 SET 命令

1. SET ANSI_DEFAULTS {ON | OFF}

将一组与 SQL Server 的运行环境有关的选项设置为 SQL-92 标准。

2. SET ANSI_NULL_DFLT_OFF {ON | OFF}

当数据库选项 ANSI null default 被设置为 true 时，该 SET 命令用来确定是否忽略新列的空默认值。

3. SET ANSI_NULL_DFLT_ON {ON | OFF}

当数据库选项 ANSI null default 被设置为 false 时，该 SET 命令用来确定是否忽略新列的空默认值。

4. SET ANSI_NULLS {ON | OFF}

表示当使用 null 值时，对于 SQL-92 标准而言，等于或不等于操作是否有效。

5. SET ANSI_PADDING {ON | OFF}

表示对数据类型为 char、varchar、binary、varbinary 的列来说，该列数据的存储长度与各所定义的数据长度以及数据实际长度间的相互关系。ON 表示存储长度等于所定义的数据长度，如果数据长度少于定义长度，则用空格为 0 补足；OFF 表示存储长度等于数据长度，但是对 varchar 和 varbinary 类型数据来说，只要数据的实际长度不大于所定义的长度，则其存储长度即为数据的实际长度。

6. SET ANSI_WARNINGS {ON | OFF}

指出在 SQL-92 标准中，出现以下情况时——在合计函数如(SUM、AVG)等中有空值存在；把零作为除数或出现算术溢出错误——是否给出错误警告信息。

7. SET ARITHABORT {ON | OFF}

在查询处理过程中如果出现溢出错误或把零作为除数，则查询处理是否该终止。如果为 ON，则表示终止查询；如果为 OFF，则表示返回一个警告信息，对于进行算术运算的列，则在结果集中将其赋值为零。

8. SET ARITHIGNORE {ON | OFF}

主要用来决定是否返回因算术溢出或把零作为除数而产生的错误信息。

9. SET CONCAT_NULL_YIELDS_NULL {ON | OFF}

用来决定在将多个字符串串联后,其结果是否为空值(null)或空格字符串。

10. SET CURSOR_CLOSE_ON_COMMIT {ON | OFF}

用来决定在事务提交时是否关闭游标。

11. SET CURSORTYPE {CUR_BROWSE | CUR_STANDARD}

指定使用标游标或浏览型游标。

12. SET DATEFIRST {number | @number_var}

指定每周的每一天是星期几。

13. SET DATEFORMAT {format | @format_var}

指定 datetime 或 smalldatetime 类型数据的显示格式。

14. SET DEADLOCK_PRIORITY {LOW | NORMAL | @deadlock_var}

指定发生死锁时,当前连接所做出的反应。LOW 表示当前会话中的事务将回滚,同时向客户端返回死锁的错误信息。NORMAL 表示会话返回默认的死锁处理方法。

15. SET FIPS_FLAGGER level

指定检查基于 SQL-92 标准的 FIPS 127-2 标准的兼容性水平。

16. SET FMTONLY {ON | OFF}

表示是否仅向客户端返回元数据。

17. SET FORCEPLAN {ON | OFF}

使查询优化器按 SELECT 语句中 FROM 从句中的表所出现的先后顺序来处理连接查询。

18. SET IDENTITY_INSERT [database. [owner.]]{table} {ON | OFF}

允许使用 INSERT 语句向表的 INDENTITY 列插入新值。

19. SET IMPLICIT_TRANSACTIONS {ON | OFF}

为连接设置隐含事务模式。

20. SET LANGUAGE {[N]'language' | @language_var}

定义使用哪一种语句环境。

21. SET LOCK_TIMEOUT timeout_period

定义释放锁前的等待时间,其单位为微秒。

22. SET NOCOUNT {ON | OFF}

在执行 SQL 语句后的信息中包含一条表示该 SQL 语句所影响的行数信息,使用该 SET 命令且设置为 ON 时,将不显示该行数信息。

23. SET NOEXEC {ON | OFF}

编译每一条查询语句,但并不执行它。

24. SET NUMERIC_ROUNDABORT {ON | OFF}

如果在某一表达式中的数值精度降低,则该命令用来决定是否产生一条错误信息。

25. SET OFFSETS keyword_list

返回 Transact-SQL 语句中指定关键字的偏移量。

26. SET OPTION {QUERYTIME | LOGINTIME | APPLICATION | HOST} value

为查询处理选项设置相应的数值。

27. SET PARSEONLY {ON | OFF}

检查每一条 Transact-SQL 语句的语法并返回未编译或执行的语句的错误信息。

28. SET PROCID {ON | OFF}

在返回存储过程的结果集前首先返回该存储过程的标识 ID。

29. SET QUERY_GOVERNOR_COST_LIMIT value

表示不考虑为当前连接设置的各选项值。

30. SET QUOTED_IDENTIFIER {ON | OFF}

表示要求 SQL Server 按 SQL-92 有关标准来用引号的划分标识符和字符串。

31. SET REMOTE_PROC_TRANSACTIONS {ON | OFF}

指定可以在本地事务中调用过程存储过程来通过 MS DTC 启动分发式事务。

32. SET ROWCOUNT {number | @number_var}

要求 SQL Server 在返回指定结果行后便停止查询处理。

33. SET SHOWPLAN_ALL {ON | OFF}

不是要求 SQL Server 返回 Transact-SQL 语句的结果集，而是有关 Transact-SQL 语句如何执行以及估计执行这些语句大致需要多少资源的详细信息。

34. SET SHOWPLAN_TEXT {ON | OFF}

不是要求 SQL Server 返回 Transact-SQL 语句的结果集，而是返回有关 Transact-SQL 语句如何执行的详细信息。

35. SET STATISTICS IO {ON | OFF}

表示是否要求显示有关磁盘活动数量的详细信息。

36. SET STATISTICS PROFILE {ON | OFF}

表示是示波器返回某一语句的跟踪信息。

37. SET STATISTICS TIME {ON | OFF}

表示是否显示每一语句在解析编译以及执行时所需要的时间。

38. SET TEXTSIZE {number | @number_var}

表示指定 SELECT 语句所返回的 text 或 ntext 类型数据的大小。

39. SET TRANSACTION ISOLATION LEVEL

```
{
READ COMMITTED
| READ UNCOMMITTED
| REPEATABLE READ
| SERIALIZABLE
}
```

用来定义事务的默认锁行为。

40. SET XACT_ABORT{ON | OFF}

用来决定如果 Transact-SQL 语句产生错误，SQL Server 是否自动回滚当前事务。

附录 E SQL Server 中常用系统存储过程

SQL Server 中常用系统存储过程如附表 E-1 所示。

附表 E-1 常用系统存储过程

系统存储过程	说　明	运行示例
sp_addlogin	创建登录账户	sp_addlogin '登录账户名','密码','默认数据库名'
sp_password	修改 SQL Server 登录账户密码	sp_password '旧密码','新密码',' 登录账户名'
sp_defaultdb	修改 SQL Server 登录账户默认数据库	sp_defaultdb '登录账户名','访问的数据库'
sp_droplogin	删除 SQL Server 登录账户	sp_droplogin '登录账户名'
sp_adduser	使用系统存储过程创建数据库用户	sp_adduser '登录账户名','数据库用户名'
sp_dropuser	使用系统存储过程创建数据库用户	sp_dropuser '数据库用户名'
sp_databases	列出服务器上的所有数据库	如附图 E-1 所示
sp_depends	查看触发器所引用的表或者指定表所涉及的所有触发器查看触发器所依赖的表，或者查看表上创建的所有触发器、自定义函数、存储过程等	sp_depends 触发器名 sp_depends 表名 如附图 E-2 所示
sp_describe_cursor	查看服务器游标的属性信息	sp_describe_cursor 声明的游标变量 output,global,要查看的游标名
sp_describe_cursor_tables	显示游标引用的基本表	
sp_describe_cursor_columns	显示游标结果集中数据列的属性	
sp_cursor_list	显示在当前作用域内的游标及其属性	
sp_rename	在当前数据库中更改用户创建的对象名称，此对象可以是表、索引、列名的别名数据类型等	修改表名：sp_rename 原表名，新表名 修改列名：sp_rename '表名.原列名','新列名','COLUMN'
sp_renamedb	更改数据库的名称	sp_renamedb 数据库原名，数据库新名
sp_tables	返回当前环境下可查询的对象的列表，这代表可在 FROM 子句中出现的对象	sp_tables sp_tables 表或视图名 如附图 E-3 所示
sp_columns	返回某个表列的信息	sp_columns 表名 如附图 E-4 所示
sp_helpdb	报告有关指定数据库或所有数据库的信息	sp_helpdb sp_helpdb 数据库名 如附图 E-5 所示
sp_help	报告有关数据库对象、用户定义数据类型或 SQL Server 提供的数据类型的信息	sp_help sp_help 对象名 如附图 E-6 所示
sp_helptext	显示默认值、未加密的存储过程、用户定义的存储过程、触发器或视图的实际文本	sp_helptext 对象名 如附图 E-7 所示

续表

系统存储过程	说　　明	运 行 示 例
sp_helpconstraint	查看某个表的约束	sp_helpconstraint 对象名
sp_helpindex	查看某个表的索引	sp_helpindex 对象名
sp_stored_procedures	列出当前环境中的所有存储过程列表	sp_stored_procedures
sp_password	为 SQL Server 登录名添加或修改登录账户的密码	sp_password 新密码
sp_who	提供有关 Microsoft SQL Server Database Engine 实例中的当前用户和进程的信息	sp_who

系统存储过程运行效果示例如附图 E-1～附图 E-7 所示。

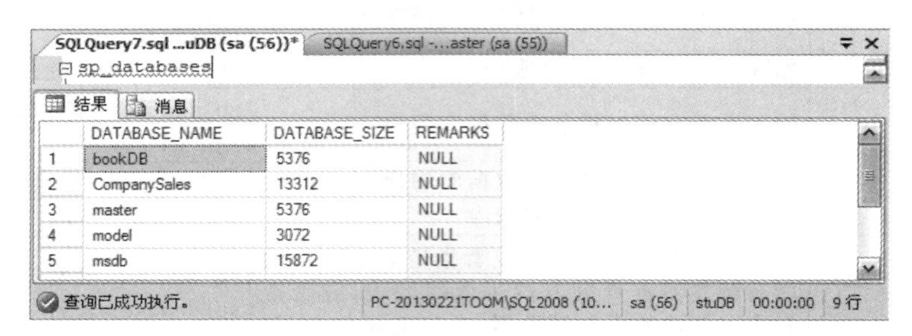

附图 E-1　sp_databases 系统存储过程

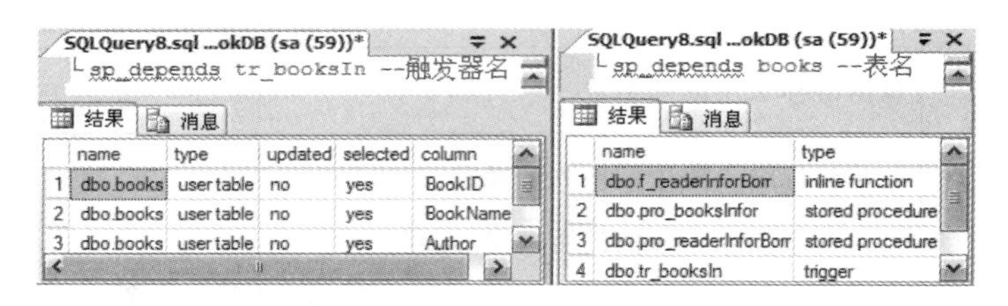

附图 E-2　sp_depends 系统存储过程

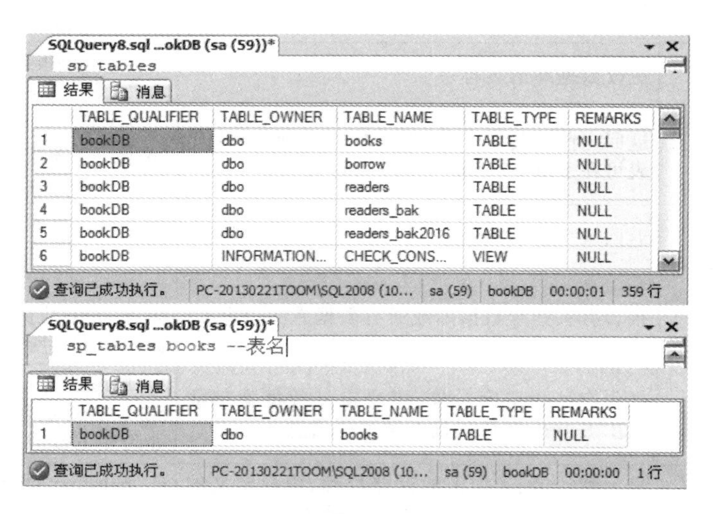

附图 E-3　sp_tables 系统存储过程

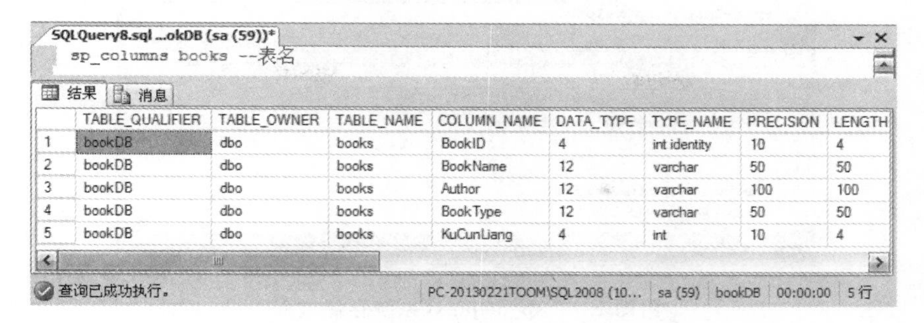

	TABLE_QUALIFIER	TABLE_OWNER	TABLE_NAME	COLUMN_NAME	DATA_TYPE	TYPE_NAME	PRECISION	LENGTH
1	bookDB	dbo	books	BookID	4	int identity	10	4
2	bookDB	dbo	books	BookName	12	varchar	50	50
3	bookDB	dbo	books	Author	12	varchar	100	100
4	bookDB	dbo	books	BookType	12	varchar	50	50
5	bookDB	dbo	books	KuCunLiang	4	int	10	4

附图 E-4　sp_columns 系统存储过程

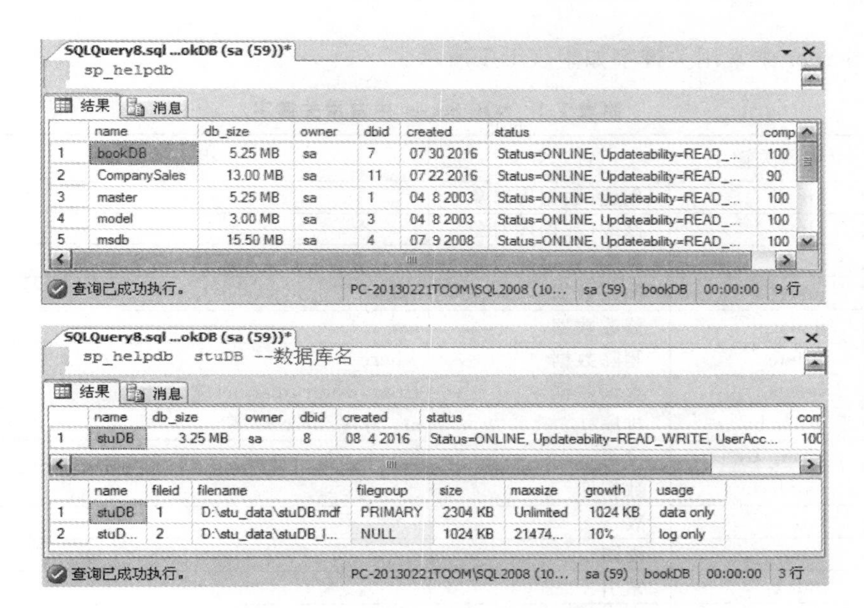

	name	db_size	owner	dbid	created	status	comp
1	bookDB	5.25 MB	sa	7	07 30 2016	Status=ONLINE, Updateability=READ_...	100
2	CompanySales	13.00 MB	sa	11	07 22 2016	Status=ONLINE, Updateability=READ_...	90
3	master	5.25 MB	sa	1	04 8 2003	Status=ONLINE, Updateability=READ_...	100
4	model	3.00 MB	sa	3	04 8 2003	Status=ONLINE, Updateability=READ_...	100
5	msdb	15.50 MB	sa	4	07 9 2008	Status=ONLINE, Updateability=READ_...	100

	name	db_size	owner	dbid	created	status	com
1	stuDB	3.25 MB	sa	8	08 4 2016	Status=ONLINE, Updateability=READ_WRITE, UserAcc...	100

	name	fileid	filename	filegroup	size	maxsize	growth	usage
1	stuDB	1	D:\stu_data\stuDB.mdf	PRIMARY	2304 KB	Unlimited	1024 KB	data only
2	stuD...	2	D:\stu_data\stuDB_l...	NULL	1024 KB	21474...	10%	log only

附图 E-5　sp_helpdb 系统存储过程

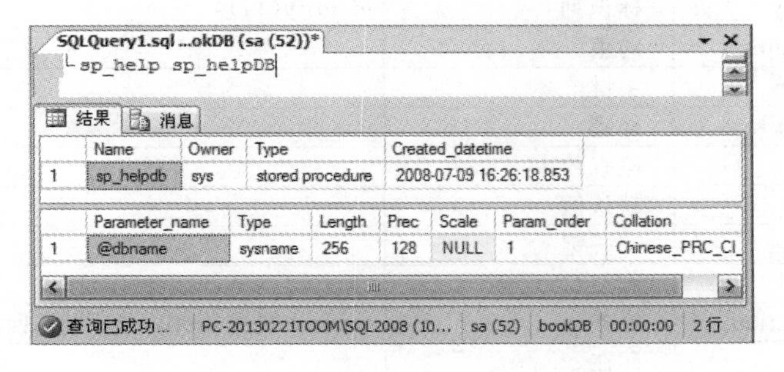

	Name	Owner	Type	Created_datetime
1	sp_helpdb	sys	stored procedure	2008-07-09 16:26:18.853

	Parameter_name	Type	Length	Prec	Scale	Param_order	Collation
1	@dbname	sysname	256	128	NULL	1	Chinese_PRC_CI_

附图 E-6　sp_help 系统存储过程

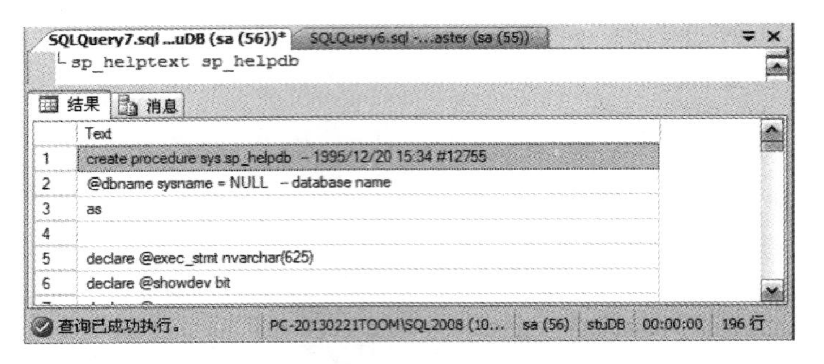

附图 E-7　sp_helptext 系统存储过程

附录 F　SQL Server 中常用关键字

SQL Server 中常用关键字如附表 F-1 所示。

附表 F-1　SQL Server 中常用关键字

序号	主要关键字	含　　义	相关关键字
1	create	创建(数据库对象)	
2	alter	修改(数据库对象)	
3	drop	删除(数据库对象)	
4	insert	插入数据	values
5	update	修改数据	set
6	delete	删除数据	where
7	select	查询数据	from,where,distinct 去除重复
8	order by	排序	asc 升序,desc 降序
9	group by	分组	having
10	database	数据库	
11	table	表	
12	view	视图	
13	index	索引	
14	procedure	存储过程	proc,execute,exec
15	function	函数	
16	trigger	触发器	
17	identity	标识列	identity(1,1)
18	constraint	约束	
19	primary	主键	
20	foreign key	外键	
21	check	检查约束	
22	default	默认值	
23	unique	唯一键	
24	notnull	非空	
25	transaction	事务	commit 提交,rollback 回退,回滚
26	exists	存在	
27	join	连接	inner join 内连接,cross join 交叉连接,outer join 外连接,left [outer] join 左外连接,right [outer] join 右外连接,full [outer] join 全外连接

参考文献

[1] 钱冬云,周雅静. SQL Server 2005 数据库应用技术[M]. 北京:清华大学出版社,2010.

[2] 王珊,萨师煊. 数据库系统概论[M]. 北京:高等教育出版社,2015.

[3] 周爱武,汪海威,肖云. 数据库课程设计[M]. 北京:机械工业出版社,2014.

[4] 马俊,袁暋. SQL Server 2012 数据库管理与开发(慕课版)[M]. 北京:人民邮电出版社,2016.

[5] 刘卫国,熊拥军. 数据库技术与应用——SQL Server 2005[M]. 北京:清华大学出版社,2010.

[6] 胡孔法. 数据库原理及应用学习与实验指导教程[M]. 北京:机械工业出版社,2012.

[7] 刘旭,范瑛. SQL Server 2008 项目教程[M]. 北京:清华大学出版社,2013.

[8] 李丹,赵占坤,丁宏伟,石彦芳. SQL Server 2005 数据库管理与开发实用教程[M]. 北京:机械工业出版社,2014.

[9] 万常选,廖国琼,吴京慧,刘喜平. 数据库原理与设计[M]. 北京:清华大学出版社,2014.

[10] 吴京慧,刘爱红,廖国琼,刘喜平. 数据库原理与设计实验教程[M]. 北京:清华大学出版社,2014.

[11] 李法春,刘志军. 数据库基础及其应用[M]. 北京:机械工业出版社,2011.

[12] 郭春柱等. 数据库系统工程师软考辅导[M]. 北京:机械工业出版社,2014.

[13] 李俊民,王国胜,张石磊. SQL Server 基础与案例开发教程[M]. 北京:清华大学出版社,2014.

[14] 丁忠俊,王志,郭胜. 数据库系统原理及应用习题解析与项目实训[M]. 北京:清华大学出版社,2012.

[15] 延霞,徐守祥. 数据库应用技术 SQL Server 2008 篇[M]. 北京:人民邮电出版社,2012.

[16] 沈大林,王爱帧. SQL Server 2008 案例教程[M]. 北京:中国铁道出版社,2010.

[17] 周慧,施乐军. SQL Server 2008 数据库技术及应用[M]. 北京:人民邮电出版社,2015.

图书资源支持

感谢您一直以来对清华版图书的支持和爱护。为了配合本书的使用，本书提供配套的素材，有需求的用户请到清华大学出版社主页（http://www.tup.com.cn）上查询和下载，也可以拨打电话或发送电子邮件咨询。

如果您在使用本书的过程中遇到了什么问题，或者有相关图书出版计划，也请您发邮件告诉我们，以便我们更好地为您服务。

我们的联系方式：

地　　址：北京海淀区双清路学研大厦 A 座 707

邮　　编：100084

电　　话：010－62770175－4604

资源下载：http://www.tup.com.cn

电子邮件：weijj@tup.tsinghua.edu.cn

QQ：883604（请写明您的单位和姓名）

扫一扫

资源下载、样书申请

新书推荐、技术交流

用微信扫一扫右边的二维码，即可关注清华大学出版社公众号"书圈"。